大数据技术精品系列教材

Hive
大数据存储与处理

Big Data Storage and Processing with Hive

何煌 张良均◉主编
孙一铭 胡健 陈翠松◉副主编

人 民 邮 电 出 版 社
北 京

图书在版编目（CIP）数据

Hive大数据存储与处理 / 何煌，张良均主编. -- 北京 ：人民邮电出版社，2024.3
大数据技术精品系列教材
ISBN 978-7-115-63796-3

Ⅰ. ①H… Ⅱ. ①何… ②张… Ⅲ. ①数据库系统一程序设计一教材 Ⅳ. ①TP311.13

中国国家版本馆CIP数据核字(2024)第039421号

内 容 提 要

本书以广电大数据案例为主线，系统介绍数据仓库 Hive 存储和初步处理方法的相关知识。本书条理清楚、重点突出，内容循序渐进、由浅入深。本书共 8 章，包括广电大数据用户画像需求分析、部署开发环境、广电用户数据存储、广电用户基本数据简单查询、广电用户账单与订单数据查询进阶、广电用户收视行为数据查询优化、广电用户数据清洗及数据导出，以及广电用户数据存储与处理的程序开发。本书大部分章包含实训和课后习题，通过练习和操作实践，帮助读者巩固所学的内容。

本书可以作为高等院校数据科学或大数据相关专业的教材，也可以作为大数据爱好者的自学用书。

◆ 主　　编　何　煌　张良均
　副 主 编　孙一铭　胡　健　陈翠松
　责任编辑　初美呈
　责任印制　王　郁　焦志炜

◆ 人民邮电出版社出版发行　　北京市丰台区成寿寺路 11 号
　邮编　100164　　电子邮件　315@ptpress.com.cn
　网址　https://www.ptpress.com.cn
　北京隆昌伟业印刷有限公司印刷

◆ 开本：787×1092　1/16
　印张：15.25　　2024 年 3 月第 1 版
　字数：301 千字　　2025 年 1 月北京第 3 次印刷

定价：59.80 元

读者服务热线：(010)81055256　印装质量热线：(010)81055316
反盗版热线：(010)81055315
广告经营许可证：京东市监广登字 20170147 号

大数据技术精品系列教材
专家委员会

专家委员会主任：郝志峰（汕头大学）

专家委员会副主任（按姓氏笔画排列）：

王其如（中山大学）
余明辉（广州番禺职业技术学院）
张良均（广东泰迪智能科技股份有限公司）
聂　哲（深圳职业技术大学）
曾　斌（人民邮电出版社有限公司）
蔡志杰（复旦大学）

专家委员会成员（按姓氏笔画排列）：

王爱红（贵州交通职业技术学院）
韦才敏（汕头大学）
方海涛（中国科学院）
孔　原（江苏信息职业技术学院）
邓明华（北京大学）
史小英（西安航空职业技术学院）
冯国灿（中山大学）
边馥萍（天津大学）
吕跃进（广西大学）
朱元国（南京理工大学）
朱文明（深圳信息职业技术学院）
任传贤（中山大学）
刘保东（山东大学）
刘彦姝（湖南大众传媒职业技术学院）
刘深泉（华南理工大学）
孙云龙（西南财经大学）
阳永生（长沙民政职业技术学院）
花　强（河北大学）
杜　恒（河南工业职业技术学院）
李明革（长春职业技术大学）
李美满（广东理工职业学院）
杨　坦（华南师范大学）
杨　虎（重庆大学）
杨志坚（武汉大学）

杨治辉（安徽财经大学）
杨爱民（华北理工大学）
肖　刚（韩山师范学院）
吴阔华（江西理工大学）
邱炳城（广东理工学院）
何小苑（广东水利电力职业技术学院）
余爱民（广东科学技术职业学院）
沈　洋（大连职业技术学院）
沈凤池（浙江商业职业技术学院）
宋眉眉（天津理工大学）
张　敏（广东泰迪智能科技股份有限公司）
张兴发（广州大学）
张尚佳（广东泰迪智能科技股份有限公司）
张治斌（北京信息职业技术学院）
张积林（福建理工大学）
张雅珍（陕西工商职业学院）
陈　永（江苏海事职业技术学院）
武春岭（重庆电子科技职业大学）
周胜安（广东行政职业学院）
赵　强（山东师范大学）
赵　静（广东机电职业技术学院）
胡支军（贵州大学）
胡国胜（上海电子信息职业技术学院）
施　兴（广东泰迪智能科技股份有限公司）
韩宝国（广东轻工职业技术大学）
曾文权（广东科学技术职业学院）
蒙　飚（柳州职业技术大学）
谭　旭（深圳信息职业技术学院）
谭　忠（厦门大学）
薛　云（华南师范大学）
薛　毅（北京工业大学）

序 PREFACE

随着大数据时代的到来，移动互联网和智能手机迅速普及，多种形态的移动互联网应用蓬勃发展，电子商务、云计算、互联网金融、物联网、虚拟现实、智能机器人等不断渗透并重塑传统产业，与此同时，大数据当之无愧地成为新的产业革命核心。

2019年8月，联合国教科文组织以联合国6种官方语言正式发布《北京共识——人工智能与教育》。其中提出，通过人工智能与教育的系统融合，全面创新教育、教学和学习方式，并利用人工智能加快建设开放灵活的教育体系，确保全民享有公平、适合每个人且优质的终身学习机会。这表明基于大数据的人工智能和教育均进入了新的阶段。

高等教育是教育系统中的重要组成部分，高等院校作为人才培养的重要载体，肩负着为社会培育人才的重要使命。2018年6月21日召开的新时代全国高等学校本科教育工作会议首次提出了“金课”的概念。“金专”“金课”“金师”迅速成为新时代高等教育的热词。如何建设具有中国特色的大数据相关专业，以及如何打造具有世界水平的“金专”“金课”“金师”“金教材”是当代教育教学改革的难点和热点。

实践教学是在一定的理论指导下，以实践为引导，使学习者获得实践知识、掌握实践技能、锻炼实践能力、提高综合素质的教学活动。实践教学在高校人才培养中有着重要的地位，是巩固和加深理论知识的有效途径。目前，高校大数据相关专业的教学体系设置过多地偏向理论教学，课程设置存在冗余或缺漏，知识体系不健全，且与企业实际应用契合度不高，学生很难将理论转化为实践技能。为了有效解决该问题，“泰迪杯”数据挖掘挑战赛组委会与人民邮电出版社共同策划了“大数据技术精品系列教材”，这恰与2019年10月24日教育部发布的《关于一流本科课程建设的实施意见》（教高〔2019〕8号）中提出的“坚持分类建设”“坚持扶强扶特”“提升高阶性”“突出创新性”“增加挑战度”原则完全契合。

“泰迪杯”数据挖掘挑战赛自2013年创办以来，一直致力于推广高校数据挖掘实践教学，培养学生数据挖掘的应用和创新能力。挑战赛的题目均为经过适当简化和加工的实际问题，来源于各企业、管理机构和科研院所等，非常贴近现实热点需求。对题目中的数据只做必要的脱敏处理，力求保持原始状态。竞赛围绕数据挖掘的整个流程，从数据采集、数据迁移、数据存储、数据分析与处理到数据可视化，涵盖企业应用中的各个环节，与目前大数据专业人才培养目标高度一致。“泰迪杯”数据挖掘挑战赛不依赖于数学建模，甚至不依赖传统竞赛，这使得“泰迪杯”数据挖掘挑战赛在全国各大高校反响热烈，且得到了全国各界专家、学者的认可与支持。2018 年，“泰迪杯”数据挖掘挑战赛增加了子赛项——数据分析技能赛，为应用型本科、高职和中职技能型人才培养提供理论、技术和资源方面的支持。截至 2021 年，全国共有超过 1000 所高校，约 2 万名研究生、9 万名本科生、2 万名高职生参加了“泰迪杯”数据挖掘挑战赛和数据分析技能赛。

本系列教材的第一大特点是注重培养学生的实践能力，针对高校实践教学中的痛点，首次提出“鱼骨教学法”的概念。本系列教材以企业真实需求为导向，使学生学习技能时紧紧围绕企业实际应用需求，将学生需掌握的理论知识，通过企业案例的形式进行衔接，达到知行合一、以用促学的目的。本系列教材的第二大特点是以大数据技术应用为核心，紧紧围绕大数据应用闭环的流程进行教学。本系列教材涵盖企业大数据应用中的各个环节，符合企业大数据应用真实场景，使学生从宏观上理解大数据技术在企业中的具体应用场景及应用方法。

在教育部全面实施“六卓越一拔尖”计划 2.0 的背景下，对如何促进我国高等教育人才培养体制机制的综合改革，以及如何重新定位和全面提升我国高等教育质量，本系列教材将起到抛砖引玉的作用，从而加快推进以新工科、新医科、新农科、新文科为代表的一流本科课程的“双万计划”建设；落实“让学生忙起来，管理严起来和教学活起来”措施，让大数据相关专业的人才培养质量有质的提升；借助数据科学的引导，在文、理、农、工、医等方面全方位发力，培养各个行业的卓越人才及未来的领军人才。同时本系列教材将根据读者的反馈意见和建议及时改进、完善，努力成为大数据时代的新型“编写、使用、反馈”螺旋式上升的系列教材样本。

汕头大学校长
教育部高等学校大学数学课程教学指导委员会副主任委员
“泰迪杯”数据挖掘挑战赛组织委员会主任
“泰迪杯”数据分析技能赛组织委员会主任

2021 年 7 月于粤港澳大湾区

前　言 FOREWORD

近年来，随着 5G 技术、云计算、人工智能等新一代技术的发展，大数据与行业的融合全面展开，融合生态加速构建，新技术、新业态、新模式不断涌现。党的二十大以来，国家要求加快实施创新驱动发展战略，加快实现高水平科技自立自强，以国家战略需求为导向，增强企业自主创新能力。在发展的过程中，各企业积累了大量的业务数据，企业将不断增长的业务数据进行存储并从中挖掘具有潜在商业价值的信息，为企业发展提供有力支撑，从而创造更大的价值。目前，离线数据分析框架主要有 MapReduce 和 Spark，然而使用它们，需要开发人员具备 Java 等开发基础，这对于熟悉 SQL 的传统数据分析人员来说并不友好，且 MapReduce 和 Spark 不具备数据存储的功能，因此市场对支持 SQL 且能实现数据存储的分布式处理框架的需求日益增长。在这样的背景下，既支持 SQL 又能存储数据的数据仓库 Hive 逐渐成为主流的离线数据分析框架。目前开设大数据技术专业的高校越来越多，然而有关 Hive 开发的技术资料并不多，本书带领大家一起学习 Hive 存储和初步的处理方法。

本书特色

- 将理论与实践结合。本书以知识点和广电大数据案例为主线，介绍在大数据技术中 Hive 的主要用法。
- 以任务为导向。本书从知识点到实操，再到具体的项目，让读者明白如何利用所学知识来解决问题，通过实训和课后习题帮助读者巩固所学知识，从而使读者真正理解并应用所学知识。
- 注重启发式教学。本书全面贯彻党的二十大精神，以社会主义核心价值观为引领，加强基础研究。本书内容围绕利用 Hive 处理大数据的流程展开，不堆砌知识点，着重于思路的启发与解决方案的实施。通过对从任务需求到实现这一完整工作流程的体验，读者将真正理解并掌握 Hive 大数据存储和处理技术。

本书适用对象

- 高校大数据相关专业课程的教师和学生。
- 企业数据分析人员。

- 进行大数据存储与处理的科研人员。

代码下载及问题反馈

为了帮助读者更好地使用本书，本书配有原始数据文件、程序代码，以及 PPT 课件、教学大纲、教学进度表和教案等教学资源，读者可以从泰迪云教材网站免费下载，也可登录人邮教育社区（www.ryjiaoyu.com）下载。

我们已经尽最大努力编写本书内容，但是由于水平有限，书中难免存在一些不妥之处。如果你有更多的宝贵意见，欢迎在泰迪学社微信公众号（TipDataMining）回复“图书反馈”进行反馈。可以在泰迪云教材网站查阅更多本系列图书的信息。

编 者

2024 年 1 月

泰迪云教材

目录 CONTENTS

第1章 广电大数据用户画像需求分析

学习目标

（1）了解广电大数据用户画像需求分析的背景。

（2）了解目前常见的几种大数据存储产品。

（3）了解 Hive 原理架构和 Hive 的主要特点。

（4）了解 Hive 和传统数据库的主要区别。

素养目标

（1）通过了解广电大数据发展背景，把握产业数字化的“脉搏”，了解信息化对产业升级的重要作用，培养信息敏感度。

（2）通过学习大数据存储技术，培养软件版权意识。

（3）通过学习 Hive 原理架构，提高认识对核心原创技术自主开发重要性。

思维导图

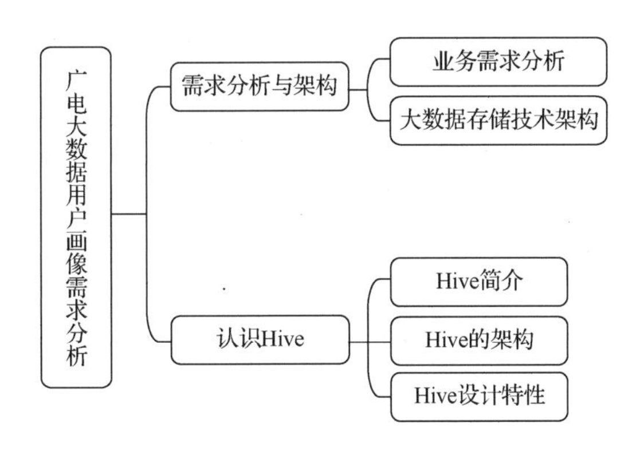

任务背景

《中国广电有线网络技术年度发展报告（2019）》中的数据显示，截至 2019 年第三季度末，全国有线广播电视实际用户数为 2.1 亿，较 2018 年小幅减少。其中，全国有线数字电视实际用户数为 1.9 亿，较 2018 年减少 0.1 亿；全国有线数字电视实际用户数占全国有线广播电视实际用户数的比例为 90.5%，较 2018 年降低 4.0%。2019 年第三季度全国有线数字电视缴费用户数为 1.5 亿，缴费用户持续减少。

新一代信息技术和互联网的迅猛发展，为广电行业带来了前所未有的巨大挑战和重大机遇。近几年来，大数据、云计算、人工智能、移动无线接入等技术应用不断深入广电行业，新一代 5G 网络开始正式商用，用户对广电网络服务差异化、多样化、个性化的需求越来越迫切。与国外领先的网络运营商和国内三大电信运营商相比，广电公司的业务和技术发展较为迟缓，差距不断拉大，时刻面临着用户数持续减少等前所未有的生存和发展压力，挑战严峻。随着互联网技术的快速发展和应用扩展，国家正式推进“三网”融合，三大网络通过技术改造，使技术功能趋于一致，业务范围趋于相同，网络互联互通、资源共享，可以为用户提供语音、数据和广播电视等多种服务。

新媒体的飞速发展，对传统媒体造成了巨大冲击，广电公司依靠稀缺资源形成的优势已经逐渐失去。在复杂又激烈的竞争环境中，广电公司的用户流失问题变得异常突出。如何减少用户流失、挽留用户并挖掘用户的潜在需求，是广电公司目前急需解决的问题。

在传统媒体时代，广电公司“不知道用户在哪里，不知道用户是谁，也不知道用户想看什么”，因此难以精准把握用户需求。随着有线数字电视的不断推广与普及，广电公司具备了获取用户身份数据、实时收视数据的能力，可通过网络终端设备和后台系统采集用户基本数据、用户收视数据、用户订单数据、用户账单数据等。广电公司已逐步完善拥有人口统计特征数据、用户内容使用数据、用户行为痕迹数据、用户搜索与需求数据、用户消费行为数据、用户社交活动与意见数据等巨量且详尽数据的用户数据库。利用此用户数据库，广电公司可以根据用户的特点，从人群、时间、地点、产品和付费方式等维度分析用户，对用户进行全面的画像。例如，从人群维度分析用户是处于少年、青年、中年还是老年时期等，以及分析用户的收视语言是普通话、粤语还是外语等；从时间维度分析用户每天观看电视的时长或用户观看某一电视节目的时长；从地点维度分析用户的收视常在地；从产品维度分析用户喜欢观看的电视频道（如点播频道、回看频道或直播频道等）或节目类型（如体育节目、电视剧、购物节目、少儿节目等）；从付费方式维度分析用户是收费用户还是免费用户。可通过大数据分析，把握广电用户群体的特征和收视行为，了解用户的实际特征和实际需求，并提供个性化、精准化和智能化的推荐服务，以此挽留用户、减少用户的流失。

任务 1.1　需求分析与架构

任务描述

随着信息全球化，互联网已经融入社会生活的方方面面，深刻改变了人们的生产和生活方式。我国正处在信息化浪潮之中，受到的影响越来越深。

基于双向广电有线网络，可深入应用大数据技术，对用户数据进行采集、存储，并以此为基础，进行有效分析与处理，以便及时了解市场需求并为用户提供具有针对性的产品与服务，促进信息互动平台的不断完善，使管道化传输变为平台化传输，使单向传播变为双向互动，从而真正实现广电有线网络用户从看电视到用电视的转变，推动广电行业进一步发展，也可为社会信息化、政府信息化等提供全面支撑。

本任务的目的是对广电公司的需求进行分析，并结合大数据技术为广电公司用户数据的存储与分析提供解决方案，同时对大数据技术进行简要介绍。

1.1.1　业务需求分析

大数据技术涵盖数据存储、处理、应用等多方面的技术。大数据的处理过程可分为数据采集、数据预处理、数据存储、数据分析、数据应用等 5 个环节。大数据技术在广电有线网络的生产运营、用户服务、运营管理等业务中发挥着重要作用。

首先，各广电有线网络公司可充分利用其地缘优势、数据优势，推动数据后台的对接，实现广电有线网络的大数据共享。其次，针对广播电视家庭用户的使用习惯进行分析，分析其中可能存在什么样的个体，通过对不同个体在不同时段的行为进行记录和分析。利用大数据技术，可关联外部数据和应用数据，对业务运营尤其是个性化推荐进行辅助支撑。最后，在用户画像分类和产品分类标签的基础上判断用户喜好，预测用户可能的行为，根据相关算法进行内容推荐。

可通过收视行为分析、用户活跃度分析，对用户服务进行分级定义，挖掘、分析用户相关数据，然后对用户数据进行标签化处理，建立用户画像模型，并提供标签的增加和删除功能。以此为基础建立分类模型，预测用户是否值得挽留，并将预测结果作为用户画像的标签。通过数据建立用户分类模型，一方面可以给用户提供更好的服务，另一方面可以进行用户流失预测，从而支撑用户挽留工作，最终提高用户黏度，为广电业务的开展和拓展提供有力支撑。

全书主要处理流程如图 1-1 所示。首先收集用户基本数据、用户状态变更数据、账单数据、订单数据、用户收视行为数据等诸多相关数据，并将其存入 Hive 数据仓库。在此基础上，实现用户基本数据简单查询、账单与订单数据查询进阶和用户收视行为数据查询优化，并进行数据清洗与导出等工作。最后，在编程开发环境中实现数据存储、数据查询、数据清洗的程序开发。

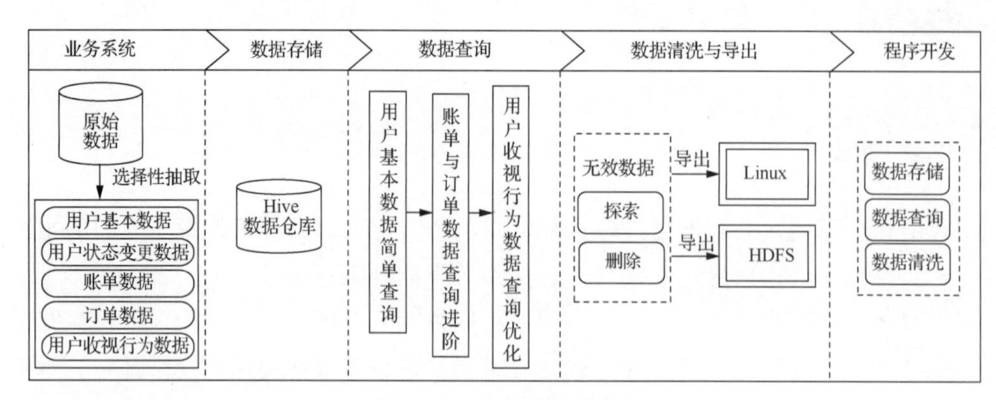

图 1-1　全书主要处理流程

1.1.2　大数据存储技术架构

业务需求分析需要通过大数据存储与处理等技术实现，因此本小节将介绍大数据存储技术与常见的开发语言。

1．大数据存储技术

在对广电公司用户相关的海量数据进行分析前，需要考虑采用何种存储技术保存数据，以便后续的数据查询和分析。因此，需要先了解大数据的几类主流的存储技术。

在大数据应用中，对海量数据进行采集、清洗后，开发人员需要确定可以将数据长期进行保存的存储方式，同时应考虑一种组织管理数据的方案以便在业务中查询使用，最后需要权衡是否使用内存存储和处理方式提高大数据存储的性能。目前大数据存储产品较多，既有商用的 GBase 系列数据库产品、Amazon S3 和 EMC 系列产品，也有开源的 OceanBase、Swift、Alluxio、HDFS、HBase 和 Hive 等。常见的存储产品的简介及优缺点对比如表 1-1 所示。

表 1-1　常见的存储产品的简介及优缺点对比

存储产品	简介	优点	缺点
GBase 系列数据库产品	该系列数据库产品包含分布式逻辑数据仓库（GBase 8a）、基于共享存储的数据库集群（GBase 8s）、多模多态分布式数据库（GBase 8c）、云原生数据仓库（GBase GCDW）等	具有高可用性和高可靠性。 可扩展性好：支持 Master-Slave 模式扩展以及支持使用 Online Add 节点等方式来增强性能。 安全性强：可提供完善的数据库安全方案，包括密文存储、访问权限控制、数据审计等。 体积小，并且 Ubuntu 平台可免费使用。 可以直接在 GBase 上运行 SQL 语句而无须进行太多额外配置	生态环境还较为不成熟，在某些场景下会受到功能缺失的限制

续表

存储产品	简介	优点	缺点
OceanBase	OceanBase 是阿里巴巴集团自主研发的一款分布式关系数据库管理系统，旨在满足大规模应用与服务的高性能等要求，支持从单台机器到百台机器甚至更多机器的水平扩展，具有海量数据存储和快速查询的能力	高性能：支持自动故障转移、水平和垂直扩展等特性，可以确保 24/7 无故障运行；采用多核架构实现并行查询，能够快速读取和处理海量数据。 全球部署：支持本地化存储和异地多活，可以满足多终端、全网覆盖等要求。 开源社区活跃：拥有大量用户社区，支持对产品进行二次开发和个性化定制	运维复杂：需要一定的技术支撑，涉及配置管理、监控和调优等方面，不太适合小规模企业使用。 需要专门的技术人员：由于其复杂性较高，需要专业技术人员进行维护和开发。 系统学习成本高：相较于传统关系数据库，OceanBase 具有更多的新特性和命令，需要用户进行学习和了解
Amazon S3	简称 S3，是 Amazon 公司于 2006 年针对开发者推出的云存储服务，可减轻开发人员压力，使其专注于上层业务；存储可靠；按用量收费；使用方便	是 Amazon AWS 云服务体系的一部分，兼容 Amazon 生态圈的其他服务；重新定义了对象存储；可靠性高，性能优良，易于扩展，方便迁移	非开源、收费较高；不支持随机位置读、写操作，只能读取、写入或覆盖整个文件
EMC 系列产品	EMC 公司于 2008 年推出了 PB 级对象存储平台 Atmos；于 2010 年收购了 Isilon，定位 PB 级文件存储；于 2014 年推出了 ECS，布局 ZB 级存储。EMC 系列产品均可横向扩展。EMC 公司市场拓荒早，产品种类全，高端用户多	高端产品与解决方案；可提供较好的数据保护；支持 PB～ZB 级各类数据存储。 兼容 EMC VMware、Pivotal、RSA 等多款产品；支持 Hadoop；支持与 S3 数据的双向迁移	非开源，需购买价格昂贵的专用硬件
Swift	于 2010 年加入 OpenStack 社区，可为虚拟机及计算服务 Nova 提供镜像存储，是 S3 的开源实现	属于 OpenStack 生态圈组件，可兼容 CloudStack，支持多租户模式。技术成熟，成功案例多，被设计成一种比较通用的存储产品，能够可靠地存储数量非常多的大小不一的文件	未针对大型文件做优化处理
Alluxio	是以内存为中心的虚拟分布式存储系统，其核心思想是将存储与计算分离	通过数据缓存，提高存储、计算的效率；将存储与计算解耦，架构清晰、简洁	该产品较新，部分功能有待完善；该产品对用户技术积累和研发能力要求较高

续表

存储产品	简介	优点	缺点
HDFS	设计参考 Google GFS，于 2006 年加入 Apache 社区下的 Hadoop 项目，是其核心组件之一	拥有强大的数据生态圈，适合大型文件一次写入、长期存储、顺序读取、批处理的场景；成功案例多，优化方案丰富；用户规模庞大，是大数据文件系统事实标准，支持上万个节点的 ZB 级海量数据存储；具有高容错性；支持多种数据编码	不支持并发写入、文件随机修改；不适合毫秒级低延迟数据访问；不适合小型文件存储
HBase	构建在 HDFS 之上高性能的大数据列式存储数据库	适合存储海量稀疏数据，可以通过版本检索到历史数据，解决 HDFS 不支持数据随机查找、不适合增量数据处理、不支持数据更新等问题。常用于存储超大规模的实时随机读写数据，如互联网搜索引擎数据	仅能通过主键或主键范围检索数据，不适合检索条件较多的复杂查询场景
Hive	Hive 是基于 Hadoop 生态圈的数据仓库，用于进行数据提取、转化和加载，是一种可以存储、查询和分析存储在 Hadoop 中的大规模数据的开源产品	封装了调用接口，并提供了类 SQL 的查询语言，减少了开发人员的学习成本；支持用户自定义函数。适合处理大数据；可扩展性强；容错性强	不支持记录级别的增、删、改操作，延迟较高，不适合实时分析；不支持事务，不适合做联机事务处理；自动生成的 MapReduce 作业通常情况下不够智能

从表 1-1 中可知，S3 存储形态能够方便地进行扩展，以适应大量用户高并发访问的场景，但是不支持随机位置读、写操作，只能读取、写入或覆盖整个文件。Hadoop 分布式文件系统（Hadoop Distributed File System，HDFS）是一种易于扩展的分布式文件系统，基于“移动计算比移动数据更经济”的设计理念，可构建在大量廉价机器上，以节约大量建设扩容投资，并具备可靠数据容错能力，能有效减少运营、维护成本。HBase 更适合海量数据随机读、写的业务场景，适合存储海量稀疏数据。EMC 系列产品支持 PB～ZB 级各类数据存储，具有较好的数据安全性，但由于是商用产品，故应用成本较高。Swift 支持多租户模式，能可靠地存储数量非常多的大小不一的文件，并针对大型文件做优化处理。Alluxio 是以内存为中心的虚拟分布式存储系统，核心思想是将存储与计算分离，使 Spark 等框架更专注于计算，从而达到更高的执行效率。

广电公司用户数据的主要特点是用户量巨大，相关数据文件也非常大，基础数据一经写入，不会被频繁修改，故选用 Hadoop 开源框架的 HDFS 和 Hive 平台作为数据存储、处理平台更合适。

2. 常见的开发语言

企业在发展过程中积累了大量的数据，对数据进行专业的分析，能够促进企业更好、更精准地发展，能够有效防范企业经营风险。通过数据分析把看似杂乱无章的数据蕴含的信息进行提炼，总结出所研究对象的内在规律，能够帮助管理者进行判断和决策，以便采取适当策略与行动。在数据分析过程中使用的几种常见开发语言的介绍如下。

（1）R语言

R语言是一门用于统计计算和作图的语言，也是一个数据计算与分析的环境。R语言主要的特点是免费、开源、各种各样的模块十分齐全，R语言的综合R档案网络（Comprehensive R Archive Network，CRAN）提供了大量的第三方包。

（2）Python

Python是一种面向对象、解释型的程序设计语言。Python用在数据分析和交互、探索性计算以及数据可视化等方面都比较方便。Python拥有强大的编程能力，同时具备非常强大的数据分析能力，如果使用Python，能够大大地提高数据分析的效率。

（3）SQL

结构查询语言（Structure Query Language，SQL）是一种数据库查询和程序设计语言，用于存取数据以及查询、更新和管理关系数据库系统。SQL是数据方向所有岗位必须掌握的基本语言，其入门较容易。需要掌握的SQL知识点主要包括数据定义语言、数据操纵语言以及数据控制语言。在数据操纵语言中，需要理解SQL的执行顺序和语法顺序，熟练掌握SQL的重要函数，理解SQL各种连接的异同。对开发人员而言，SQL也是数据分析时必须掌握的基本语言。

（4）Java

Java是Sun公司（已被甲骨文公司收购）在1995年推出的一种编程语言，被特意设计用于互联网的分布式环境。Java具有类似于C++语言的“形式和感觉”，但要比C++语言更易于使用，而且在编程时彻底采用一种“以对象为导向”的方式。Java是目前使用最为广泛的网络编程语言之一。Java具有较高安全性，可以在分布式环境中动态地维护程序及类库，当其类库升级之后，相应的程序不需要重新修改、编译，同时Java具有可移植性强的特点，可以跨平台运行。

任务1.2 认识Hive

任务描述

Hive是基于Hadoop的数据仓库，优点是学习成本低，可以通过类SQL语句实现快速MapReduce统计，不必开发专门的MapReduce应用程序，让MapReduce的使用变得更加简单。Hive十分适合用于对数据仓库中的数据进行统计分析。

本任务的目标是使读者了解 Hive 的起源，掌握 Hive 的架构与工作原理，认识 Hive 与传统数据库的区别，并了解 Hive 的优势。

1.2.1 Hive 简介

2007 年，Facebook 公司（现 Meta 公司）为了对每天产生的海量网络平台数据进行分析而开发了 Hive。翌年，Hive 成为 Apache 软件基金会维护的一个开源项目，并逐渐成为顶级项目。Facebook 公司设计开发 Hive 的初衷是让那些熟悉 SQL 编程方式的人也可以更好地使用 Hadoop。数据分析人员在对存储于 HDFS 中的数据进行分析与管理时，只关注具体业务模型，不需要使用基于 Java 开发的 MapReduce 应用程序，而是通过 Hive 编写 Hive Query Language（简称 HQL 或 HiveQL）语句，再调用底层执行引擎 MapReduce 完成操作。

在 Hadoop 中 MapReduce 的主要工作原理是将计算任务切分成多个小单元，分布到各个节点上执行，从而降低计算成本并提高可扩展性。但是使用 MapReduce 进行数据处理的人员门槛比较高，对于传统数据库开发、管理运维而言，需具备一定编程语言基础并必须掌握基于 Java 或 Python 面向 MapReduce 的应用程序接口（Application Program Interface，API）。此外，数据存储在 HDFS 中，并没有 Schema（模式）的概念。Schema 指的是表里面的列、字段、字段名称、字段与字段之间的分隔符等元素，也称为 Schema 信息。如果将数据从传统的关系数据库迁移至 HDFS 进行应用，会产生 Schema 信息的缺失，此时 Hive 就成为传统数据架构和 Hadoop MapReduce 之间的“桥梁”。

1.2.2 Hive 的架构

Hadoop 生态圈包含若干用于协助 Hadoop 的不同的子项目（工具）模块，如 Sqoop、Pig 和 Hive。模块的主要用途如下。

（1）Sqoop：用于在 HDFS 和关系数据库之间导入和导出数据。

（2）Pig：用于开发 MapReduce 作业的程序语言的工具，通过将 PigLatin 脚本编译成 MapReduce 任务来实现数据处理和计算。

（3）Hive：用于开发 SQL 类型脚本进行 MapReduce 作业的工具，通过将 HQL 转换为 MapReduce 任务来实现数据处理。

同时在 Hadoop 生态圈中，有多种方法可以执行 MapReduce 作业。传统的方法是使用 Java MapReduce 程序处理结构化数据、半结构化数据和非结构化数据。更适用于数据流处理，如数据清洗、ETL（抽取、转换、加载）等。Hive 适用于需要使用 SQL 处理大规模数据集的场景，因为 Hive 的语法类似于 SQL，所以大多数传统的数据分析人员可以很快上手。

Hive 定义了简单的类 SQL，允许熟悉 SQL 的用户查询数据。同时，HQL 允许熟悉 MapReduce 的开发者开发自定义的 Mapper 和 Reducer 处理内建的 Mapper 和 Reducer 无法完成的复杂的分析工作。

Hive 的架构如图 1-2 所示。

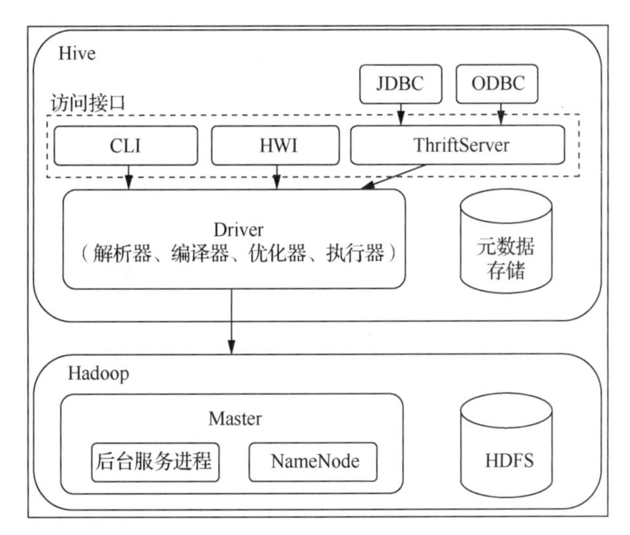

图 1-2 Hive 的架构

Hive 包含的主要组件的简要说明如下。

1. 访问接口

Hive 提供了 3 种访问接口：命令行接口（Command Line Interface，CLI），Hive Web 接口（Hive Web Interface，HWI）以及 ThriftServer。具体介绍如下。

（1）CLI

CLI 是基础的访问接口，使用“hive”命令访问。CLI 启动时会同时启动一个 Hive 副本，相当于执行“hive -service cli”命令。启动 CLI 只需要在命令行中执行“$HIVE_HOME/bin/hive”命令即可。在命令行状态中执行“hive -H”可以查看 CLI 选项。

（2）HWI

HWI 是 Hive CLI 的 Web 接入方式。HWI 的特点是相对于 CLI 界面友好，适合不太熟悉 Linux 命令行操作的数据分析人员。通过浏览器打开“http://主机 IP 地址:9999/hwi/”网址可访问 Hive 服务，HWI 的默认端口为 9999。

（3）ThriftServer

ThriftServer 提供客户端通过 JDBC（Java Database Connectivity，Java 数据库互连）和 ODBC（Open Database Connectivity，开放数据库互连）接入数据库的能力，用于进行可扩展跨语言服务的开发。Hive 集成了该服务，可以通过不同的编程语言调用 Hive 的接口。对于 Java 程序，Hive 提供了 JDBC 驱动；对于其他应用程序，Hive 提供了 ODBC 驱动。

2. 元数据存储服务

元数据服务（Metadata）又称中介数据，是描述数据的数据，主要是描述数据的属性信息，用来支持指示存储位置等功能。Hive 的元数据存储在关系数据库里，Hive 支持的关系数据库有 Derby、MySQL 等。

Hive 中的数据分为两部分，一部分是真实数据，一般存储在 HDFS 中；另一部分是真实数据的元数据，单独存储在关系数据库（如 Derby、MySQL 等）中。元数据包含 Hive 中的数据库、表、表模式、目录、分区、索引以及命名空间等信息，是对真实数据的描述。元数据会不断更新变化，所以不适合存储在 HDFS 中。实现任何对 Hive 真实数据的访问均需要先访问元数据。元数据对于 Hive 十分重要，因此 Hive 把元数据存储（Metastore）服务独立出来，从而防止 Hive 服务和 Metastore 服务耦合，以保证 Hive 的健壮性。

在默认情况下，Hive 会使用内置的 Derby 数据库，其只提供有限的单进程存储服务，在这种情况下，Hive 不能执行两个并发的 Hive CLI 实例，Derby 数据库通常被应用于开发、测试环境中。对于生产环境，需要使用 MySQL 关系数据库。

3. Driver

Driver 是 Hive 的核心组件。Driver 包括的组件及其说明如表 1-2 所示。

表 1-2　Driver 包括的组件及其说明

组件	说明
解析器（Parser）	将 HQL 转换为抽象语法树
编译器（Compiler）	将语法树编译为逻辑执行计划
优化器（Optimizer）	对逻辑执行计划进行优化，形成更优的逻辑执行计划
执行器（Executor）	将逻辑执行计划切分成对应引擎的可执行物理计划，调用底层执行框架执行

由表 1-2 可得，Driver 的主要功能是将用户编写的 HQL 语句进行解析、编译、优化，生成逻辑执行计划，并提交给 Hadoop 集群进行处理。

1.2.3　Hive 设计特性

Hive 提供了一种比 MapReduce 更简单、更优化的数据开发方式，越来越多的人开始使用 Hive。

1. Hive 的特点

Hive 可让普通数据库用户从现有的、基于关系数据库和 SQL 的数据基础架构转移到 Hadoop 上。对于 SQL 用户而言，Hive 提供了 HQL，可用于查询 HDFS 上的数据，减少开发人员的学习成本，使得开发人员可以使用一种熟悉的语言操作和分析 HDFS 上的数据。

Hive 具有如下特点。

（1）HQL 与 SQL 有着相似的语法，大大提高了开发人员的开发效率。

（2）Hive 支持运行在不同的框架上，包括 YARN、Tez、Spark、Flink 等。

（3）Hive 支持 HDFS 与 HBase 上的即席查询（Ad-Hoc）。

（4）Hive 支持用户自定义的函数、脚本等。

（5）Hive 支持 JDBC 与 ODBC，建立了自身与 ETL、BI 工具的通道。

Hive 还具有以下优势。

（1）可扩展。Hive 可以自由扩展集群的规模，一般情况下无须重启服务。

（2）可延展。Hive 支持用户自定义函数，用户可根据自己的需求来编写自定义函数。

（3）可容错。Hive 良好的容错性使得当节点出现问题时 HQL 语句仍可完成执行。

简而言之，当使用 Hive 时，操作接口采用类 SQL 语法，提高了快速开发的能力，避免了编写复杂的 MapReduce 任务，减少了开发人员的学习成本，而且扩展很方便。

2. Hive 的适用场景

Hive 构建在基于静态批处理的 Hadoop 之上，Hadoop 通常都有较高的延迟并且在作业提交和调度时需要大量的开销，故 Hive 有特定的适用场景。

Hive 并不能在大数据集上实现低延迟的快速查询，例如，Hive 在几百兆字节的数据集上执行查询一般有分钟级的延迟。因此 Hive 并不适合那些需要低延迟的应用，例如，在联机事务处理（OnLine Transaction Processing，OLTP）中，Hive 查询操作过程严格遵守 Hadoop MapReduce 的作业执行模型，Hive 将用户的 HQL 语句通过解析器转换为 MapReduce 作业提交到 Hadoop 集群上，Hadoop 监控作业执行过程，然后返回作业执行结果给用户。Hive 并非为 OLTP 而设计，Hive 并不提供实时的查询和基于行级的数据更新操作。

Hive 的最佳适用场景是大数据集的批处理作业，如网络日志分析。Hive 封装了 Hadoop 的数据仓库工具，使用类 SQL 的 HQL 实现数据查询，所有的数据都存储在与 Hadoop 兼容的文件系统中，如 Amazon S3、HDFS。Hive 在加载数据过程中不会对数据进行任何修改和添加，只是将数据移动到 HDFS 中 Hive 设定的目录下。

3. Hive 与传统数据库的区别

在 Hadoop 诞生前，大部分的数据仓库都是基于关系数据库实现的，而数据仓库应用程序是建立在数据仓库的基础上的数据应用，包括报表展示、即席查询、数据分析、数据挖掘等。数据仓库源自数据库而又不同于数据库，主要区别在于数据仓库适合联机分析处理（OnLine Analytical Processing，OLAP），通常用于对某些主题的历史数据进行分析；而数据库适合 OLTP，通常用于在数据库联机时对业务数据进行添加、删除、修改、查询等操作。Hive 的早期版本或新版本在默认情况（系统默认状态）下并不支持事务，一般来说并不适合 OLTP。

Hive 与关系数据库有很多相同的地方，包括查询语言与数据存储模型等。HQL 并不完全遵循 SQL92 标准，如 HQL 只支持在 FROM 子句中使用子查询，并且子查询必须有名字。最重要的是，HQL 需在 Hadoop 上执行，而非在传统的数据库上执行。在数据存储模型方面，数据库、表都与传统数据库的概念相同，但 Hive 中增加了分区和分桶的概念。

Hive 与关系数据库也有其他不同的地方，如在关系数据库中，表的 Schema 在数据加载时就已确定，若不符合 Schema 则会加载失败；而 Hive 在加载数据过程中不对数据进行任何验证，只是简单地将数据复制或移动到表对应的目录下。加载数据过程中不对数据进行验证是 Hive 能够支持大规模数据的基础之一。事务、索引以及更新是关系数据库非常重要的特性，鉴于 Hive 的设计初衷，事务、索引以及更新特性一开始就不是 Hive 设计目标。Hive 与关系数据库的对比如表 1-3 所示。

表 1-3　Hive 与关系数据库的对比

项目	Hive	关系数据库
查询语言	HQL	SQL
数据存储	HDFS	块设备、本地文件系统
执行	MapReduce	执行器
执行延迟	高	低
处理数据规模	大	小
事务	0.14 版本后加入	支持
索引	0.8 版本后加入	索引复杂

Hive 与关系数据库存在较大差异，Hive 支持不同的存储类型，如纯文本文件、HBase 中的文件；Hive 将元数据保存在关系数据库中，大大减少了在查询过程中执行语义检查的时间；Hive 可以直接使用存储在 HDFS 中的数据；Hive 内置有大量用户函数来操作时间、字符串和其他的数据挖掘工具，支持用户扩展 UDF 函数完成内置函数无法实现的操作，同时提供类 SQL，将 SQL 查询转换为 MapReduce 任务在 Hadoop 集群上执行。

小结

本章首先阐述了广电大数据用户画像需求分析的背景，由此对当前市场上常见的几种大数据存储产品进行了介绍，接着从 Hive 的发展历史、Hive 的架构、Hive 的主要特点、Hive 与传统数据库的区别等方面对 Hive 进行了深入讲解。

课后习题

选择题

（1）Hive 是建立在（　　）之上的数据仓库。

A. HDFS　　B. MapReduce　　C. Hadoop　　D. HBase

（2）【多选】下列关于常见的大数据开发工具描述中，正确的是（　　）。

A. Excel 具备多种强大功能，如创建表单、数据透视表、VBA 等

B. SPSS 是世界上最早采用图形菜单驱动界面的统计软件，其特点是操作界面极为友好，输出结果较为美观

C. Python 是一种面向对象、解释型的程序设计语言，具备非常强大的数据分析能力

D. Hive 的底层存储依赖于 HDFS，因此 Hive 实质是一款基于 HDFS 的 MapReduce 计算框架

（3）【多选】Hive 架构包含下列（　　）组件。

A. CLI 和 JDBC/ODBC　　B. ThriftServer

C. Metastore　　D. HWI 和 Driver

（4）【多选】Hive 的特点包括（　　）。

A. HQL 与 SQL 有着相似的语法，大大提高了开发效率

B. Hive 支持运行在不同的框架上，包括 YARN、Tez、Spark、Flink 等

C. Hive 支持 HDFS 与 HBase 上的即席分析

D. Hive 不支持用户自定义的函数、脚本等

（5）【多选】下列关于 Hive 的适用场景的描述中，正确的有（　　）。

A. Hive 适用于非结构化数据的离线分析统计场景

B. Hive 的执行延迟比较低，因此适用于对实时性要求比较高的场景

C. Hive 的优势在于处理大数据，因此适用于大数据（而非小数据）处理的场景

D. Hive 的最佳适用场景是大数据集的批处理作业，如网络日志分析

第 2 章 部署开发环境

学习目标

（1）掌握 Hadoop 集群的安装部署方法。

（2）掌握 MySQL 数据库的安装配置方法。

（3）掌握 Hive 的安装配置及启动方法。

（4）掌握 Hive CLI 的使用方法。

素养目标

（1）通过 Hadoop 集群和 Hive 的安装部署，培养软件版权意识。

（2）通过设置各种 Hadoop 和 Hive 配置文件的参数，培养细致耐心、严谨认真的职业素养。

（3）通过学习 Hive CLI 命令语法，逐步培养编程规范化理念。

思维导图

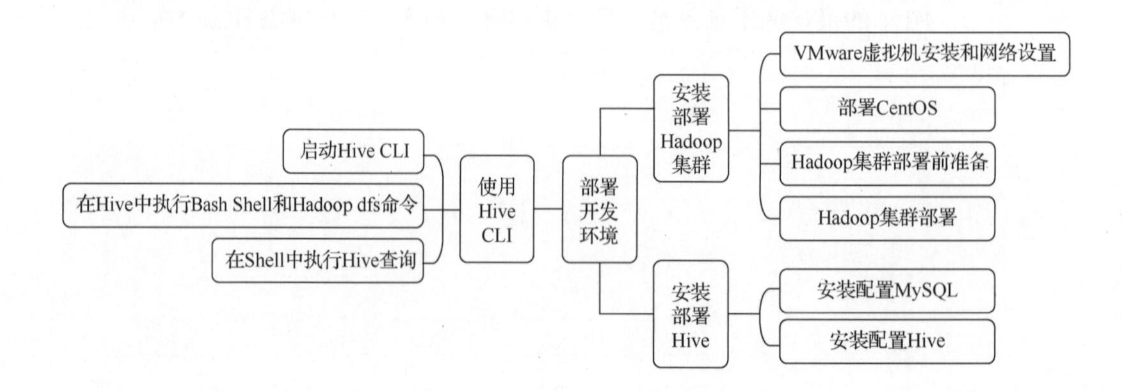

任务背景

为实现国家现代化，在新时代、新阶段企业必须坚持高质量发展。随着大数据技术的不断演进，目前 Hive 已成为企业广泛使用的数据仓库，其底层实现是调用 MapReduce 程序，Hive 调度资源时，使用的是 Hadoop 的 YARN 框架。Hive 将结构化的数据文件映射成一张虚表，并提供类 SQL（HQL）查询功能。有了 Hive 后，程序员不用再编写复杂的 MapReduce 程序，通过 Hive 即可使用类 SQL 语句实现数据的快速统计，进而提高大数据处理和分析效率。

本章将介绍如何安装部署 Hadoop 集群、如何安装部署 Hive、Hive CLI 的使用方法，为后续实现广电大数据存储和处理搭建环境。

任务 2.1　安装部署 Hadoop 集群

任务描述

通过 Hadoop 分布式框架可以轻松地将数千台服务器联合在一起对大数据进行存储和计算，而且每一台服务器都具有存储和计算的能力。用户可以在不了解 Hadoop 底层细节的情况下开发分布式程序，能够十分方便地利用集群的强大能力进行程序运算，而且能够解决高可用（分布式系统架构设计中的一个常见指标，意指通过设计减少系统不能提供服务的时间，从而保持其服务的高度可用性）问题。

本任务的内容包括虚拟机 VMware Workstation（简称 VMware）、Hadoop 集群的部署过程，以及远程终端 Xshell 软件的安装和使用，为 Hive 的安装部署提供一个基础的集群环境。

2.1.1　VMware 虚拟机安装和网络设置

Hadoop 集群环境是由若干台 Linux 主机组成的（为了更好地体现集群的特点和优势，建议部署至少 3 台主机，主机的系统可采用 Ubuntu 或 CentOS），本书将在 Windows 环境下安装虚拟机软件 VMware Workstation 15.5 Pro（Windows 7 环境下 VMware Workstation 最高支持 15.x 版本，如需升级 16 版本或更高版本，则需要在 Windows 8 或以上版本的环境下），以便虚拟机的创建与配置。

VMware Workstation 是由 VMware 公司出品的一款桌面虚拟机软件，可帮助用户在单一的桌面上同时运行不同的操作系统，具有应用开发、测试、部署等诸多功能。

1. 安装 VMware 虚拟机

读者可从 VMware 官网自行下载 VMware Workstation 15.5 Pro。

VMware Workstation 15.5 Pro 的安装过程较为简单，安装时请依照向导，选择安装目录，并单击“下一步”按钮即可顺利完成安装，过程不赘述，请读者自行完成。VMware Workstation 15.5 Pro 的主界面如图 2-1 所示。

图 2-1 VMware Workstation 15.5 Pro 的主界面

2. 设置 VMware 虚拟网络

安装好 VMware 后，还需要进行 VMware 的虚拟网络设置，以满足 4 台集群主机与宿主机、外网之间通信的要求（集群主机需要通过宿主机和外网保持连通以便下载最新的安装包）。VMware 虚拟机的联网模式有 3 种：桥接（Bridged）模式、网络地址转换（Network Address Translation，NAT）模式、仅主机（Host-only）模式。通过 NAT 模式，宿主机可以为集群主机提供私有 IP 地址，并且只有宿主机可以访问外网，从而可以对虚拟机进行一定程度的隔离和保护，减少受到网络攻击的风险。同时集群主机与宿主机共享同一 IP 地址，可以有效地节约可用 IP 地址，并且可以避免因为 IP 地址紧缺而产生的浪费，故本书采用 NAT 模式联网。安装好 VMware 后，系统会自动生成 3 块虚拟网卡。

（1）VMnet0：用于虚拟网络桥接模式下的虚拟交换机。

（2）VMnet1：用于虚拟网络仅主机模式下的虚拟交换机。

（3）VMnet8：用于虚拟网络 NAT 模式下的虚拟交换机。

使用 NAT 模式，就是让虚拟系统借助网络地址转换功能，通过主机所在的网络来访问互联网。也就是说，使用 NAT 模式可以实现在虚拟系统里访问互联网，但前提是主机可以访问互联网。NAT 模式下的虚拟系统的传输控制协议（Transmission Control Protocol，TCP）或互联网协议（Internet Protocol，IP）配置信息是由 VMnet8（NAT）的动态主机配置协议（Dynamic Host Configuration Protocol，DHCP）服务器提供的，无法进行手动修改，因此虚拟系统无法和本局域网中的其他真实主机进行通信。如果网络 IP 地址资源紧缺，但是又希望虚拟机能够联网，这时 NAT 模式是更理想的选择。NAT 模式借助虚拟 NAT 设备和虚拟 DHCP 服务器，使得虚拟机可以联网。虚拟网络 NAT 模式的原理如图 2-2 所示。

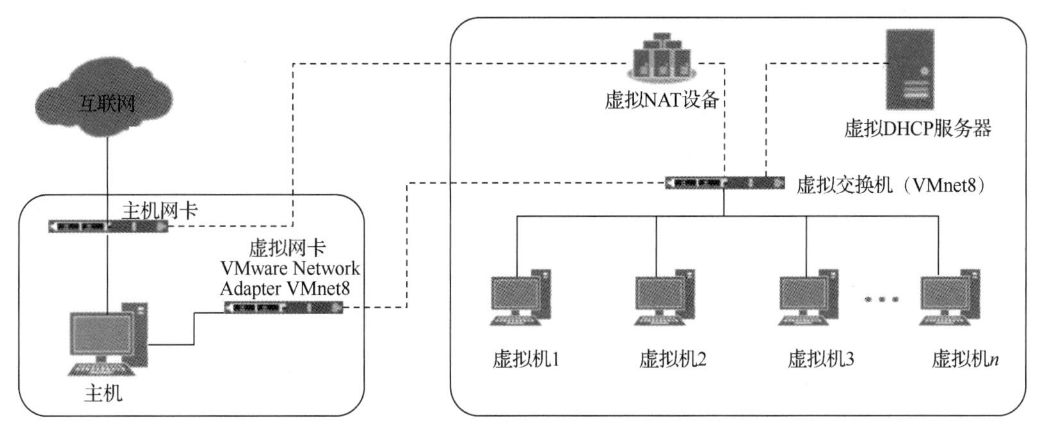

图 2-2　虚拟网络 NAT 模式的原理

在 NAT 模式中，主机网卡直接与虚拟 NAT 设备相连，然后虚拟 NAT 设备与虚拟 DHCP 服务器一起连接在虚拟交换机（VMnet8）上，这样即可实现虚拟机联网。VMware Network Adapter VMnet8 是为了实现主机与虚拟机之间通信的虚拟网卡。

NAT 模式的具体配置过程如下。

（1）打开虚拟网络编辑器。在 VMware 主界面中，单击“编辑”菜单，选择“虚拟网络编辑器”选项，如图 2-3 所示。

图 2-3　打开虚拟网络编辑器

（2）编辑虚拟网络编辑器。在弹出的“虚拟网络编辑器”对话框中（部分功能的设置可能需要管理员权限，具体情况以个人 Windows 设置为准），先单击选中“VMnet8”网络，在“VMnet 信息”部分选择“NAT 模式（与虚拟机共享主机的 IP 地址）”单选项，勾选“将主机虚拟适配器连接到此网络”和“使用本地 DHCP 服务将 IP 地址分配给虚拟机”复选框，并将“子网 IP”设置为“192.168.128.0”（后续虚拟机 IP 地址需要设置到此网段上，如 master 的 IP 地址可设置为 192.168.128.130），将“子网掩码”设置为“255.255.255.0”，如图 2-4 所示。

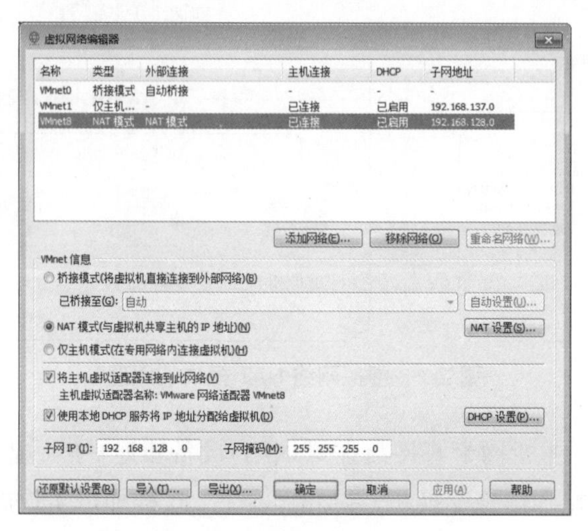

图 2-4 “虚拟网络编辑器”对话框

（3）配置 NAT 网络。在“虚拟网络编辑器”对话框中单击“NAT 设置”按钮，弹出“NAT 设置”对话框，将“网关 IP”设置为“192.168.128.2”，如图 2-5 所示。设置完成后单击“确定”按钮，退出当前对话框并返回“虚拟网络编辑器”对话框。

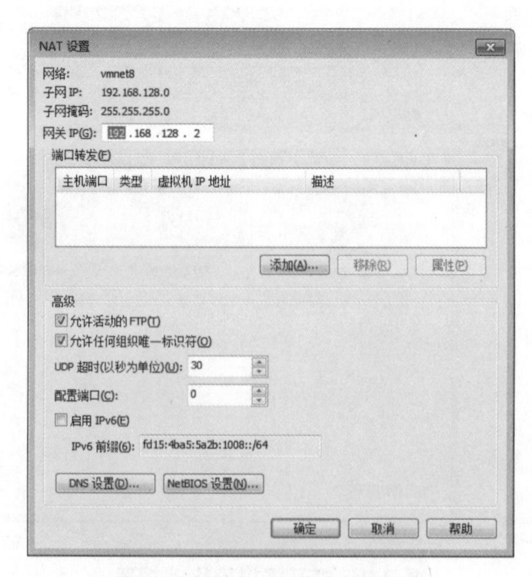

图 2-5 “NAT 设置”对话框

（4）设置 DHCP。在“虚拟网络编辑器”对话框中单击“DHCP 设置”按钮，弹出“DHCP 设置”对话框，将“起始 IP 地址”设置为“192.168.128.0”，将“结束 IP 地址”设置为“192.168.128.254”，如图 2-6 所示。设置完成后单击“确定”按钮，退出当前对话框，返回“虚拟网络编辑器”对话框。

（5）在“虚拟网络编辑器”对话框中单击“确定”按钮后，网络的设置开始生效。

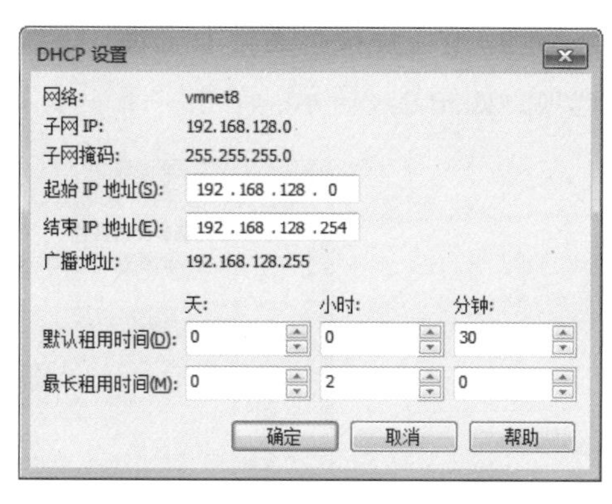

图 2-6 “DHCP 设置”对话框

2.1.2 部署 CentOS

由于 Hadoop 的主体是使用 Java 语言编写而成的，运行在安装了 Java 虚拟机（Java Virtual Machine，JVM）的平台，且部分代码需要在 UNIX 或 Linux 环境下运行，所以不适合在非 UNIX 或 Linux 环境下运行，故本书部署的操作系统选用开源版的 Linux 系统——CentOS 6.x 系列。

在部署前要下载好 CentOS 的安装版本，CentOS 目前主流的版本有 6、7 和 8，三者的安装方式和步骤大体相同，只是个别步骤有差异。现以 CentOS 6.8 为例，介绍主要的安装部署方法。

（1）新建虚拟机。打开 VMware，进入 VMware 主界面，选择“创建新的虚拟机”选项，弹出“新建虚拟机向导”对话框，选择“自定义”（高级）选项，如图 2-7 所示，单击“下一步”按钮。

图 2-7 新建虚拟机

（2）设置虚拟机硬件兼容性。在“硬件兼容性”下拉列表框中选择“Workstation 15.x”选项，如图 2-8 所示，单击“下一步”按钮。

图 2-8　设置虚拟机硬件兼容性

（3）选择安装客户机操作系统的方法。选择“稍后安装操作系统(S)。”单选项，如图 2-9 所示，单击“下一步”按钮。

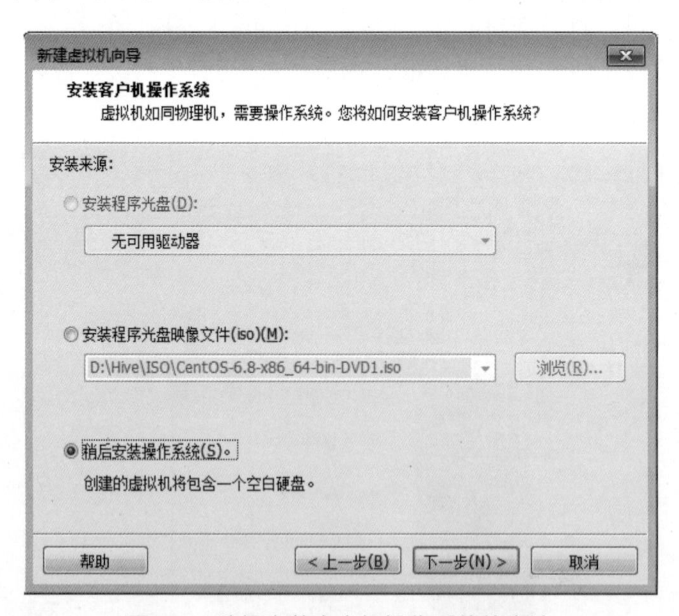

图 2-9　选择安装客户机操作系统的方法

（4）选择部署操作系统的类型和版本。选择将要部署的操作系统为“Linux(L)”，版本为“CentOS 6 64 位”，如图 2-10 所示，单击“下一步”按钮。

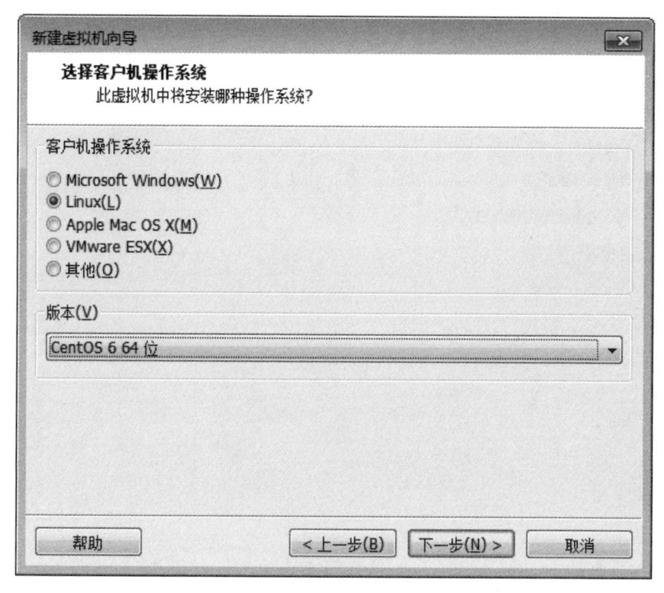

图 2-10 选择部署操作系统的类型和版本

（5）设置虚拟机名称和存储位置。设置虚拟机名称为“master”，存储位置为“D:\Hive\VM\master”（位置可根据读者个人计算机硬盘设置做相应调整），如图 2-11 所示，单击“下一步”按钮。

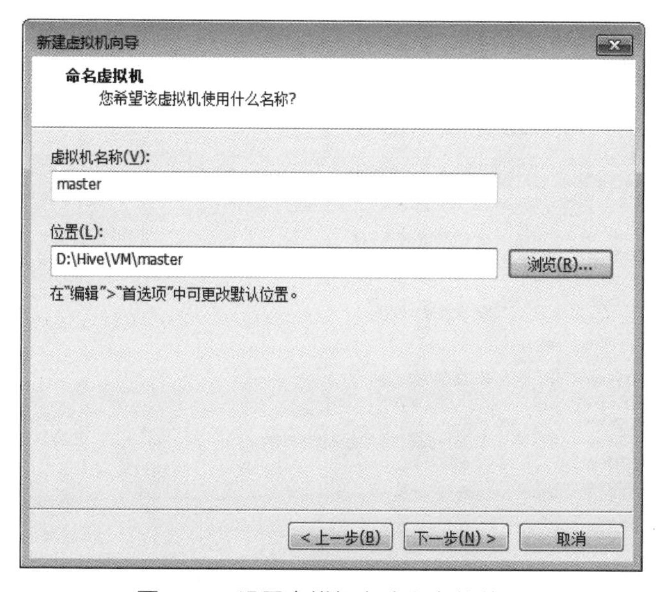

图 2-11 设置虚拟机名称和存储位置

（6）设置虚拟机的处理器数量和内核数量。设置虚拟机的“处理器数量”为“1”，设置“每个处理器的内核数量”为“1”（数量可根据读者个人计算机 CPU 配置做相应调整，性能较好的计算机可设置内核的数量为“2”），如图 2-12 所示，单击“下一步”按钮。

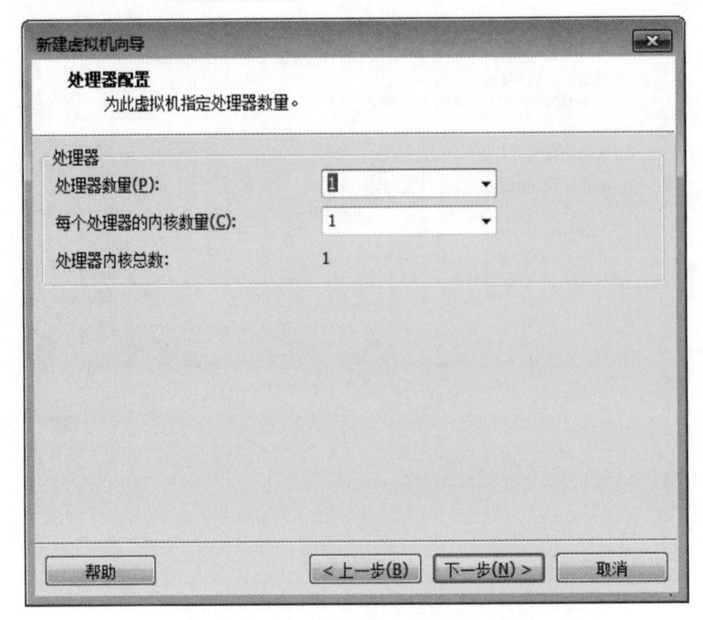

图 2-12　设置虚拟机的处理器数量和内核数量

（7）设置虚拟机的内存。设置虚拟机的内存为“2048MB”（大小可根据读者个人计算机内存配置做相应调整，建议为 1024MB 或 2048MB），如图 2-13 所示，单击“下一步”按钮。

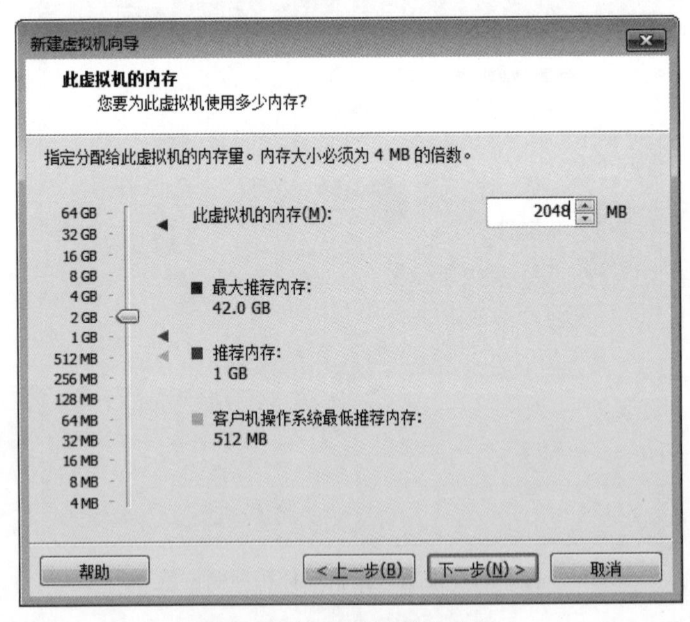

图 2-13　设置虚拟机的内存

（8）设置虚拟机的网络类型。设置虚拟机网络连接为“使用网络地址转换（NAT）”，如图 2-14 所示，单击“下一步”按钮。

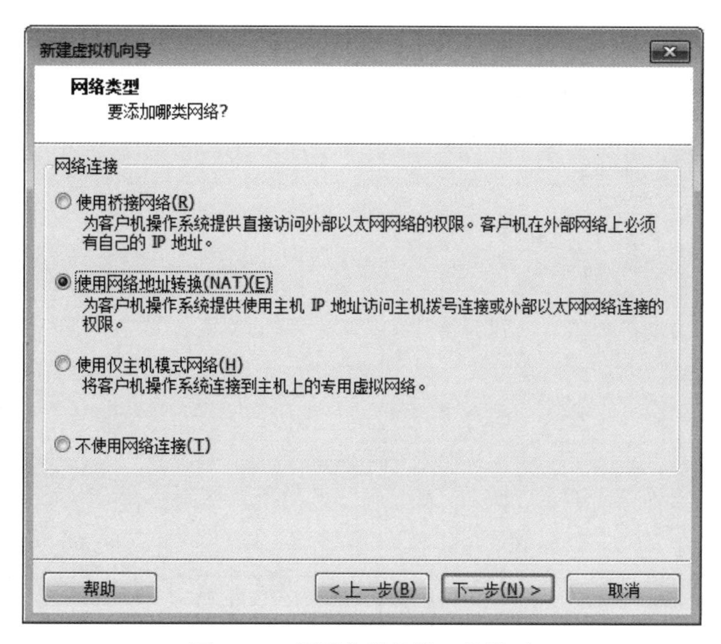

图 2-14　设置虚拟机的网络类型

（9）设置虚拟机的 I/O 控制器类型。设置虚拟机的 I/O 控制器类型为“LSI Logic(L)”，如图 2-15 所示，单击“下一步”按钮。

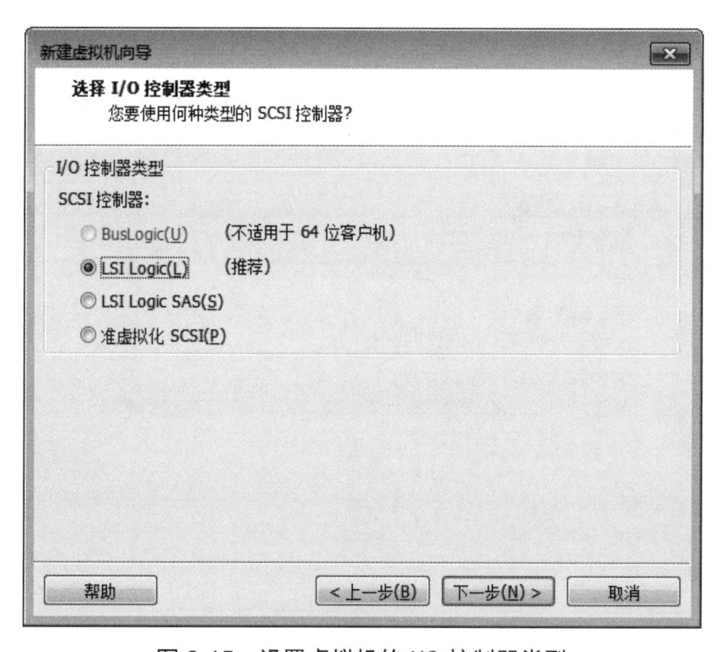

图 2-15　设置虚拟机的 I/O 控制器类型

（10）设置虚拟机的磁盘类型。设置虚拟机的磁盘类型为“SCSI”，如图 2-16 所示，单击“下一步”按钮。

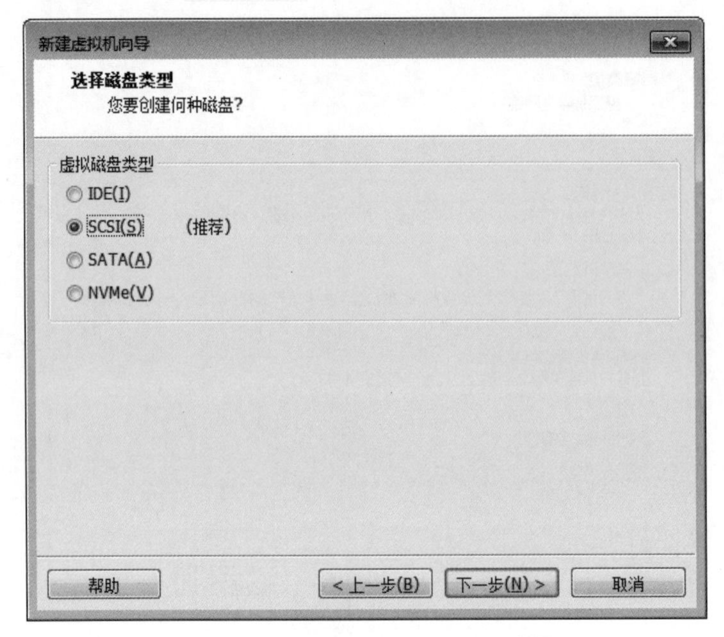

图 2-16　设置虚拟机的磁盘类型

（11）创建新虚拟磁盘。为虚拟机创建新虚拟磁盘，选择“创建新虚拟磁盘”单选项，如图 2-17 所示，单击“下一步”按钮。

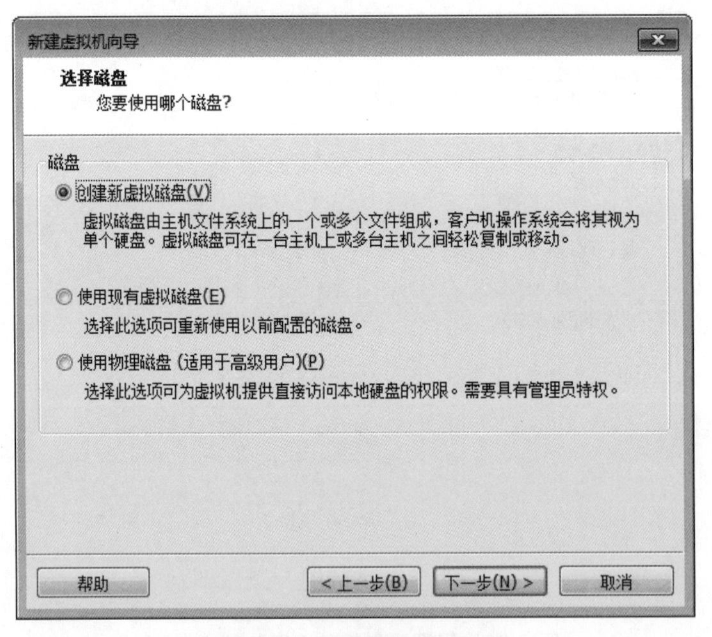

图 2-17　创建新虚拟磁盘

（12）设置虚拟机的磁盘容量。设置虚拟机的磁盘容量（单位：GB）为“20.0”，并选择“将虚拟磁盘存储为单个文件”单选项，如图 2-18 所示，单击“下一步”按钮。

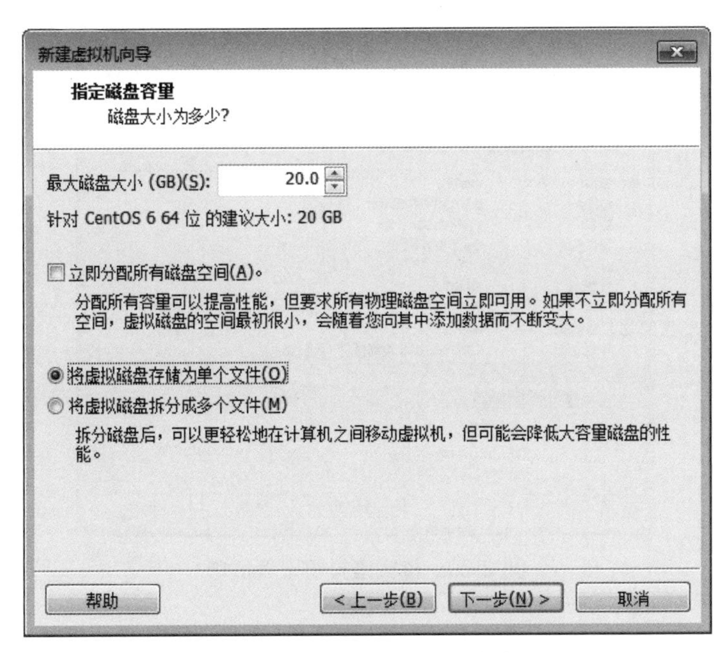

图 2-18　设置虚拟机的磁盘容量

（13）设置虚拟机的磁盘文件名。设置虚拟机的磁盘文件名为“master.vmdk”（系统默认将磁盘文件名设置为虚拟机名称），如图 2-19 所示，单击“下一步”按钮。

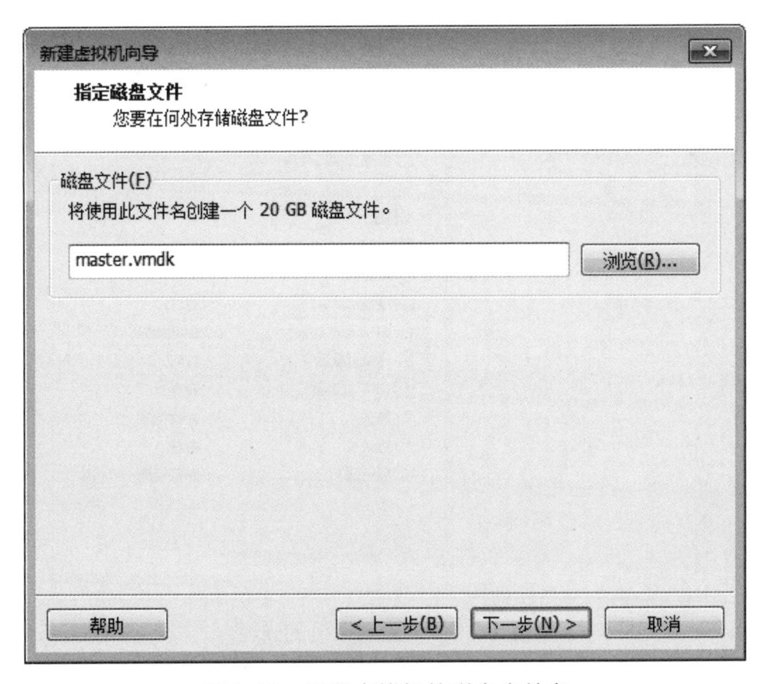

图 2-19　设置虚拟机的磁盘文件名

（14）核实虚拟机设置清单。完成虚拟机设置后，将弹出虚拟机设置清单以供核实，如图 2-20 所示，核实无误后单击“完成”按钮，完成虚拟机的创建。

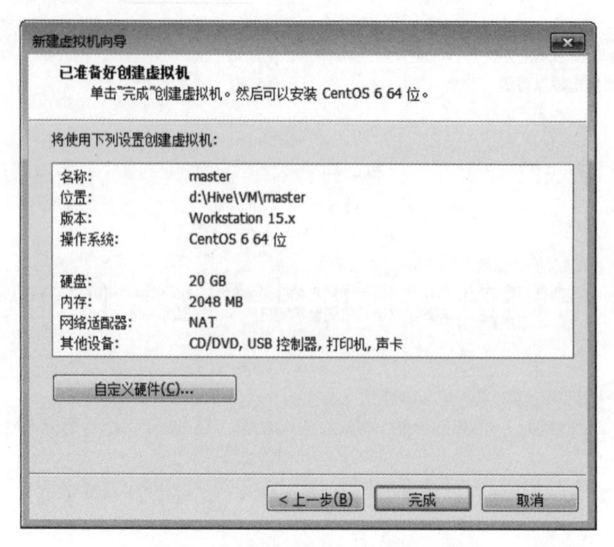

图 2-20　核实虚拟机设置清单

（15）设置虚拟机的光驱。设置虚拟机的光驱，单击超链接“CD/DVD(IDE)”，如图 2-21 所示。

图 2-21　设置虚拟机的光驱

（16）设置虚拟机的 ISO 映像文件。勾选“启动时连接”复选框，单击“浏览”按钮选择对应的 CentOS 镜像文件 CentOS-6.8-x86_64-bin-DVD1.iso，再单击“打开”按钮，完成 CentOS 镜像文件的选择，如图 2-22 所示。然后单击“确定”按钮。其中，

CentOS-6.8-x86_64-bin-DVD1.iso 是 6.8 版本的 CentOS 的标准安装包，内含 CentOS 6.8 和部分必需的软件包。

图 2-22 设置虚拟机的 ISO 映像文件

（17）启动虚拟机。在 VMware 主界面左侧导航栏选择虚拟机“master”，在右侧面板单击“开启此虚拟机”超链接，如图 2-23 所示。

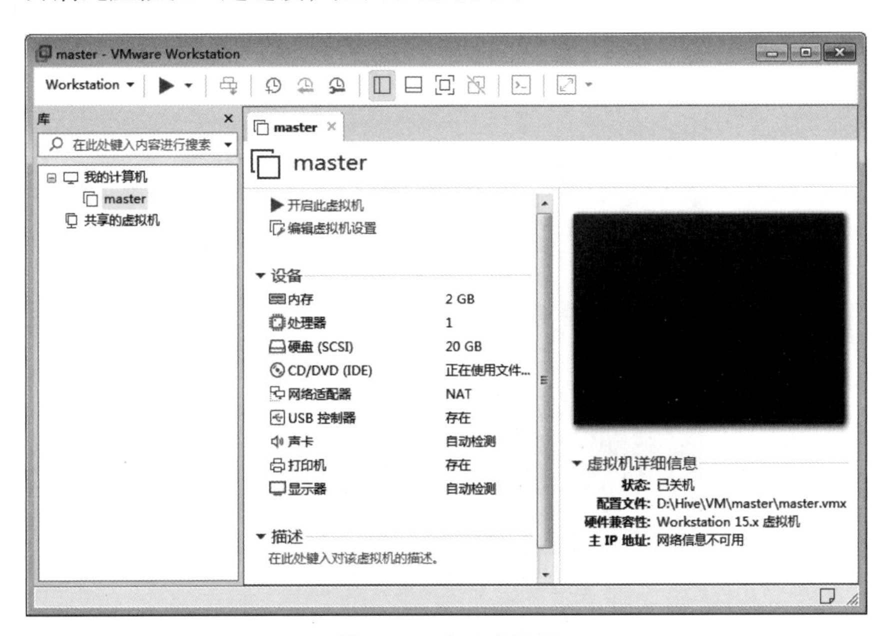

图 2-23 启动虚拟机

（18）开始安装 CentOS 6。启动虚拟机后，出现 CentOS 6.8 安装引导界面，如图 2-24 所示，选择“Install or upgrade an existing system”。

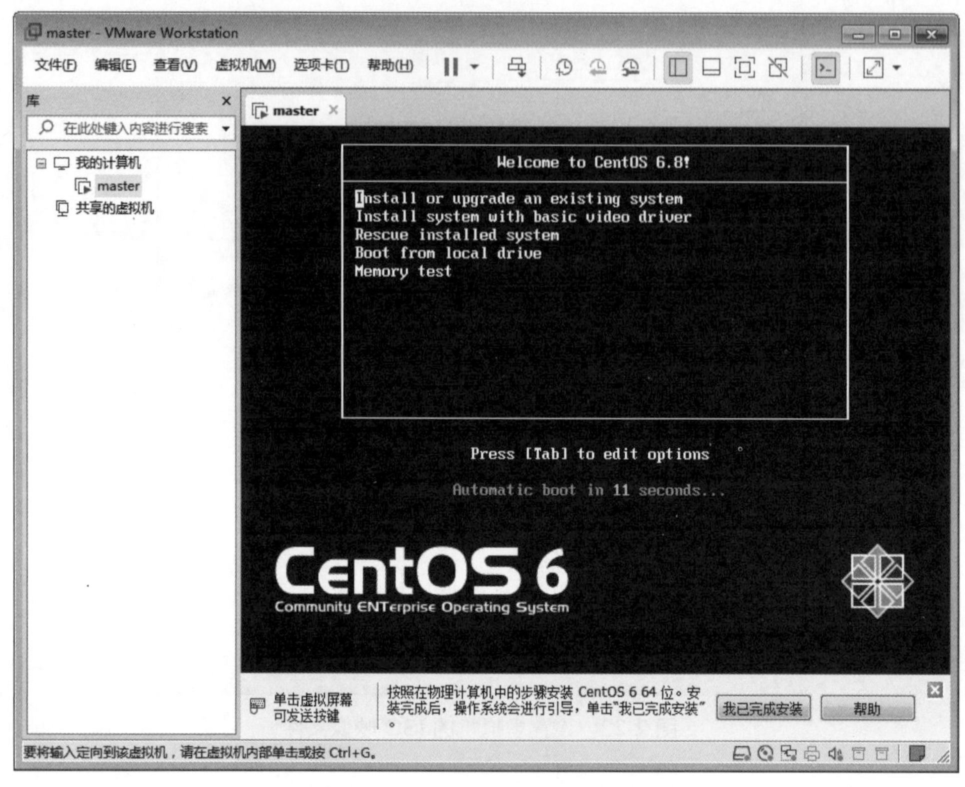

图 2-24 开始安装 CentOS 6.8

（19）跳过测试安装介质。出现是否要测试安装介质的提示，如图 2-25 所示，单击“Skip”按钮跳过此步骤；随后会弹出安装欢迎界面，如图 2-26 所示，单击“Next”按钮，进入下一步安装。

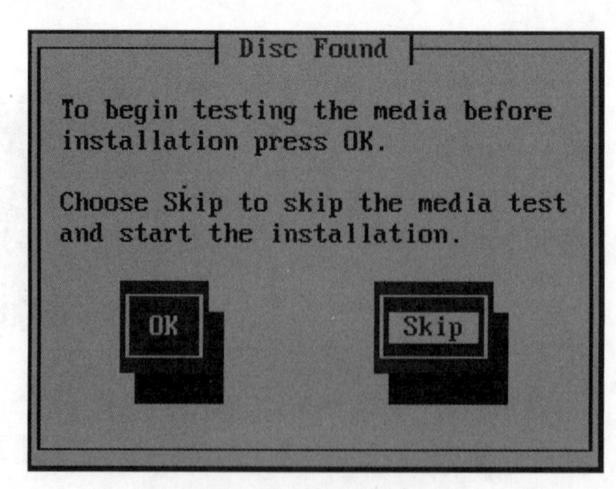

图 2-25 跳过测试安装介质

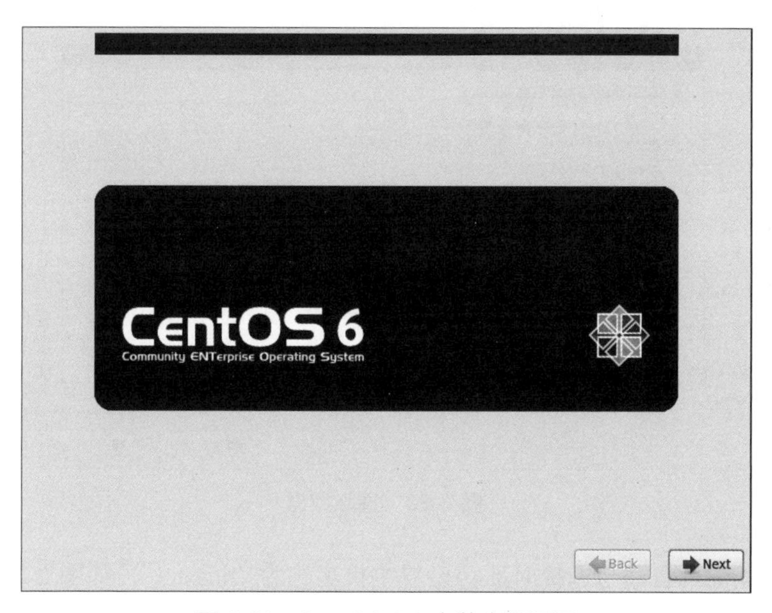

图 2-26　CentOS 6.8 安装欢迎界面

（20）选择安装提示语言与键盘布局语言。系统会询问安装时的提示语言类型，选择系统语言“Chinese(Simplified)”，单击“Next”按钮，随后进入选择键盘语言提示界面，选择“美国英语式”选项，单击“下一步”按钮，进入下一步骤。

（21）选择基本存储设备与清除数据。系统会询问安装的存储设备类型，可选择默认类型“基本存储设备”，如图 2-27 所示。单击“下一步”按钮，随后进入是否清除数据提示界面，如图 2-28 所示，单击“是，忽略所有数据”按钮，单击“下一步”按钮，进入下一步骤。

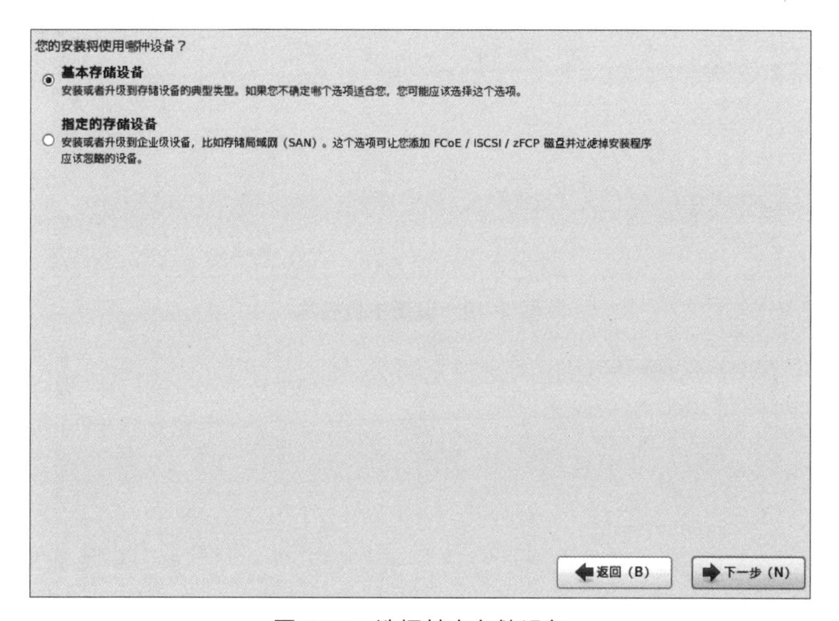

图 2-27　选择基本存储设备

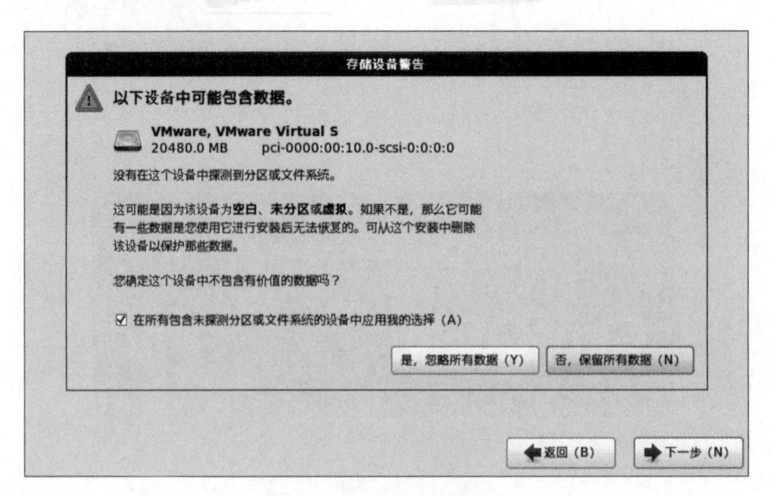

图 2-28　清除数据

（22）设置主机名称与选择时区。设置主机名称为“master”，如图 2-29 所示，完成后单击“下一步”按钮，随后进入选择时区界面，选择“亚洲/上海”选项，如图 2-30 所示，单击“下一步”按钮，进入下一步骤。

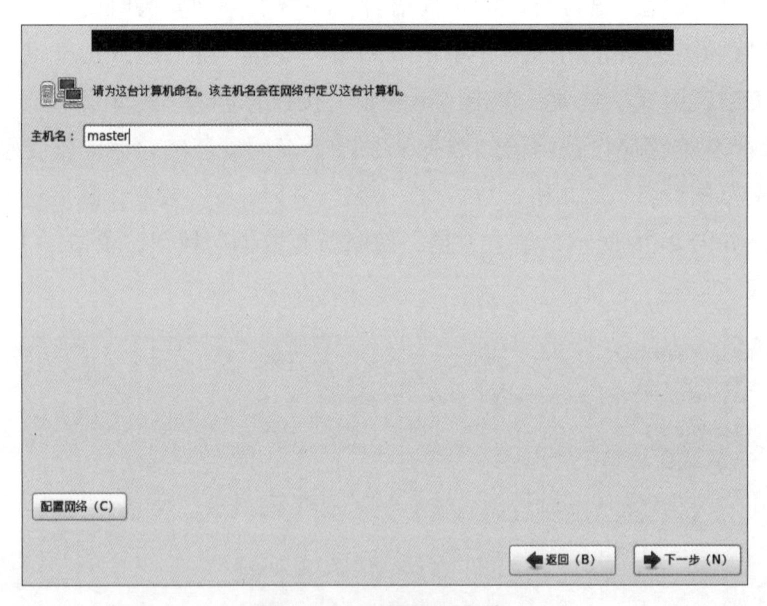

图 2-29　设置主机名称

图 2-30　选择时区

（23）设置根用户密码与选择安装类型。设置根密码（root 用户密码）为“123456”，并重复设置以进行确认，如图 2-31 所示，完成后单击“下一步”按钮。在弹出的图 2-32 所示的界面中单击“无论如何都使用”按钮，随后系统会询问采用何种磁盘分区类型，选择“使用所有空间”单选项，如图 2-33 所示，单击“下一步”按钮，进入下一步骤。

图 2-31　设置根用户密码

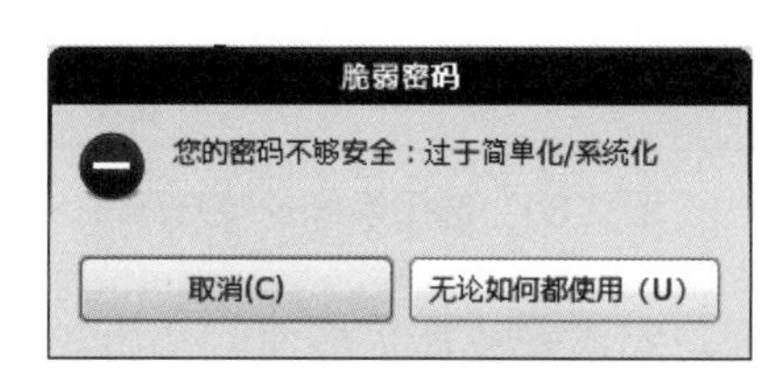

图 2-32　确认密码

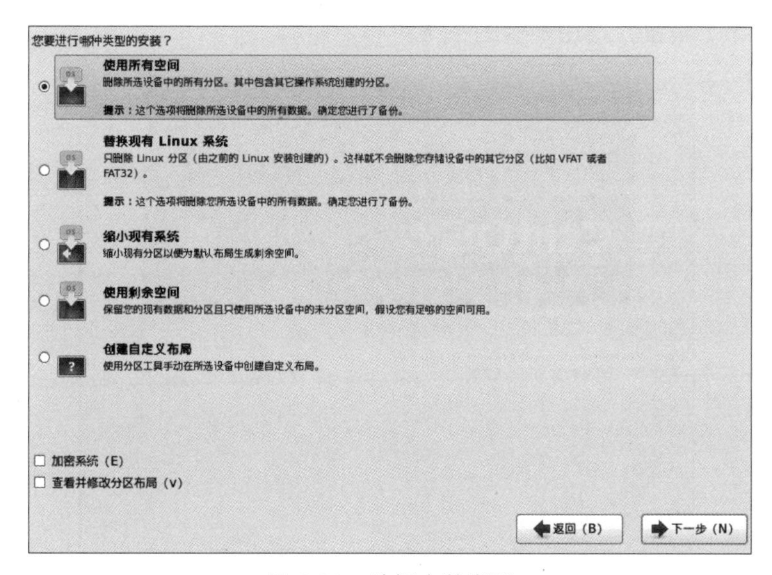

图 2-33　选择安装类型

（24）将存储配置写入磁盘与选择系统安装方案。在系统确认是否将存储配置写入磁盘（如图 2-34 所示）时，单击“将修改写入磁盘”按钮；随后系统会询问采用何种安装方案，选择“Minimal”选项，如图 2-35 所示，单击“下一步”按钮，进入下一步骤。

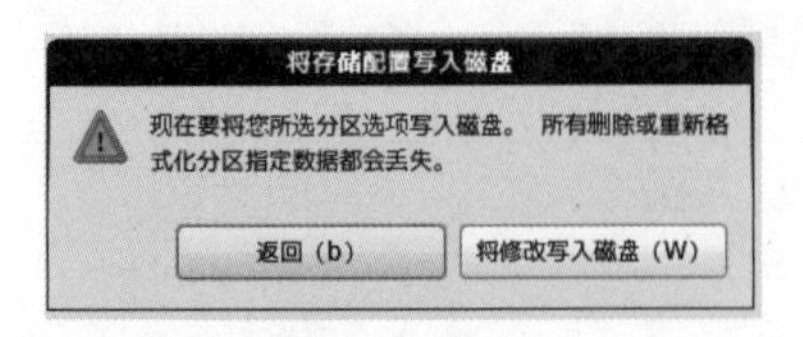

图 2-34　按设置写入磁盘

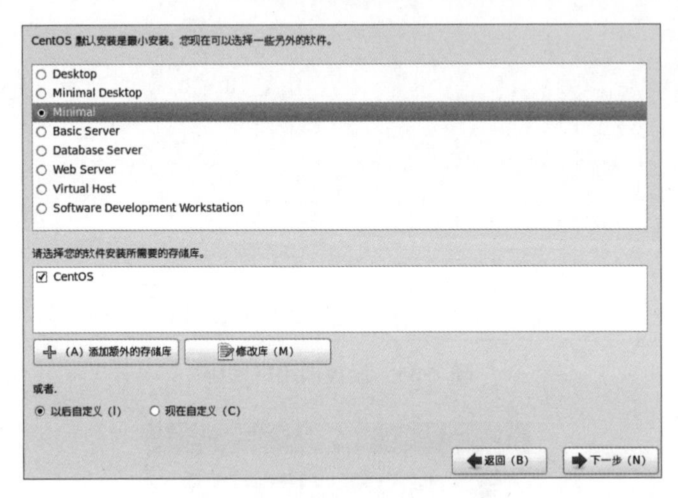

图 2-35　选择系统安装方案

（25）查看系统安装进度与完成安装提示界面。开始安装系统，界面将显示安装进度，如图 2-36 所示。当安装进度加载完成时，会提示已经完成安装，如图 2-37 所示，单击“重新引导”按钮，使用安装的系统。

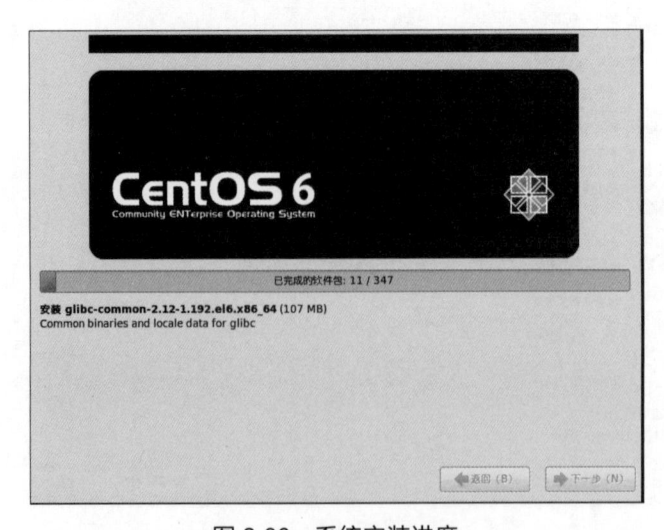

图 2-36　系统安装进度

图 2-37　完成安装提示界面

（26）登录 CentOS。进入登录终端界面，输入用户名“root”与密码“123456”按 Enter 键。系统显示“[root@master ~]# ”表示登录成功，如图 2-38 所示。本书均采用以根用户（root）的身份登录 CentOS，读者若想以普通用户的身份登录 CentOS，需先以超级根的身份登录，然后使用“useradd”命令创建新的普通用户，使用“passwd”命令为普通用户设置密码，最后使用“su”命令切换普通用户，或下次采用已创建好的普通用户和对应的密码登录 CentOS。

```
CentOS release 6.8 (Final)
Kernel 2.6.32-642.el6.x86_64 on an x86_64

master login: root
Password:
[root@master ~]# _
```

图 2-38　登录 CentOS

2.1.3　Hadoop 集群部署前准备

集群是一组相互独立的、通过高速网络互联的计算机。集群中每台计算机经过组合形成一个组，并以单一系统的模式加以管理。当用户与集群相互作用时，集群像独立的服务器。集群配置的优点在于能提高性能、降低成本、提高可扩展性和增强可靠性。

1．集群系统规划

2.1.2 小节初步完成了虚拟机 master 的 CentOS 的部署，实际上，在部署 Hadoop 集群中，需要配置多台主机，以形成集群系统。在本书中，将以 4 台服务器、1 台 Windows 7 客户机为例，完成 Hadoop 集群的部署。

Hadoop 集群系统规划如表 2-1 所示。

表 2-1　Hadoop 集群系统规划

主机名称	IP 地址	网关设置	角色	操作系统
master	192.168.128.130	192.168.128.2	Master	CentOS 6.8
slave1	192.168.128.131	192.168.128.2	Slave	CentOS 6.8
slave2	192.168.128.132	192.168.128.2	Slave	CentOS 6.8
slave3	192.168.128.133	192.168.128.2	Slave	CentOS 6.8
desktop			Desktop	Windows 7

2．集群网络配置

master 网络和 IP 地址配置的步骤如下。

（1）重启网络服务。执行“service network restart”命令重启网络服务，如图 2-39 所示，结果显示重启成功。

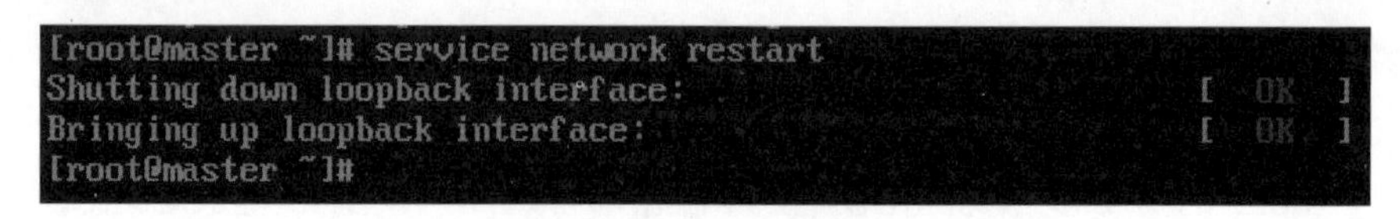

图 2-39　重启网络服务

（2）修改 ifcfg-eth0 配置文件中的 IP 地址设置。执行“vi /etc/sysconfig/network-scripts/ifcfg-eth0”命令进入 ifcfg-eth0 文件，按键盘的“I”键进入编辑状态以修改文件，修改的内容如代码 2-1 所示。

代码 2-1　ifcfg-eth0 文件修改的内容

```
DEVICE=eth0
TYPE=Ethernet
ONBOOT=yes
NM_CONTROLLED=yes
BOOTPROTO=static
IPADDR=192.168.128.130
NETMASK=255.255.255.0
GATEWAY=192.168.128.2
DNS1=192.168.128.2
```

（3）再次重启网络服务。执行“service network restart”命令重启网络服务，使网络新配置生效。

3．安装配置 Xshell 和 Xftp

Xshell 是由 NetSarang 公司开发的功能强大的安全终端模拟软件，支持 SSH1、SSH2 和 Telnet 协议。使用 Xshell 可通过互联网安全连接到远程主机，Xshell 提供了很多功能，使得远程操作 Linux 系统更为便捷。Xftp 是由 NetSarang 公司开发的功能强大的具有 SSH 文件传输协议（SSH File Transfer Protocol，SFTP）、文件传输协议（File Transfer Protocol，FTP）的文件传输软件。通过 Xftp，Microsoft Windows 用户能安全地在 UNIX 或 Linux 环境和 Windows 环境之间传输文件。为了方便后续的配置工作，建议读者提前下载并安装 Xshell 和 Xftp。

Xshell 和 Xftp 安装与连接虚拟机的操作过程如下。

（1）Xshell 和 Xftp 的下载安装。非商用版本的 Xshell 和 Xftp 的安装文件可在 NetSarang 公司中文网站下载，如图 2-40 所示。下载时，选择“学校/家庭免费”，并填写个人姓名和邮箱，通过邮箱获得免费版下载链接。由于安装过程有中文安装向导指引，且较为简单，在此不赘述，请读者自行完成。

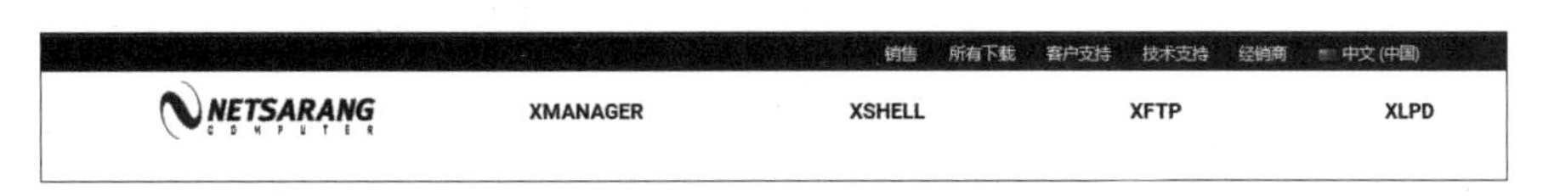

图 2-40 Xshell 和 Xftp 下载页面

（2）Xshell 和 Xftp 连接虚拟机。由于 Xftp 连接虚拟机的方式和 Xshell 的连接方式类似，故下面以 Xshell 为例说明。在连接虚拟机前，需将虚拟机的服务打开，并完成虚拟机的网络配置，否则无法进行远程连接。

Xshell 连接虚拟机的主要步骤如下。

① 在 Xshell 主界面，单击“文件”菜单，如图 2-41 所示，然后选择“新建”选项。

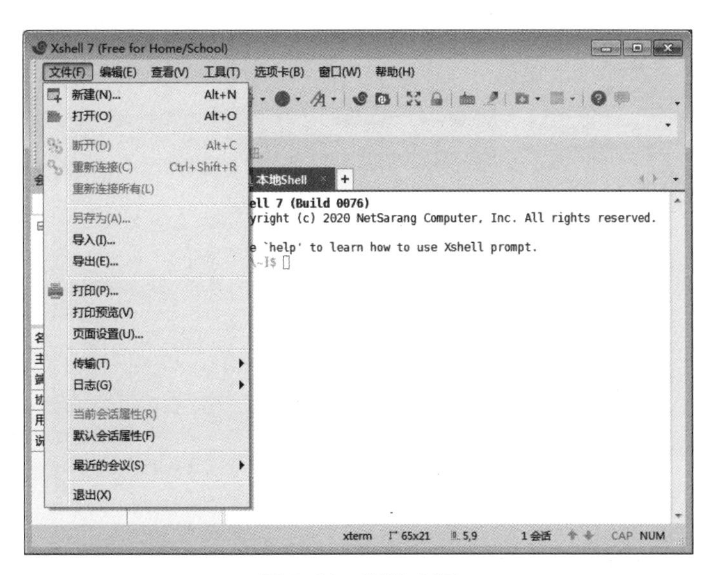

图 2-41 新建会话

② 进入“新建会话属性”对话框，输入名称“master”，协议默认为安全外壳（Secure Shell，SSH）协议，输入主机地址“192.168.128.130”，如图 2-42 所示。

图 2-42 “新建会话属性”对话框

③ 单击图 2-42 所示对话框中左侧“用户身份验证”进入“身份验证”界面，输入用户名“root”，密码“123456”，勾选“Password”复选框，如图 2-43 所示，然后单击“确定”按钮保存，也可单击“连接”按钮，直接连接主机。

图 2-43 设置用户名、密码

④ 当第一次连接到主机时，会弹出“SSH 安全警告”对话框，如图 2-44 所示，单击“接受并保存”按钮，连接成功后的 Xshell 远程登录界面如图 2-45 所示。

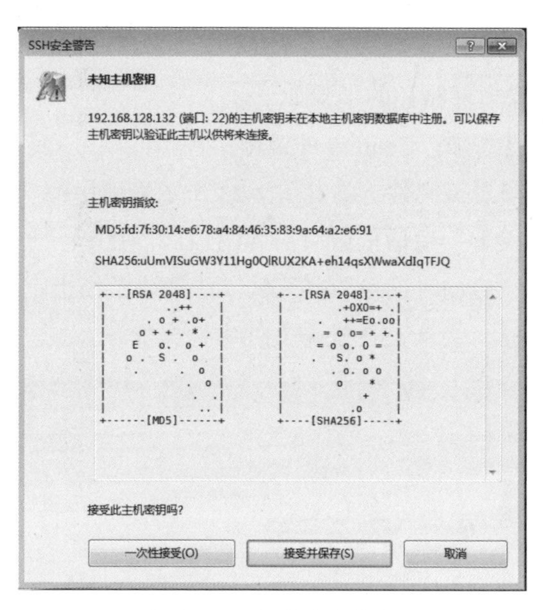

图 2-44　SSH 安全警告

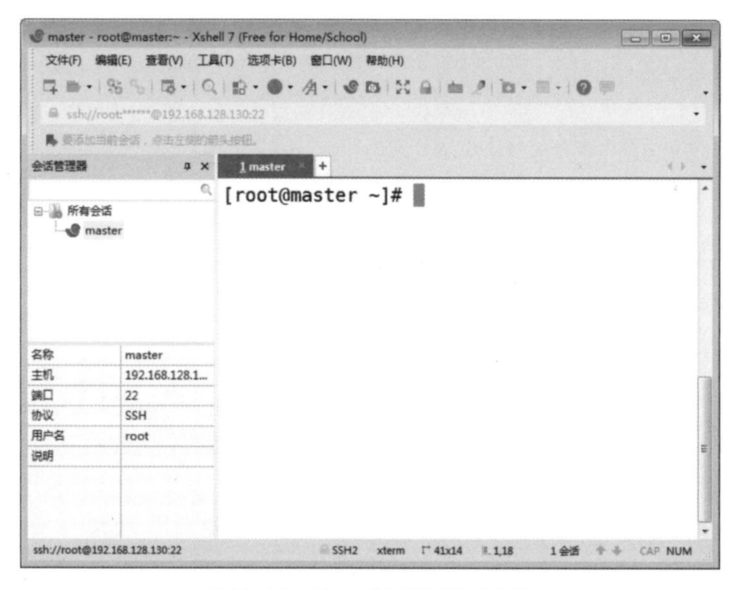

图 2-45　Xshell 远程登录界面

至此，已经完成 Xshell 与虚拟机的远程连接，Xftp 可参照 Xshell 连接虚拟机的过程进行配置。

2.1.4　Hadoop 集群部署

在完成单台主机的 CentOS 的安装后，还需要为 CentOS 设置镜像文件路径和设置

YUM 安装软件源，以便后续在安装新程序时，能够较为快速地找到安装文件并安装。另外为了节省时间，本书采用克隆虚拟机的方式完成 3 台 Slave 节点机器的配置。

1. CentOS 镜像设置

为 CentOS 设置镜像文件路径的步骤如下。

（1）确认镜像文件已添加。CentOS 的镜像文件指的就是安装 CentOS 的 ISO 映像文件，可在虚拟机设置里查看该文件。单击图 2-23 所示界面中的“编辑虚拟机设置”超链接，在弹出的“虚拟机设置”对话框中单击“CD/DVD(IDE)”超链接，如图 2-46 所示。需要勾选“已连接”和“启动时连接”复选框，并确认已经指定相应的 ISO 映像文件路径。此后在安装新程序时，会从 ISO 映像文件中优先加载。

图 2-46 “虚拟机设置”对话框

（2）修改 repo 配置文件。将/etc/yum.repos.d/目录下原有的 repo 配置文件（CentOS-Media.repo 除外）的扩展名改为.bak，如代码 2-2 所示，部分执行结果如图 2-47 所示。

代码 2-2 修改 repo 配置文件

```
mv  CentOS-Base.repo  CentOS-Base.repo.bak
mv  CentOS-Debuginfo.repo  CentOS-Debuginfo.repo.bak
mv  CentOS-fasttrack.repo  CentOS-fasttrack.repo.bak
mv  CentOS-Vault.repo  CentOS-Vault.repo.bak
ll
```

```
[root@master yum.repos.d]# mv  CentOS-Base.repo  CentOS-Base.repo.bak
[root@master yum.repos.d]# mv  CentOS-Debuginfo.repo  CentOS-Debuginfo.repo.bak
[root@master yum.repos.d]# mv  CentOS-fasttrack.repo  CentOS-fasttrack.repo.bak
[root@master yum.repos.d]# mv  CentOS-Vault.repo  CentOS-Vault.repo.bak
[root@master yum.repos.d]# ll
总用量 24
-rw-r--r--. 1 root root 1991 5月  19 2016 CentOS-Base.repo.bak
-rw-r--r--. 1 root root  647 5月  19 2016 CentOS-Debuginfo.repo.bak
-rw-r--r--. 1 root root  289 5月  19 2016 CentOS-fasttrack.repo.bak
-rw-r--r--. 1 root root  630 5月  19 2016 CentOS-Media.repo
-rw-r--r--. 1 root root 6259 5月  19 2016 CentOS-Vault.repo.bak
```

图 2-47 修改 repo 配置文件结果

（3）配置 CentOS-Media.repo 文件。执行命令“vi CentOS-Media.repo”修改配置文件 CentOS-Media.repo，修改后的内容如代码 2-3 所示。

代码 2-3 修改后的 CentOS-Media.repo 文件

```
[c6-media]
name=CentOS-$releasever - Media
baseurl=file:///media/
gpgcheck=0
enabled=1
gpgkey=file:///etc/pki/rpm-gpg/RPM-GPG-KEY-CentOS-6
```

挂载镜像文件至目录/media。执行命令“mount /dev/dvd /media/”将镜像文件挂载到/media，如图 2-48 所示。

```
[root@master yum.repos.d]# mount /dev/dvd /media/
mount: block device /dev/sr0 is write-protected, mounting read-only
[root@master yum.repos.d]# █
```

图 2-48 挂载镜像文件至目录/media

2. 通过 yum 命令安装常用软件

在 CentOS 中可使用 yum 命令安装新软件，虚拟机会先在镜像文件中寻找安装包，当找不到时，则在 YUM 安装软件源定义的线上资源下载。为了方便后续的克隆操作，需要为虚拟机安装一些软件。执行命令“yum -y install ntp openssh-clients openssh-server vim”安装常用软件，如图 2-49 所示。

```
[root@master ~]# yum -y install ntp openssh-clients openssh-server vim
Loaded plugins: fastestmirror
Setting up Install Process
base                                                     | 3.7 kB     00:00
base/primary_db          69% [=========-       ] 558 kB/s | 3.2 MB     00:02 ETA
```

图 2-49 通过 yum 命令安装常用软件

3. 安装 JDK 开发包

Hadoop 集群需要使用 JDK，本书采用 JDK 1.8（安装包为 jdk-8u221-linux-x64.rpm），

读者可自行到其官网下载。安装 JDK 的过程如下。

（1）上传并安装。上传 JDK 安装包到虚拟机/opt 目录，进入/opt 目录，执行命令“rpm -ivh jdk-8u221-linux-x64.rpm”安装 JDK。

（2）添加环境变量。为了让系统可直接访问 JDK 的安装目录，在/etc/profile 文件中添加环境变量，如代码 2-4 所示。添加完成并保存、退出后需执行命令“source /etc/profile”，使配置马上生效。

代码 2-4　在/etc/profile 文件中添加环境变量

```
export  JAVA_HOME=/usr/java/jdk1.8.0_221-amd64
export  PATH=$PATH:$JAVA_HOME/bin
```

（3）验证。验证 JDK 是否配置成功，执行命令“java -version”，配置成功则会显示所安装的 JDK 版本，如图 2-50 所示。

```
[root@master ~]# java -version
java version "1.8.0_221"
Java(TM) SE Runtime Environment (build 1.8.0_221-b11)
Java HotSpot(TM) 64-Bit Server VM (build 25.221-b11, mixed mode)
```

图 2-50　验证 JDK 是否配置成功

4. 通过 VMware 克隆 Slave 节点

可通过对配置好的虚拟机进行克隆操作生成 Hadoop 集群中的 Slave 节点。下面以克隆 slave1 虚拟机为例进行介绍，克隆虚拟机的具体步骤如下。

（1）在 VMware 主界面，选择虚拟机“master”，单击右键，选择“管理”命令，再选择“克隆”命令，如图 2-51 所示（注：克隆虚拟机前需要关闭被克隆的主机）。

图 2-51　克隆虚拟机菜单

（2）选择克隆源为“虚拟机中的当前状态”，如图 2-52 所示，单击“下一步”按钮。

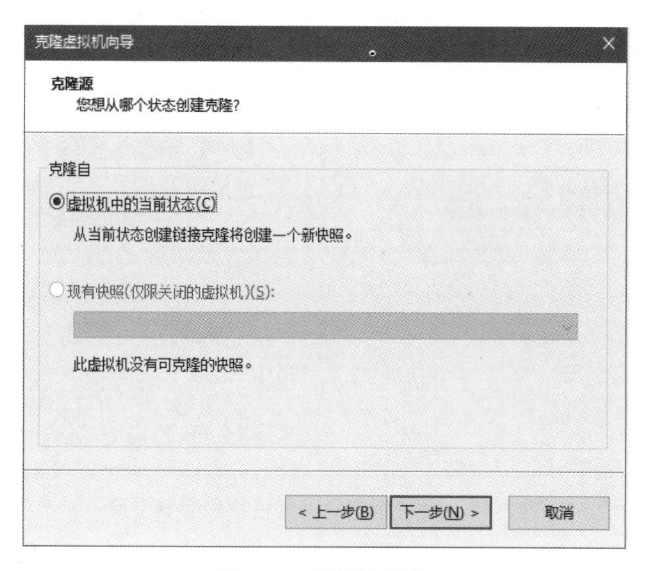

图 2-52　选择克隆源

（3）选择克隆类型为“创建完整克隆”，如图 2-53 所示，单击“下一步”按钮。

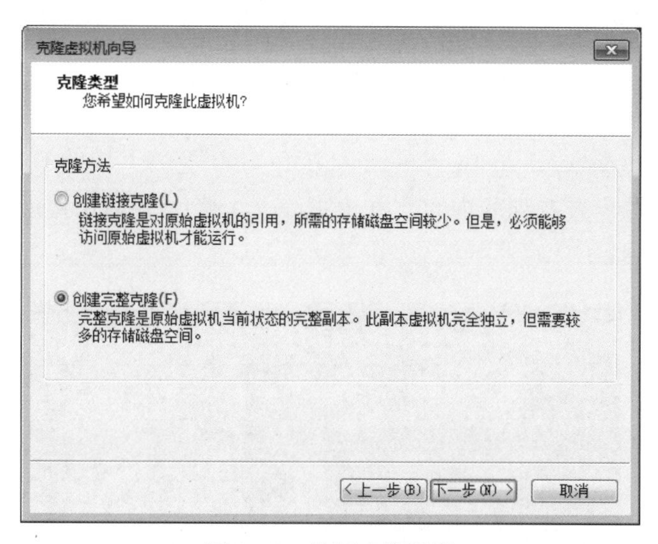

图 2-53　选择克隆类型

（4）设置新虚拟机的名称为“slave1”，将存储位置设为“D:\Hive\VM\hadoop2”（读者可自行设置），如图 2-54 所示。然后单击“完成”按钮，完成 slave1 虚拟机的克隆，slave2、slave3 虚拟机的克隆步骤可参考 slave1 的克隆。

5. 修改 Slave 主机 IP 地址配置

完成克隆虚拟机后，需要对 Slave 主机的 IP 地址配置进行修改。其中，slave1 虚拟机的 IP 地址配置步骤如下。

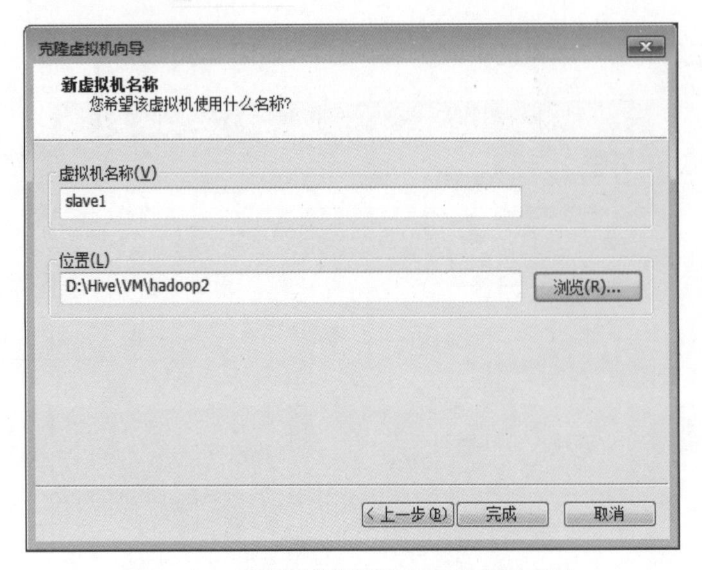

图 2-54　设置新虚拟机的名称和存储位置

（1）打开新虚拟机，执行命令“ifconfig -a”，将查看到的 eth1 和 HWaddr 后面的内容记录下来，如图 2-55 所示。

图 2-55　查看网络接口配置

（2）修改“/etc/sysconfig/network-scripts/ifcfg-eth0”，将其中的 DEVICE、HWADDR 中的值改成第（1）步查看到的内容，并根据表 2-1 修改 IPADDR 后面的 IP 地址，如图 2-56 所示。

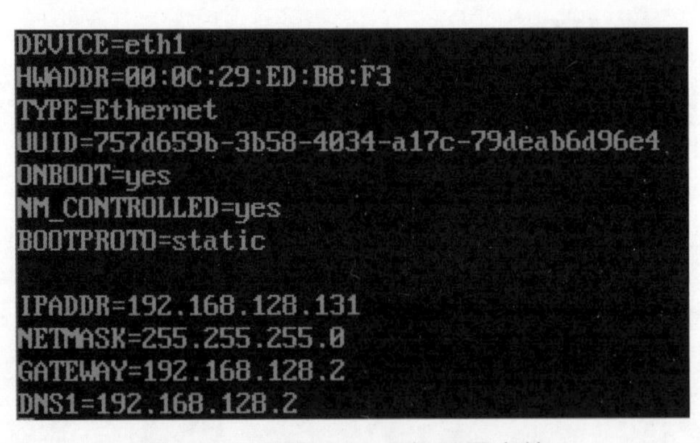

图 2-56　设置 ifcfg-eth0 配置文件

（3）修改“/etc/sysconfig/network”，修改主机名为“slave1”。

（4）执行命令“service network restart”使网络配置立即生效。

（5）执行“ip addr”命令查看 IP 地址是否被修改，如图 2-57 所示。

```
[root@slave1 ~]# ip addr
1: lo: <LOOPBACK,UP,LOWER_UP> mtu 65536 qdisc noqueue state UNKNOWN
    link/loopback 00:00:00:00:00:00 brd 00:00:00:00:00:00
    inet 127.0.0.1/8 scope host lo
    inet6 ::1/128 scope host
       valid_lft forever preferred_lft forever
2: eth1: <BROADCAST,MULTICAST,UP,LOWER_UP> mtu 1500 qdisc pfifo_fast state UP qlen 1000
    link/ether 00:0c:29:ed:b8:f3 brd ff:ff:ff:ff:ff:ff
    inet 192.168.128.131/24 brd 192.168.128.255 scope global eth1
    inet6 fe80::20c:29ff:feed:b8f3/64 scope link
       valid_lft forever preferred_lft forever
```

图 2-57　查看 slave1 的 IP 地址

（6）执行命令“reboot”重启虚拟机。

（7）使用 Xshell 工具连接新的虚拟机，操作过程请参考 2.1.3 小节中的内容。后续操作默认在 Xshell 界面进行。

至此 slave1 主机的 IP 地址配置已完成，slave2、slave3 主机 IP 地址配置的步骤参考前述步骤。

6. 设置 IP 映射

在 master 和 3 台 slave 机器中执行“vi /etc/hosts”命令，编辑 hosts 文件配置 IP 地址映射，如代码 2-5 所示，目的是让系统在没有域名系统（Domain Name System，DNS）服务的情况下，可通过主机名访问对应的机器节点。

代码 2-5　/etc/hosts 文件配置 IP 地址映射

```
192.168.128.130  master
192.168.128.131  slave1
192.168.128.132  slave2
192.168.128.133  slave3
```

7. 配置 SSH 无密码登录

Hadoop 集群中，Hadoop 要对 Linux 系统进行脚本控制，需要使用 SSH 无密码登录。SSH 无密码登录的配置步骤如下。

（1）执行“ssh-keygen”命令生成公钥与私钥对。输入命令“ssh-keygen -t rsa”，接着按 3 次 Enter 键，将生成私钥 id_rsa 和公钥 id_rsa.pub 两个文件，参数“-t”用于指定创建的 SSH 密钥采用 RSA 加密方式。

（2）将公钥复制到各主机。执行“ssh-copy-id -i /root/.ssh/id_rsa.pub 主机名”命令将 master 生成的公钥复制到各主机（包括 master）中，复制公钥到各主机的命令如代码 2-6 所示。

代码 2-6　复制公钥到各主机的命令

```
ssh-copy-id -i  /root/.ssh/id_rsa.pub  master   //依次输入 yes，123456（root 用户的登录密码）
```

```
ssh-copy-id -i  /root/.ssh/id_rsa.pub  slave1
ssh-copy-id -i  /root/.ssh/id_rsa.pub  slave2
ssh-copy-id -i  /root/.ssh/id_rsa.pub  slave3
```

（3）验证是否成功设置 SSH 无密码登录。在 master 中，依次执行“ssh slave1”“ssh slave2”“ssh slave3”命令，可验证是否能远程进行 SSH 无密码连接。当登录其他主机时不提示输入密码，则说明 SSH 无密码登录已设置成功，可用“exit”命令退出远程登录，如图 2-58 所示。

```
[root@master ~]# ssh slave1
Last login: Fri Aug  5 23:34:30 2022 from 192.168.128.1
[root@slave1 ~]# exit
logout
Connection to slave1 closed.
[root@master ~]# ssh slave2
Last login: Sat Aug  6 00:08:34 2022 from 192.168.128.1
[root@slave2 ~]# exit
logout
Connection to slave2 closed.
[root@master ~]# ssh slave3
Last login: Sat Aug  6 00:01:43 2022 from 192.168.128.1
[root@slave3 ~]# exit
logout
Connection to slave3 closed.
```

图 2-58　验证 SSH 无密码登录

8. 配置时间同步服务

Hadoop 集群对时间要求很高，主节点与各个从节点的时间都必须同步，故为了实现集群间的时间同步，需要在每台主机配置时间同步服务，即网络时间协议（Network Time Protocol，NTP）服务。NTP 服务的配置步骤如下。

（1）安装 NTP 服务。直接使用 YUM 安装 NTP 服务，在各节点使用“yum install -y ntp”命令即可。若出现了“Complete”信息，则说明安装 NTP 服务成功。若安装出现问题，则需要使用“mount /dev/sr0 /media”命令重新挂载本地 YUM 源操作。

（2）对主机 master 修改时间同步设置。可设置 master 节点为 NTP 服务主节点。执行“vim /etc/ntp.conf” 命令打开/etc/ntp.conf 文件，注释掉以 server 开头的行，并添加如代码 2-7 所示的代码。

代码 2-7　为主机 master 配置 NTP 服务

```
restrict  192.168.128.2  mask  255.255.255.0  nomodify  notrap
server  127.127.1.0
fudge  127.127.1.0  stratum  10
```

（3）在主机 slaveX 中配置 NTP 服务。分别在 slave1、slave2、slave3 中配置 NTP 服务，同样修改/etc/ntp.conf 文件，注释掉 server 开头的行，并添加如代码 2-8 所示的代码。

代码 2-8　为主机 slaveX 配置 NTP 服务

```
server  master
```

（4）关闭防火墙。由于防火墙的限制会影响 NTP 服务的运行，可执行 “service iptables stop”“chkconfig iptables off” 命令永久关闭防火墙，注意主节点和从节点同时关闭（CentOS 7.X 关闭防火墙的命令为“systemctl stop firewalld.service”“systemctl disable firewalld.service”）。

（5）启动 NTP 服务。启动 NTP 服务的步骤如下。

① 在 master 上执行 “service ntpd start”“chkconfig ntpd on” 命令。

② 在 slaveX 上执行 “ntpdate master” 即可同步时间。

③ 在 slaveX 上分别执行 “service ntpd start”“chkconfig ntpd on” 命令即可启动并永久启动 NTP 服务。

9. Hadoop 安装及配置

Hadoop 的版本较多，本书以 Hadoop 3.1.4 为例，讲解其主要的安装及配置步骤，其他版本可参照进行。另外为节省安装、配置时间，本书将先配置 master 主机，再通过远程复制文件的 scp 命令配置其他 Slave 主机。

（1）上传文件。通过远程文件传输工具 Xftp 连接到 master 主机，上传 hadoop-3.1.4.tar.gz 文件至/opt 目录下。

（2）解压 hadoop-3.1.4.tar.gz 文件。执行 “tar -zxf hadoop-3.1.4.tar.gz -C /usr/local/” 命令，将 hadoop-3.1.4.tar.gz 文件解压至/usr/local/目录下。

（3）配置 Hadoop 文件。Hadoop 配置文件的修改、添加步骤如下。

① 执行 “cd /usr/local/hadoop-3.1.4/etc/hadoop/” 命令切换目录。

② 依次修改配置文件 core-site.xml、hadoop-env.sh、hdfs-site.xml、mapred-site.xml、yarn-site.xml、yarn-env.sh 和 workers。

a. core-site.xml 配置内容如代码 2-9 所示。

代码 2-9　core-site.xml 配置内容

```
<configuration>
    <property>
        <name>fs.defaultFS</name>
        <value>hdfs://master:9820</value>      ##（旧端口：8020）
    </property>
    <property>
        <name>hadoop.tmp.dir</name>
        <value>/var/log/hadoop/tmp</value>
        <description>Abase for other temporary directories.</description>
```

```
    </property>
</configuration>
```

b. hadoop-env.sh 配置内容如代码 2-10 所示。

代码 2-10　hadoop-env.sh 配置内容

```
export JAVA_HOME=/usr/java/jdk1.8.0_221-amd64  #目录依据安装版本不同而有所不同
```

c. hdfs-site.xml 配置内容如代码 2-11 所示。

代码 2-11　hdfs-site.xml 配置内容

```
<configuration>
<property>
   <name>dfs.namenode.name.dir</name>
   <value>file:///data/hadoop/hdfs/name</value>
</property>
<property>
   <name>dfs.datanode.data.dir</name>
   <value>file:///data/hadoop/hdfs/data</value>
</property>
<property>
    <name>dfs.namenode.secondary.http-address</name>
    <value>master:9868</value>     ##（旧端口：50090）
</property>
<property>
    <name>dfs.replication</name>
    <value>3</value>
</property>
</configuration>.
```

d. mapred-site.xml 配置内容如代码 2-12 所示。

代码 2-12　mapred-site.xml 配置内容

```
<configuration>
<property>
   <name>mapreduce.framework.name</name>
   <value>yarn</value>
</property>
<!-- jobhistory properties -->
<property>
```

```
    <name>mapreduce.jobhistory.address</name>
    <value>master:10020</value>
</property>
<property>
     <name>mapreduce.jobhistory.webapp.address</name>
     <value>master:19888</value>
</property>
</configuration>
```

e. yarn-site.xml 配置内容如代码 2-13 所示。

代码 2-13　yarn-site.xml 配置内容

```
<configuration>
  <property>
    <name>yarn.resourcemanager.hostname</name>
    <value>master</value>
  </property>
  <property>
    <name>yarn.resourcemanager.address</name>
    <value>${yarn.resourcemanager.hostname}:8032</value>
  </property>
  <property>
    <name>yarn.resourcemanager.scheduler.address</name>
    <value>${yarn.resourcemanager.hostname}:8030</value>
  </property>
  <property>
    <name>yarn.resourcemanager.webapp.address</name>
    <value>${yarn.resourcemanager.hostname}:8088</value>
  </property>
  <property>
    <name>yarn.resourcemanager.webapp.https.address</name>
    <value>${yarn.resourcemanager.hostname}:8090</value>
  </property>
  <property>
    <name>yarn.resourcemanager.resource-tracker.address</name>
    <value>${yarn.resourcemanager.hostname}:8031</value>
```

```
  </property>
  <property>
    <name>yarn.resourcemanager.admin.address</name>
    <value>${yarn.resourcemanager.hostname}:8033</value>
  </property>
  <property>
    <name>yarn.nodemanager.local-dirs</name>
    <value>/data/hadoop/yarn/local</value>
  </property>
  <property>
    <name>yarn.log-aggregation-enable</name>
    <value>true</value>
  </property>
  <property>
    <name>yarn.nodemanager.remote-app-log-dir</name>
    <value>/data/tmp/logs</value>
  </property>
<property>
 <name>yarn.log.server.url</name>
 <value>http://master:19888/jobhistory/logs/</value>
 <description>URL for job history server</description>
</property>
<property>
   <name>yarn.nodemanager.vmem-check-enabled</name>
    <value>false</value>
  </property>
 <property>
    <name>yarn.nodemanager.aux-services</name>
    <value>mapreduce_shuffle</value>
  </property>
  <property>
    <name>yarn.nodemanager.aux-services.mapreduce.shuffle.class</name>
      <value>org.apache.hadoop.mapred.ShuffleHandler</value>
      </property>
```

```
<property>
        <name>yarn.nodemanager.resource.memory-mb</name>
        <value>2048</value>
 </property>
 <property>
        <name>yarn.scheduler.minimum-allocation-mb</name>
        <value>512</value>
 </property>
 <property>
        <name>yarn.scheduler.maximum-allocation-mb</name>
        <value>4096</value>
 </property>
 <property>
    <name>mapreduce.map.memory.mb</name>
    <value>2048</value>
 </property>
 <property>
    <name>mapreduce.reduce.memory.mb</name>
    <value>2048</value>
 </property>
 <property>
    <name>yarn.nodemanager.resource.cpu-vcores</name>
    <value>1</value>
 </property>
<property>
        <name>yarn.application.classpath</name>
        <value>/usr/local/hadoop-3.1.4/etc/hadoop:/usr/local/hadoop-
3.1.4/share/hadoop/common/lib/*:/usr/local/hadoop-
3.1.4/share/hadoop/common/*:/usr/local/hadoop-
3.1.4/share/hadoop/hdfs:/usr/local/hadoop-
3.1.4/share/hadoop/hdfs/lib/*:/usr/local/hadoop-
3.1.4/share/hadoop/hdfs/*:/usr/local/hadoop-
3.1.4/share/hadoop/mapreduce/lib/*:/usr/local/hadoop-
3.1.4/share/hadoop/mapreduce/*:/usr/local/hadoop-
```

```
3.1.4/share/hadoop/yarn:/usr/local/hadoop-
3.1.4/share/hadoop/yarn/lib/*:/usr/local/hadoop-
3.1.4/share/hadoop/yarn/*</value>
</property>
</configuration>
```

f. yarn-env.sh 配置内容如代码 2-14 所示。

代码 2-14　yarn-env.sh 配置内容

```
export JAVA_HOME=/usr/java/jdk1.8.0_221-amd64
```

g. 配置 workers 文件时需先删除原有的 localhost，再添加配置内容，workers 配置内容如代码 2-15 所示。

代码 2-15　workers 配置内容

```
slave1
slave2
slave3
```

（4）复制 Hadoop 安装文件至集群 Slave 节点。通过 scp 命令将 Hadoop 安装文件远程分发至另外 3 台 Slave 主机，如代码 2-16 所示。

代码 2-16　分发安装文件至 Slave 主机命令

```
scp -r /usr/local/hadoop-3.1.4 slave1:/usr/local
scp -r /usr/local/hadoop-3.1.4 slave2:/usr/local
scp -r /usr/local/hadoop-3.1.4 slave3:/usr/local
```

（5）配置 Hadoop 环境变量。执行“vi　/etc/profile”命令修改 profile 文件的配置，如代码 2-17 所示。修改完成并保存退出后执行“source /etc/profile”命令使环境变量生效。

代码 2-17　配置 profile 文件内容

```
export HADOOP_HOME=/usr/local/hadoop-3.1.4
export PATH=$HADOOP_HOME/bin:$PATH
export HDFS_NAMENODE_USER=root
export HDFS_DATANODE_USER=root
export HDFS_JOURNALNODE_USER=root
export HDFS_SECONDARYNAMENODE_USER=root
export YARN_RESOURCEMANAGER_USER=root
export YARN_NODEMANAGER_USER=root
```

（6）格式化 NameNode。进入 Hadoop 命令目录“cd /usr/local/hadoop-3.1.4/bin”，再执行格式化“./hdfs namenode -format”命令，当出现“Storage directory /data/hadoop/hdfs/name has been successfully formatted”提示时，表示完成 NameNode 格式化工作，如图 2-59 所示。

```
2022-08-08 17:27:08,555 INFO namenode.FSImage: Allocated new BlockPoolId: BP-2134655352-192.168.128.130-1659950828545
2022-08-08 17:27:08,716 INFO common.Storage: Storage directory /data/hadoop/hdfs/name has been successfully formatted.
2022-08-08 17:27:08,794 INFO namenode.FSImageFormatProtobuf: Saving image file /data/hadoop/hdfs/name/current/fsimage.ckpt_0
000000000000000000 using no compression
```

图 2-59 完成 NameNode 格式化工作

（7）启动 Hadoop 集群。在主节点和从节点中执行“cd /usr/local/hadoop-3.1.4/sbin”命令，进入脚本目录。启动 Hadoop 集群，如代码 2-18 所示。

代码 2-18 启动 Hadoop 集群

```
./start-dfs.sh
./start-yarn.sh
./mr-jobhistory-daemon.sh start historyserver
```

（8）查看 Java 进程。Hadoop 集群启动后，在 4 个节点中执行“jps”命令，可以查看到表 2-2 所示的主从节点进程列表。

表 2-2 主从节点进程列表

主机名称	Java 进程
master	NameNode SecondaryNameNode JobHistoryServer Jps ResourceManager
slave1	Jps DataNode NodeManager
slave2	
slave3	

（9）在本地计算机添加 IP 地址和域名映射。为方便在本地（desktop）访问 Hadoop 集群中的主机，需要在本地计算机的“C:\Windows\System32\drivers\etc\hosts”文件中添加 IP 地址和域名映射，hosts 文件配置内容如代码 2-19 所示。

代码 2-19 hosts 文件配置内容

```
192.168.128.130 master master.centos.com
192.168.128.131 slave1 slave1.centos.com
192.168.128.132 slave2 slave2.centos.com
192.168.128.133 slave3 slave3.centos.com
```

（10）使用浏览器查看服务情况。在 desktop 客户端浏览器查看服务的地址如下。

① HDFS 服务地址：http://master:9870。

② YARN 资源服务地址：http://master:8088。

（11）处理异常问题。当集群格式化或启动出现问题时，可以按如下方法进行处理。

① 若启动后主节点 Jps 正常，子节点 Jps 中 DataNode 没有启动，则复制主节点的

data/hadoop/hdfs/name/current/VERSION 中的 Cluster_ID，以替换其他子节点的 data/hadoop/hdfs/data/current/VERSION 中的 Cluster_ID。

② 若出现其他问题，则检查相关配置文件。可通过查看格式化 NameNode 的报错信息、集群启动日志文件等具体信息进行排查，其中集群启动日志文件的路径参见执行启动命令后的输出信息提示。

任务 2.2 安装部署 Hive

任务描述

Hive 可以将结构化的数据文件映射为数据库表，并可提供简单的 HQL 查询功能。Hive 可将 HQL 语句转换为 MapReduce 任务执行。

Hive 需要将元数据保存到数据库 Derby 或 MySQL 中，并配置相应服务，因此本任务主要介绍 Hive 元数据存储，同时完成 MySQL 的安装和配置、Hive 的安装和配置。

2.2.1 安装配置 MySQL

为实现多用户连接，Hive 需要将元数据存储在关系数据库中，故需要安装和配置 MySQL。MySQL 安装和配置的简要步骤如下。

（1）查找系统适用的 MySQL 版本。执行 “yum search mysql” 命令，搜索找到当前系统适用的版本为 mysql-server.x86_64。

（2）安装 MySQL。执行“mount /dev/dvd /media”命令绑定镜像文件到目录，再执行“yum install mysql-server.x86_64 -y” 命令安装 MySQL。

（3）设置开机自动启动 MySQL 服务。执行“service mysqld start”“chkconfig mysqld on”命令，设置开机自动启动 MySQL 服务。

（4）设置 MySQL 管理员账号及密码。首先启动 MySQL 远程终端，直接在终端输入“mysql”即可，然后设置 MySQL 管理员账号及密码并刷新配置，如代码 2-20 所示。

代码 2-20 设置 MySQL 管理员账号及密码并刷新配置

```
USE mysql;
DELETE FROM user WHERE 1=1;
GRANT ALL PRIVILEGES ON *.* TO 'root'@'%' IDENTIFIED BY '123456' WITH GRANT
OPTION;
FLUSH PRIVILEGES;
```

2.2.2　安装配置 Hive

Hive 的安装和配置主要集中在 master 主机，如无特别说明，操作默认在 master 主机进行。安装和配置 Hive 的过程如下。

（1）上传安装包并解压。将安装包 apache-hive-3.1.2-bin.tar.gz 通过 Xftp 上传到 master 主机的/opt/目录下，执行“tar -zxf /opt/apache-hive-3.1.2-bin.tar.gz -C /usr/local”命令，解压安装包至/usr/local 目录下。

（2）重命名文件。执行“mv /usr/local/apache-hive-3.1.2-bin /usr/local/hive-3.1.2”命令，将文件 apache-hive-3.1.2-bin 重命名为 hive-3.1.2。

（3）在 MySQL 中新建 hive 数据库。在 MySQL 中新建 hive 数据库，然后退出 MySQL，如代码 2-21 所示。

代码 2-21　创建 hive 数据库

```
[root@master conf]# mysql -uroot -p123456
mysql> CREATE DATABASE hive;
mysql> quit;
```

（4）修改配置文件 hive-site.xml。执行“vi /usr/local/hive-3.1.2/conf/hive-site.xml”命令创建 hive-site.xml 文件，修改 hive-site.xml 配置内容如代码 2-22 所示。

代码 2-22　修改 hive-site.xml 配置内容

```
<?xml version="1.0"?>
<?xml-stylesheet type="text/xsl" href="configuration.xsl"?>
<configuration>
  <property>
    <name>javax.jdo.option.ConnectionURL</name>
    <value>jdbc:mysql://master:3306/hive?createDatabaseIfNotExist=true</value>
  </property>
  <property>
    <name>javax.jdo.option.ConnectionDriverName</name>
    <value>com.mysql.jdbc.Driver</value>  //MySQL 5.7 以上版本驱动为
com.mysql.cj.jdbc.Driver
  </property>
  <property>
    <name>javax.jdo.PersistenceManagerFactoryClass</name>
    <value>org.datanucleus.api.jdo.JDOPersistenceManagerFactory</value>
  </property>
```

```
<property>
  <name>javax.jdo.option.DetachAllOnCommit</name>
  <value>true</value>
</property>
<property>
  <name>javax.jdo.option.NonTransactionalRead</name>
  <value>true</value>
</property>
<property>
  <name>javax.jdo.option.ConnectionUserName</name>
  <value>root</value>
</property>
<property>
  <name>javax.jdo.option.ConnectionPassword</name>
  <value>123456</value>
</property>
<property>
  <name>javax.jdo.option.Multithreaded</name>
  <value>true</value>
</property>
<property>
  <name>datanucleus.connectionPoolingType</name>
  <value>BoneCP</value>
</property>
<property>
  <name>hive.metastore.warehouse.dir</name>
  <value>/user/hive/warehouse</value>
</property>
<property>
  <name>hive.server2.thrift.port</name>
  <value>10000</value>
</property>
<property>
```

```
    <name>hive.server2.thrift.bind.host</name>
    <value>master</value>
  </property>
  <property>
    <name>hive.metastore.uris</name>
    <value>thrift://master:9083</value>
  </property>
  <property>
    <name>system:java.io.tmpdir</name>
    <value>/usr/local/hive-3.1.2/bin/hive-data/tmp</value> //需额外创建此目录
  </property>
  <property>
    <name>system:user.name</name>
    <value>root</value>
  </property>
</configuration>
```

（5）加载 MySQL 驱动包至 Hive 目录。加载 MySQL 驱动包 mysql-connector-java-5.1.30.jar 到/usr/local/hive-3.1.2/lib 目录。

（6）解决 JAR 包版本冲突问题。删除较低版本的 guava JAR 包，并复制 Hadoop 目录下较高版本的 JAR 包到 Hive 安装目录的 lib 目录下，如代码 2-23 所示。

代码 2-23　解决 JAR 包冲突问题

```
rm -rf /usr/local/hive/lib-3.1.2/guava-14.0.1.jar
rm -rf /usr/local/hive-3.1.2/lib/guava-19.0.jar
cp /usr/local/hadoop-3.1.4/share/hadoop/common/lib/guava-27.0-jre.jar /usr/
local/hive-3.1.2/lib/
```

（7）添加系统环境变量。执行“vi /etc/profile”命令，添加 Hive 安装目录到环境变量，profile 配置内容如代码 2-24 所示。修改完成并保存退出后执行“source　/etc/profile”命令使系统环境变量生效。

代码 2-24　profile 配置内容

```
export HIVE_HOME=/usr/local/hive-3.1.2
export PATH=$HIVE_HOME/bin:$PATH
```

（8）初始化元数据库。进入 Hive 安装目录的 bin 子目录，执行“./schematool -dbType mysql -initSchema”命令，执行结果如图 2-60 所示，表示元数据库初始化成功。

```
Initialization script completed
schemaTool completed
```

图 2-60　完成元数据库初始化

（9）启动 Hive Metastore 服务。在 Hadoop 集群已启动的情况下，由于在 hive-site.xml 配置文件中指定了 hive.metastore.uris 的端口，故执行 “hive --service metastore &” 命令即可启动 Hive Metastore 服务。启动 Hive Metastore 服务后，即可支持多个客户端同时访问元数据，且多个客户端不需要知道 MySQL 数据库的用户名和密码。

（10）启动 HiveServer2 服务。可执行“nohup hive --service hiveserver2 &”命令启动 HiveServer2 服务。HiveServer2 是一种能使客户端执行 Hive 查询的服务。HiveServer2 是 HiveServer 的改进版，HiveServer 已经被废弃。HiveServer2 可以支持多客户端并发和身份认证，旨在为开放 API 客户端（如 JDBC 和 ODBC）提供更好的支持，后续章节可能会用到此服务。

任务 2.3　使用 Hive CLI

任务描述

Hive CLI 是客户端与 Hive 进行交互的 3 种主要方式之一。在使用 Hive 的过程中，用户可以不退出 Hive，在 Hive CLI 里执行 Linux Shell 命令和 Hadoop dfs 命令，以方便在实践中简单查询。在 Linux Shell 界面里也可以执行 Hive 的脚本文件完成建表、查询等任务。

本任务的内容是学习如何启动 Hive CLI，如何在 Hive 中执行 Bash Shell 命令、Hadoop dfs 命令，以及如何在 Shell 中执行 Hive 查询。

2.3.1　启动 Hive CLI

Hive 可提供命令行界面，即 CLI，执行 “hive --help” 命令可列出 Hive 命令行选项的说明，如图 2-61 所示。

```
[root@master bin]# hive --help
Usage ./hive <parameters> --service serviceName <service parameters>
Service List: beeline cli help hiveburninclient hiveserver2 hiveserver hwi jar lineage me
tastore metatool orcfiledump rcfilecat schemaTool version
Parameters parsed:
  --auxpath : Auxillary jars
  --config : Hive configuration directory
  --service : Starts specific service/component. cli is default
Parameters used:
  HADOOP_HOME or HADOOP_PREFIX : Hadoop install directory
  HIVE_OPT : Hive options
For help on a particular service:
  ./hive --service serviceName --help
Debug help:  ./hive --debug --help
```

图 2-61　Hive 命令行选项的说明

启动 Hive 和使用 Hive CLI 的说明如下。

（1）启动 Hive。要执行 Hive 命令首先要启动 Hive Metastore 服务，而启动 Hive Metastore 服务前须先启动 Hadoop 集群，启动命令如代码 2-25 所示，进入 Hive CLI，如图 2-62 所示。

代码 2-25 启动 Hive 命令

```
cd /usr/local/hadoop-3.1.4/sbin   //对 Hadoop 目录依据安装版本做相应调整
./stop-all.sh     //如有服务未停，可先停服务
./start-dfs.sh
./start-yarn.sh
mapred --daemon start historyserver
hive --service metastore &  //启动 Hive Metastore 服务
jps    //显示进程列表，正常情况下有 5 个进程运行
hive       //进入 Hive CLI
```

```
[root@slave1 ~]# hive
which: no hbase in (/usr/local/sbin:/usr/local/bin:/usr/sbin:/usr/bin:/usr/java/jdk1.8.0_221-amd64/bin:/opt/apache-zookeeper-3.5
.6-bin/bin:/opt/hadoop-3.1.4/bin:/opt/hadoop-3.1.4/sbin:/root/bin:/usr/java/jdk1.8.0_221-amd64/bin:/opt/apache-zookeeper-3.5.6-b
in/bin:/opt/hadoop-3.1.4/bin:/opt/hadoop-3.1.4/sbin/:/opt/apache-hive-3.1.2-bin/bin)
Hive Session ID = ad20b6ca-c644-4da7-8b76-50493cd48a71

Logging initialized using configuration in jar:file:/opt/apache-hive-3.1.2-bin/lib/hive-common-3.1.2.jar!/hive-log4j2.properties
 Async: true
Hive-on-MR is deprecated in Hive 2 and may not be available in the future versions. Consider using a different execution engine
(i.e. spark, tez) or using Hive 1.X releases.
Hive Session ID = b45a7ded-bd93-4121-b070-51ce0d0568e5
hive>
```

图 2-62 进入 Hive CLI

（2）查看后台服务情况。执行命令“jps”可查看后台服务情况，master 主机进程列表如图 2-63 所示，slave1 主机进程列表如图 2-64 所示。

```
[root@master bin]# jps
7285 NameNode
7605 ResourceManager
8006 Jps
7462 SecondaryNameNode
3639 RunJar
3547 JobHistoryServer
```

图 2-63 master 主机进程列表

```
[root@slave1 ~]# jps
3643 DataNode
3741 NodeManager
3870 Jps
```

图 2-64 slave1 主机进程列表

2.3.2 在 Hive 中执行 Bash Shell 和 Hadoop dfs 命令

在 Hive CLI 中，用户无须退出即可执行 Bash Shell 命令和 Hadoop dfs 命令。

（1）在 Hive CLI 中执行 Base Shell 的命令。在 Bash Shell 命令前加上感叹号并且以分号结尾，例如，在 Hive CLI 中执行的“pwd”和“ls /”命令分别为“!pwd;”和“!ls /;”，如图 2-65 所示。注意“!”和“;”必须使用半角格式。

```
hive> !pwd;
/root
hive> !ls /;
bin
boot
data
dev
etc
home
```

图 2-65　在 Hive CLI 中执行 Bash Shell 命令

（2）在 Hive CLI 中执行 Hadoop dfs 命令。将 Hadoop 命令中的关键字“hadoop”去掉，然后以分号结尾，例如，查看 HDFS 根目录文件情况，如图 2-66 所示。

```
hive> dfs -ls /;
Found 5 items
drwxr-xr-x   - root supergroup          0 2022-06-21 18:16 /data
drwxr-xr-x   - root supergroup          0 2022-09-29 17:06 /ext
drwxr-xr-x   - root supergroup          0 2022-09-29 17:08 /inner
drwxr-xr-x   - root supergroup          0 2022-06-05 00:39 /tmp
drwxr-xr-x   - root supergroup          0 2022-06-20 11:58 /user
```

图 2-66　在 Hive CLI 中使用 Hadoop dfs 命令

2.3.3　在 Shell 中执行 Hive 查询

在 Linux 的 Shell 中也可以执行 Hive 查询，主要通过“hive -e”“hive -f”命令实现。

（1）在 Shell 下执行“hive -e”命令。Hive 允许在不启动 Hive CLI 的情况下，直接执行 HQL 查询命令。例如，查询数据库 zjsm 中 media_index 表的前 3 行数据，如代码 2-26 所示，执行结果如图 2-67 所示。

代码 2-26　执行 hive -e 命令

```
// 设置 zjsm 为当前数据库，并查询其中 media_index 表的前 3 行数据
hive -e "USE zjsm; SELECT * FROM media_index LIMIT 3;";
```

```
[root@master ~]# hive -e "USE zjsm; SELECT * FROM media_index LIMIT 3;";
which: no hbase in (/usr/local/hadoop-3.1.4/bin:/usr/java/jdk1.8.0_202-amd64/bin:/usr/lib64/qt-3.3/bin:/usr/local/sbin:
/usr/local/bin:/sbin:/bin:/usr/sbin:/usr/bin:/usr/local/hive-3.1.2/bin:/root/bin)
Hive Session ID = bd203a66-05b9-477a-a60c-9843d5fb2ec2

Logging initialized using configuration in jar:file:/usr/local/hive-3.1.2/lib/hive-common-3.1.2.jar!/hive-log4j2.proper
ties Async: true
Hive Session ID = 46ce18c4-def2-449a-a870-4047411d584f
OK
Time taken: 0.625 seconds
OK
1110013066      2559492 781000  东方卫视-高清   2018-07-11 22:55:00     2018-07-11 23:08:01     00      HC级    [{"leve
l1_name":"NULL","level2_name":null,"level3_name":null,"level4_name":null,"level5_name":null}]   NULL    NULL    NULL  N
ULL     0       NULL    NULL    暂无节目信息    互动电视
1500031470      3489591 997000  中央10台-高清   2018-07-11 21:25:00     2018-07-11 21:41:37     00      HC级    [{"leve
l1_name":"NULL","level2_name":null,"level3_name":null,"level4_name":null,"level5_name":null}]   NULL    NULL    NULL  N
ULL     0       NULL    NULL    暂无节目信息    互动电视
1900099930      4050240 62000   江西卫视-高清   2018-07-11 21:51:47     2018-07-11 21:52:49     00      HC级    [{"leve
l1_name":"NULL","level2_name":null,"level3_name":null,"level4_name":null,"level5_name":null}]   NULL    NULL    NULL  N
ULL     0       NULL    NULL    暂无节目信息    互动电视
Time taken: 2.135 seconds, Fetched: 3 row(s)
```

图 2-67　执行“hive -e”命令的结果

通过-S 选项开启静默模式，省略“OK”“Time taken”等提示，直接将结果保存至指定文件中。修改代码 2-26 中的代码，添加参数“-S”，查询数据库 zjsm 中 media_index 表的前 3 行数据并将结果保存至/tmp/testquery，如代码 2-27 所示，执行结果如图 2-68 所示。

代码 2-27　执行 hive -S -e 命令

```
# 设置 zjsm 为当前数据库，查询其中 media_index 表的前 3 行数据并将其写入文件中
hive  -S -e "USE zjsm; SELECT * FROM media_index LIMIT 3;"  >  /tmp/testquery;
# 查看文件写入结果
cat /tmp/testquery   # 查看结果
```

```
[root@master ~]# hive  -S -e "USE zjsm; SELECT * FROM media_index LIMIT 3;"  >  /tmp/testquery;
which: no hbase in (/usr/local/hadoop-3.1.4/bin:/usr/java/jdk1.8.0_202-amd64/bin:/usr/lib64/qt-3.3/bin:/usr/local/sbin:/usr/loca
l/bin:/sbin:/bin:/usr/sbin:/usr/bin:/usr/local/hive-3.1.2/bin:/root/bin)
Hive Session ID = 96814a0b-84ed-4983-941b-f421e56e32f9
Hive Session ID = 26f5c7ff-498b-4cd4-b1f7-53e32c280d72
[root@master ~]# cat /tmp/testquery
1110013066      2559492 781000  东方卫视-高清   2018-07-11 22:55:00     2018-07-11 23:08:01     00      HC级    [{"level1_name":
"NULL","level2_name":null,"level3_name":null,"level4_name":null,"level5_name":null}]    NULL    NULL    NULL    NULL    0       N
ULL     NULL    暂无节目信息    互动电视
1500031470      3489591 997000  中央10台-高清   2018-07-11 21:25:00     2018-07-11 21:41:37     00      HC级    [{"level1_name":
"NULL","level2_name":null,"level3_name":null,"level4_name":null,"level5_name":null}]    NULL    NULL    NULL    NULL    0       N
ULL     NULL    暂无节目信息    互动电视
1900099930      4050240 62000   江西卫视-高清   2018-07-11 21:51:47     2018-07-11 21:52:49     00      HC级    [{"level1_name":
"NULL","level2_name":null,"level3_name":null,"level4_name":null,"level5_name":null}]    NULL    NULL    NULL    NULL    0       N
ULL     NULL    暂无节目信息    互动电视
```

图 2-68　执行“hive -S -e”命令的结果

（2）在文件中执行 Hive 查询。在 Hive 中可以使用“-f 文件名”方式执行指定文件中的一个或多个查询语句，一般将 Hive 查询文件保存为具有.q 或.hql 扩展名的文件。例如，将代码 2-26 中的查询语句保存至/opt/testQuery.hql，并执行该文件，如代码 2-28 所示，执行结果如图 2-69 所示。

代码 2-28　在文件中执行 Hive 查询

```
hive -f  /opt/testQuery.hql;
```

```
[root@master ~]# hive -f  /opt/testQuery.hql;
which: no hbase in (/usr/local/hadoop-3.1.4/bin:/usr/java/jdk1.8.0_202-amd64/bin:/usr/lib64/qt-3.3/bin:/usr/local/sbin:/usr/local/bin:/sbin
:/bin:/usr/sbin:/usr/bin:/usr/local/hive-3.1.2/bin:/root/bin)
Hive Session ID = 0c05b851-3534-4a92-8d6c-f7433274e39e

Logging initialized using configuration in jar:file:/usr/local/hive-3.1.2/lib/hive-common-3.1.2.jar!/hive-log4j2.properties Async: true
Hive Session ID = 076b222c-bd14-49e2-ae97-a2bdadb1c428
OK
Time taken: 0.634 seconds
OK
1110013066      2559492 781000  东方卫视-高清   2018-07-11 22:55:00     2018-07-11 23:08:01     00      HC级    [{"level1_name":"NULL","lev
el2_name":null,"level3_name":null,"level4_name":null,"level5_name":null}]       NULL    NULL    NULL    NULL    0       NULL    NULL    暂
无节目信息      互动电视
1500031470      3489591 997000  中央10台-高清   2018-07-11 21:25:00     2018-07-11 21:41:37     00      HC级    [{"level1_name":"NULL","lev
el2_name":null,"level3_name":null,"level4_name":null,"level5_name":null}]       NULL    NULL    NULL    NULL    0       NULL    NULL    暂
无节目信息      互动电视
1900099930      4050240 62000   江西卫视-高清   2018-07-11 21:51:47     2018-07-11 21:52:49     00      HC级    [{"level1_name":"NULL","lev
el2_name":null,"level3_name":null,"level4_name":null,"level5_name":null}]       NULL    NULL    NULL    NULL    0       NULL    NULL    暂
无节目信息      互动电视
Time taken: 2.075 seconds, Fetched: 3 row(s)
```

图 2-69　在文件中执行 Hive 查询的结果

小结

本章首先阐述了将 Hive 作为广电大数据项目的数据仓库，由此对当前市场上常用虚

拟机平台工具 VMware Workstation 进行了介绍，接着对如何一步一步部署大数据基础平台进行了介绍，并从 Hadoop 集群的部署、MySQL 数据库的安装和配置、Hive 的安装和配置及启动、Hive CLI 的使用方法等方面进行了详细讲解。

课后习题

1. 选择题

（1）【多选】下列关于 VMware 虚拟网络的描述中正确的是（　　）。

A. VMware 提供了 3 种网络工作模式，即桥接模式、仅主机模式、NAT 模式

B. NAT 模式可使集群主机 IP 地址限制在一个相对独立的子网内，并能有效避免与外部 IP 地址产生冲突

C. VMnet8 是用于虚拟网络 NAT 模式的虚拟交换机

D. 在 NAT 模式中，主机网卡直接与虚拟 NAT 设备相连，然后虚拟 NAT 设备与虚拟 DHCP 服务器一起连接在虚拟交换机 VMnet8 上

（2）下列关于虚拟机的部署的描述中，（　　）是错误的。

A. WMware Workstation 16 pro 不允许安装在 Windows 7 环境下

B. 在 VMware 里部署虚拟机采用 NAT 模式的优点是在网络发生变化时避免重新编址

C. 在集群系统规划中，多台主机的 IP 地址必须是连续的，否则集群不能正常运行

D. 在 CentOS 6 下修改完网卡 IP 地址后，可使用“service network restart”命令，让网卡设置立即生效

（3）【多选】下列关于 Xshell 和 Xftp 的描述中，正确的是（　　）。

A. Xshell 是由 NetSarang 公司开发的功能强大的安全终端模拟软件，支持 SSH1、SSH2 和 Telent 协议

B. Xftp 是由 NetSarang 公司开发的功能强大的 SFTP、FTP 文件传输软件

C. Xshell 和 Xftp 可使用用户密码认证连接主机，也可使用证书认证连接主机

D. Xshell 和 Xftp 可替代 VMware Workstation

（4）【多选】下列关于 Hive CLI 的描述中，不正确的是（　　）。

A. Hive CLI 是客户端与 Hive 进行交互的 3 种主要方式之一

B. 在使用 Hive 的过程中，用户可以不退出 Hive，在 Hive CLI 里执行 Linux Shell 命令和 Hadoop dfs 命令

C. 在 Hive CLI 中执行 Hadoop dfs 命令，将 Hadoop 命令中的关键字“hadoop”去掉，然后以分号结尾

D. 在 Linux 的 Shell 命令行也可以执行 Hive 查询，主要通过“hive -e”或“hive -f ”命令实现

（5）【多选】下列关于 NTP 服务的描述中，正确的是（　　）。

A. 在 CentOS 6 中可执行命令“yum　-y　install　ntp”安装 NTP 服务

B. Slave 主机必须和 Master 主机保持时间同步，这样 Hadoop 集群才可以正常启动运行

C. WMware 软件关闭后，必须重新手动同步一次 NTP 服务，否则时间可能会有差异

D. 由于防火墙的限制会影响 NTP 服务的运行，可执行命令“service　iptables stop”“chkconfig iptables off”永久关闭防火墙

2. 操作题

（1）在个人 Windows 环境下，通过虚拟机 WMware Workstation 15/16 完成 Hadoop 单机运行环境的部署工作。

（2）在个人 Windows 环境下，通过虚拟机 WMware Workstation 15/16 完成 Hadoop 伪分布式运行环境的部署工作。

第3章 广电用户数据存储

学习目标

（1）掌握在 Hive 中创建与管理数据库的操作。
（2）了解 Hive 的基础数据类型和复杂数据类型。
（3）掌握在 Hive 中创建与管理表的常用操作。
（4）掌握装载数据至 Hive 表的操作。

素养目标

（1）通过学习创建 Hive 数据库，实现数据库内表的统一管理，培养团队管理意识。
（2）通过学习 Hive 数据库、表的操作语法，逐步培养编程规范化理念。
（3）通过创建广电大数据业务表，培养细致耐心、严谨认真的职业素养。

思维导图

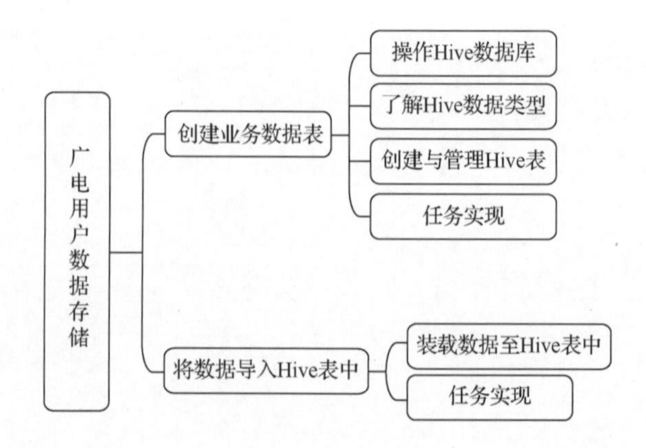

任务背景

新媒体的飞速发展，对传统媒体造成了巨大冲击。日益复杂、激烈的竞争，使得广电公司的用户流失问题变得异常突出。广电公司需要通过大数据分析技术，把握用户群体的特征和收视行为，了解用户的实际特征和实际需求。在进行数据分析之前，需要对广电业务数据进行存储操作，以奠定基础。

本章将介绍如何将数据存储在 Hive 中，并结合广电业务实现创建广电数据库和业务数据表、将业务数据从 CSV 文件中导入 Hive 表。

任务 3.1 创建业务数据表

任务描述

只有在 Hive 中创建了相关的业务数据表，才能进行业务数据的导入和后续的分析工作。本任务主要介绍 Hive 数据库的创建与管理、Hive 的数据类型、Hive 表的创建与管理，以及结合广电业务数据类型，设计表的结构，并在 Hive 中创建相应的业务数据表。

3.1.1 操作 Hive 数据库

在 Hive 中数据库本质上是表的目录或命名空间，可通过数据库将表组织成逻辑组。这对于具有很多组和用户的大集群来说，可以有效避免表命名冲突。

HQL 是 Hive 查询语言，和普遍使用的 SQL 一样，它不完全遵守任何一种 ANSI SQL 标准的修订版。Hive 不支持行级插入操作、更新操作和删除操作，也不支持事务。基于 Hadoop，Hive 可以提供更高性能的扩展，以及一些个性化的扩展，甚至还增加了一些外部程序。Hive 数据定义语言（Data Definition Language，DDL）可用于创建、修改和删除数据库、表、视图、函数和索引。

对数据库的操作主要包括数据库的创建与管理，管理操作包括切换、修改、删除等。

1. 创建数据库

用户可使用 CREATE 语句创建数据库，其语法介绍如下。

```
CREATE (DATABASE|SCHEMA) [IF NOT EXISTS] [database_name]
    [COMMENT database_comment]
    [LOCATION hdfs_path]
    [WITH DBPROPERTIES (property_name=property_value,...)];
```

CREATE 语句的部分关键字介绍如表 3-1 所示。

表 3-1 CREATE 语句的部分关键字介绍

关键字	说明
CREATE (DATABASE|SCHEMA)	该关键字表示创建一个新数据库，其中 DATABASE 和 SCHEMA 关键字的功能相同，按个人习惯选择其中一个即可，本书统一使用 DATABASE
IF NOT EXISTS	该关键字是可选的，使用该关键字可以避免因数据库已存在而抛出异常的情况
COMMENT	该关键字是可选的，表示可以给数据库加上描述，类似于注释
LOCATION	该关键字是可选的，表示在创建数据库时指定该数据库映射到 HDFS 的文件路径，数据库所在的目录位置为 hive-site.xml 文件属性 hive.metastore.warehouse.dir 所指定的顶层目录的下一级，默认是映射到/user/hive/warehouse 目录下
WITH DBPROPERTIES	该关键字是可选的，可用于设置数据库的属性，如添加创建人、创建时间等

例如，创建数据库 TestDB，同时使用 IF NOT EXISTS 关键字避免因数据库已存在而抛出异常，在创建完成后使用“SHOW DATABASES;”命令查看 Hive 中所有数据库，如代码 3-1 所示，运行结果如图 3-1 所示。其中，DEFAULT 数据库是默认的数据库，且需要注意的是，在 Hive 环境中，HQL 对大小写不敏感，但为了美观和方便阅读，在本书中，HQL 语句的关键字采用大写的形式。

代码 3-1 创建数据库 TestDB 并查看数据库

```
CREATE DATABASE IF NOT EXISTS TestDB;
SHOW DATABASES;
```

```
hive> CREATE DATABASE IF NOT EXISTS TestDB;
OK
Time taken: 0.129 seconds
hive> SHOW DATABASES;
OK
default
testdb
Time taken: 0.049 seconds, Fetched: 5 row(s)
```

图 3-1 创建数据库 TestDB 并查看数据库

Hive 会为每个数据库创建一个目录。数据库中的表将会以该数据库目录的子目录形式存储。有一个例外就是 DEFAULT 数据库中的表，DEFAULT 数据库没有存储目录，因此 DEFAULT 数据库中的表将存储在/user/hive/warehouse 目录下。

当创建数据库 TestDB 时，Hive 将会对应地创建一个 HDFS 目录/use/hive/warehouse/

TestDB.db（数据库文件的扩展名是.db）。在浏览器登录“http://master:9870”，单击“Utilities”，选择“Browse the file system”，查看“/use/hive/warehouse”，数据库列表如图 3-2 所示。

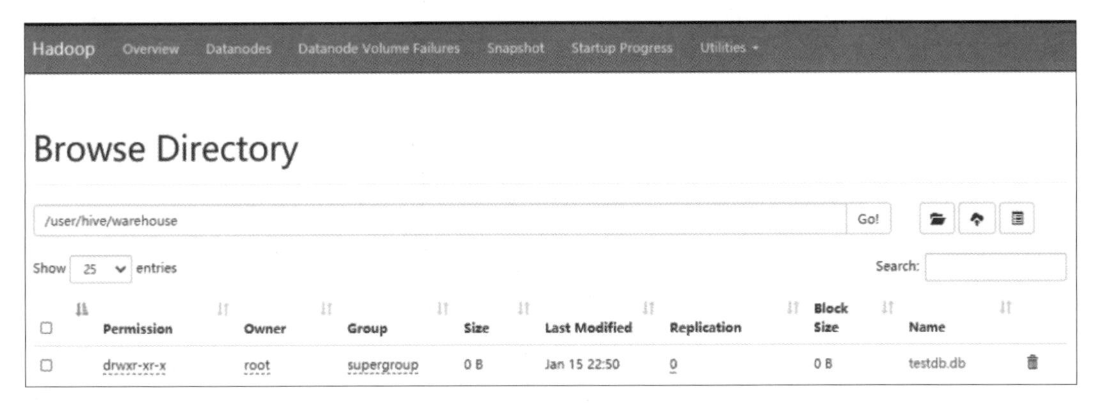

图 3-2　数据库列表

2. 管理数据库

USE 语句用于将某个数据库设置为用户当前的工作数据库，与在文件系统中切换工作目录类似，其语法介绍如下。

```
USE database_name;
USE DEFAULT;
```

如果用户没有指定数据库，那么将会使用默认数据库 DEFAULT。在 Hive 中并没有设置可以让用户查看当前所在的数据库的语句，在不确认当前数据库的情况下，可重复使用 USE 语句。同时可以通过设置 hive.cli.print.current.db 属性值为 true（Hive 0.8.0 以上版本支持设置），在提示符显示当前所在的数据库，如图 3-3 所示。

```
hive> set hive.cli.print.current.db=true;
hive (default)> use testdb;
OK
Time taken: 0.137 seconds
hive (testdb)>
```

图 3-3　显示当前数据库

用户可以使用 ALTER 语句对数据库的 DBPROPERTIES 设置键值对（Key-Value）等属性值，ALTER 语句的语法介绍如下。

```
ALTER (DATABASE|SCHEMA) database_name SET DBPROPERTIES (property_name=
property_value, ...);
                                    -- (Note: SCHEMA added in Hive 0.14.0)
ALTER (DATABASE|SCHEMA) database_name SET OWNER [USER|ROLE] user_or_role;
            -- (Note: Hive 0.13.0 and later; SCHEMA added in Hive 0.14.0)
```

```
ALTER (DATABASE|SCHEMA) database_name SET LOCATION hdfs_path;
                                  -- (Note: Hive 2.2.1, 2.4.0 and later)
ALTER (DATABASE|SCHEMA) database_name SET MANAGEDLOCATION hdfs_path;
                                        -- (Note: Hive 4.0.0 and later)
```

需要注意的是其他元数据库信息不可修改，如数据库名和数据库所在目录。使用“ALTER DATABASE ... SET LOCATION”不会将旧目录的内容移动到新的指定目录下，仅会在增加新表时将新表存储在新的指定目录下。

用户可使用 DROP 语句删除数据库，DROP 语句的语法介绍如下。

```
DROP （DATABASE|SCHEMA） [IF EXISTS] database_name [RESTRICT|CASCADE];
```

DROP 语句语法的部分关键字介绍如表 3-2 所示。

表 3-2　DROP 语句语法的部分关键字介绍

关键字	说明
DROP （DATABASE|SCHEMA）	表示删除数据库，DATABASE 和 SCHEMA 的功能相同，本书统一使用 DATABASE
IF EXISTS	可选，用于判断数据库是否存在
RESTRICT|CASCADE	可选，表示当数据库中存在表时是否可以删除数据库，默认为 RESTRICT，表示存在表时，不执行删除操作；CASCADE 表示存在表时，仍执行删除操作

3.1.2　了解 Hive 数据类型

Hive 数据类型主要分为基础数据类型和复合数据类型。基础数据类型有数值类型（整型、浮点型）、时间类型、字符串类型、其他类型（布尔类型、二进制）等；复合数据类型有数组类型、映射类型、结构体类型和联合体类型等。Hive 数据类型说明如表 3-3 所示。

表 3-3　Hive 数据类型说明

分类	类型大类	类型小类	说明	举例
基础数据类型	整型	TINYINT	1 字节有符号整数	20
		SMALLINT	2 字节有符号整数	20
		INT	4 字节有符号整数	20
		BIGINT	8 字节有符号整数	20
	布尔类型	BOOLEAN	布尔值	true
	浮点型	FLOAT	单精度浮点数	3.14159
		DOUBLE	双精度浮点数	3.14159

续表

分类	类型大类	类型小类	说明	举例
基础数据类型	浮点型	DECIMAL	高精度浮点数，精度为 38 位	DECIMAL(12,2)
		NUMERIC	同 DECIMAL，从 Hive 3.0 开始提供	NUMERIC(20,2)
	字符串类型	STRING 、 CHAR 、 VARCHAR	字符串	'hello world'
	二进制	BINARY	字节数组	01
	时间类型	TIMESTAMP	时间戳	1327882394
		INTERVAL	表示时间间隔	INTERVAL '1' DAY
		DATE	以年/月/日形式描述的日期，格式为 YYYY-MM-DD	2023-10-26
复合数据类型	数组类型	ARRAY	一组有序字段，字段的数据的类型必须相同	user[1]
	映射类型	MAP	一组无序的键值对，键的类型必须是基础数据类型，值可以是任何类型的。同一个映射的键的类型必须相同，值的类型也必须相同	user['name']
	结构体类型	STRUCT	一组命名的字段，字段类型可以不同	user.age
	联合体类型	UNIONTYPE	在有限取值范围内的一个值	{1:{"col1":2,"col2":"b"}}

1. 基础数据类型

Hive 的基础数据类型也称为原始数据类型，Hive 的基础数据类型都是参照 Java 接口进行定义的，具体使用细节和 Java 中相应类型基本一致，如 STRING 类型实现的是 Java 中的字符串（string），FLOAT 类型实现的是 Java 定义的浮点数（float）。另外，值得注意的是，Hive 中所有类型数据的定义名称均为系统保留字，不可作为变量使用。

2. 复合数据类型

在关系数据库中，字段的设计原则是通常不能再分解，且一般要满足第一范式（一个关系模式中的所有属性都是不可分的基础数据项）要求，而 Hive 则有所不同，Hive 的表字段不仅可以是基础数据类型，还可以是复杂数据类型。Hive 有 4 种常用的复杂数据类型，分别是数组（ARRAY）、映射（MAP）、结构体（STRUCT）和联合体（UNIONTYPE），相关说明如下。

（1）ARRAY

ARRAY 是具有相同类型变量的集合，集合内的变量称为数组元素，每个数组元素都有一个索引，索引从 0 开始。

定义示例：ARRAY<STRING>。

数据格式：'Monday', 'Tuesday', 'Wednesday', 'Thursday', 'Friday', 'Saturday', 'Sunday'。

使用示例：a[0]='Monday'，a[2]='Wednesday。

其中，a 表示表字段名，该字段的类型为数组，允许存储的数据类型为 STRING，起始索引为 0。

（2）MAP

MAP 是键值对的集合，其中键只能是基础数据类型，值可以是任意类型。

定义示例：MAP<STRING,STRING>。

数据格式：{ 'B':'Banana','W':Watermelon}。

使用示例：b['B']='Banana'。

其中，b 表示表字段名，该字段的类型为映射，允许存储一个 < STRING,STRING> 类型的键值对，直接按键名访问即可。

（3）STRUCT

STRUCT 封装了一组有名字的字段（Named Field)，其类型可以是任意的基础数据类型，结构体内的元素使用“.”来访问。

定义示例：STRUCT<fruit: STRING,weight:INT>。

数据格式：{ 'Banana',10}。

使用示例：c.weight=10。

其中，c 表示表字段名，该字段的类型为 STRUCT，包含两个元素“fruit”和“weight”，元素的访问方式与在 Java 中访问对象属性的方式一致。

（4）UNIONTYPE

在给定的任意时刻，UNIONTYPE 可以用于保存指定数据类型中的任意一种，类似于 Java 中的泛型，在任意时刻只有其中的一个类型生效。

定义示例：UNIONTYPE<data_type,data_type,...>。

UNIONTYPE 数据类型是在 Hive 0.7.0 中引入的，但 Hive 对此类型的完全支持仍然不完整。在 JOIN、WHERE 和 GROUP BY 子句中引用 UNIONTYPE 字段的查询将失败，并且 Hive 没有定义语法用于提取 UNIONTYPE 的标记或值字段，这意味着 UNIONTYPE 实际上仅用于传递。

3.1.3 创建与管理 Hive 表

根据存储位置，Hive 表可分为内部表（也称为管理表）和外部表；根据表的分类方式，Hive 表可分为分区表和分桶表；根据表的存活时间，Hive 表可分为临时表和永久表（如内部表）。与 Hive 数据库的操作类似，可通过 DDL 实现 Hive 表的创建、修改、删除等操作。

1. 创建表

用户可使用CREATE语句创建表，其语法介绍如下。

```
CREATE [TEMPORARY] [EXTERNAL] TABLE [IF NOT EXISTS] [db_name.]table_name
    [(col_name data_type [column_constraint_specification] [COMMENT col_comment], ...
[constraint_specification])]
    [COMMENT table_comment]
    [PARTITIONED BY (col_name data_type [COMMENT col_comment], ...)]
    [CLUSTERED BY (col_name, col_name, ...) [SORTED BY (col_name [ASC|DESC], ...)]
INTO num_buckets BUCKETS]
   [ROW FORMAT row_format]
    [STORED AS file_format]
   [LOCATION hdfs_path]
```

CREATE语句的主要关键字说明如表3-4所示。

表3-4　CREATE语句的主要关键字说明

关键字	说明
CREATE TABLE	用于创建指定名字的表。如果相同名字的表已经存在，那么抛出异常，用户可以用IF NOT EXISTS选项忽略该异常
TEMPORARY	用于创建临时表。临时表是Hive表的一种特殊形式，临时表只对当前会话可见，被存储在用户的临时目录，并在会话结束时被删除
EXTERNAL	用于创建外部表，在创建表的同时指定一个指向实际数据的路径（LOCATION）。Hive在创建内部表时，会将数据移动到Hive指向的路径；若创建外部表，则仅记录数据所在的路径，不对数据的位置做任何改变
PARTITIONED BY	用于创建分区表，使用该关键字时需要加上分区字段的名称。一个表可以拥有一个或多个分区，并根据分区字段中的每个值创建一个单独的数据目录。分区以字段的形式存在于表中，通过DESCRIBE语句可以查看字段，但是该字段不存放实际的数据内容，仅仅是分区的表示
CLUSTERED BY	用于创建桶表，使用该关键字时需要加上字段的名称。对于每一个内部表、外部表或分区表，Hive均可以进一步将其组织成桶，即桶是更细粒度的数据范围划分
ROW FORMAT	用于设置创建的表在加载数据时支持的列分隔符。Hive默认的分隔符是\001，属于不可见字符
STORED AS	如果文件数据是纯文本，那么用户可以使用STORED AS TEXTFILE语句。如果数据需要压缩，那么用户可以使用STORED AS SEQUENCEFILE语句
LOCATION	用于指定加载数据路径（指定在HDFS上的位置）。针对外部表，创建时需要指定存储路径，不指定则使用默认路径。对内部表不用指定存储路径，默认存储路径为/user/hive/warehouse

Hive 的 5 种数据表，即内部表、外部表、分区表、桶表和临时表的创建说明如下。

（1）创建内部表

内部表是 Hive 的默认表，表中的数据默认存储在 warehouse 目录中，当删除表时，表中的数据和元数据会被同时删除。内部表是 Hive 中比较常见、基础的表，表的创建方式与数据库的创建方式大致相同，字段间的分隔符默认为制表符“\t”，需要根据实际情况修改分隔符。

例如，在 TestDB 数据库中创建一个职员信息表（employees），employees 表字段说明如表 3-5 所示。

表 3-5　employees 表字段说明

字段	描述	数据类型
name	职员名字	STRING
age	年龄	INT
salary	工资	FLOAT
department	所属部门	STRING
subordinates	下属职员	ARRAY<STRING>
deductions	扣款项目	MAP<STRING, FLOAT>

创建内部表 employees 如代码 3-2 所示，运行结果如图 3-4 所示。

代码 3-2　创建内部表 employees

```
CREATE TABLE IF NOT EXISTS TestDB.employees(
    name STRING COMMENT 'Employee name',
    age INT,
    salary FLOAT COMMENT 'Employee salary',
    department STRING,
    subordinates ARRAY<STRING> COMMENT 'Names of subordinates',
    deductions MAP<STRING, FLOAT>  );
```

```
hive> CREATE TABLE IF NOT EXISTS TestDB.employees(
    > name STRING COMMENT 'Employee name',
    > age INT,
    > salary FLOAT COMMENT 'Employee salary',
    > department STRING,
    > subordinates ARRAY<STRING> COMMENT 'Names of subordinates',
    > deductions MAP<STRING, FLOAT>  );
OK
Time taken: 0.656 seconds
```

图 3-4　创建内部表 employees 运行结果

（2）创建外部表

外部表在导入 HDFS 上的数据后，数据并没有被移动到 Hive 目录下，只是与外部数据建立一个连接（映射关系），即外部表中的数据并不是由外部表来管理的。外部表被删除之后，元数据会被删除，但是实际数据还存放在原位置。

创建外部表 employees_external，同时通过 LOCATION 指定外部表 employees_external 数据的 HDFS 存储路径为“/ext/”（若无此路径，用户需要提前创建），如代码 3-3 所示，运行结果如图 3-5 所示。

代码 3-3　创建外部表 employees_external

```
CREATE  EXTERNAL  TABLE IF NOT EXISTS TestDB.employees_external(
    name STRING COMMENT 'Employee name',
    age INT,
    salary FLOAT COMMENT 'Employee salary',
    department STRING,
    subordinates ARRAY<STRING> COMMENT 'Names of subordinates',
    deductions MAP<STRING, FLOAT>  )
    LOCATION  '/ext/';
```

```
hive> CREATE  EXTERNAL  TABLE IF NOT EXISTS TestDB.employees_external(
    > name STRING COMMENT 'Employee name',
    > age INT,
    > salary FLOAT COMMENT 'Employee salary',
    > department STRING,
    > subordinates ARRAY<STRING> COMMENT 'Names of subordinates',
    > deductions MAP<STRING, FLOAT>  )
    > LOCATION  '/ext/';
OK
Time taken: 0.04 seconds
```

图 3-5　创建外部表 employees_external 运行结果

（3）创建分区表

传统的数据库管理系统一般都具有表分区的功能，通过表分区能够在特定的区域检索数据，减少扫描成本，在一定程度上提高查询效率，另外还可以通过在分区上建立索引，进一步提高查询效率。Hive 数据仓库中也有分区的概念，在逻辑上，分区表与未分区表没有区别，在物理上，分区表会将数据按照分区值存储在表目录的子目录中，目录名为“分区键”，即“键值”。其中需要注意的是分区键的值不一定要基于表的某一列（字段），可以指定任意值，只要查询时指定相应的分区键即可。可以对分区进行添加、删除、重命名、清空等操作。

分区表可分为两类，即静态分区表和动态分区表。

① 静态分区表。若分区数量和分区值是确定的，那么该分区表称为静态分区表，静

态分区表不管表中有没有数据都将创建分区。例如，创建静态分区表 employees_partition，指定静态分区表 employees_partition 按照 country 和 state 的值进行分区存储，如代码 3-4 所示，运行结果如图 3-6 所示。

代码 3-4　创建静态分区表 employees_partition

```
CREATE TABLE IF NOT EXISTS TestDB.employees_partition(
    name  STRING  COMMENT  'Employee name',
    age INT,
    salary FLOAT COMMENT 'Employee salary',
    department STRING,
    subordinates ARRAY<STRING> COMMENT 'Names of subordinates',
    deductions MAP<STRING, FLOAT>  )
    PARTITIONED BY (country STRING, state STRING);
```

```
hive> CREATE TABLE IF NOT EXISTS TestDB.employees_partition(
    > name  STRING  COMMENT  'Employee name',
    > age INT,
    > salary FLOAT COMMENT 'Employee salary',
    > department STRING,
    > subordinates ARRAY<STRING> COMMENT 'Names of subordinates',
    > deductions MAP<STRING, FLOAT>  )
    > PARTITIONED BY (country STRING, state STRING);
OK
Time taken: 0.56 seconds
```

图 3-6　创建静态分区表 employees_partition 运行结果

② 动态分区表。动态分区表的分区数量和分区值是非确定的，由输入数据来确定，动态分区表的相关属性设置如表 3-6 所示。

表 3-6　动态分区表的相关属性设置

属性	描述
hive.exec.dynamic.partition	设置是否开启动态分区模式，true 为允许创建动态分区
hive.exec.dynamic.partition.mode	分区模式设置，默认值为 strict。在 strict 模式中用户需要指定最少一个分区为静态分区，在 nostrict 模式中允许所有分区都是动态分区
hive.exec.max.dynamic.partitions	允许动态分区的最大数量
hive.exec.max.dynamic.partitions.pernode	单个节点上的 Mapper/Reducer 允许创建的最大分区

例如，创建一个动态分区表 employees_partition_dynamic，如代码 3-5 所示，运行结果如图 3-7 所示。

代码 3-5　创建动态分区表 employees_partition_dynamic

```
set hive.exec.dynamic.partition=true;  // 开启动态分区模式
set hive.exec.dynamic.partition.mode=nostrict;  // 设置动态分区模式
CREATE TABLE IF NOT EXISTS TestDB.employees_partition_dynamic(
    name  STRING  COMMENT  'Employee name',
    age INT,
    salary FLOAT COMMENT 'Employee salary',
    department STRING,
    subordinates ARRAY<STRING> COMMENT 'Names of subordinates',
    deductions MAP<STRING, FLOAT>  )
    PARTITIONED BY (country STRING, state STRING);
```

```
hive> set hive.exec.dynamic.partition=true;
hive> set hive.exec.dynamic.partition.mode=nostrict;
hive> CREATE TABLE IF NOT EXISTS TestDB.employees_partition_dynamic(
    > Display all 633 possibilities? (y or n)
    > ame  STRING  COMMENT  'Employee name',
    > age INT,
    > salary FLOAT COMMENT 'Employee salary',
    > department STRING,
    > subordinates ARRAY<STRING> COMMENT 'Names of subordinates',
    > deductions MAP<STRING, FLOAT>  )
    > PARTITIONED BY (country STRING, state STRING);
OK
Time taken: 1.324 seconds
```

图 3-7　创建动态分区表 employees_partition_dynamic 运行结果

注意，尽量不要创建动态分区表，因为创建动态分区时，系统将会为每一个动态分区分配 Reducer 数量，所以当动态分区数量较多时，Reducer 数量也将增加，将加大服务器负荷。

（4）创建桶表

Hive 可以将整体数据划分成多个分区，从而优化查询。但是并非所有的数据都可以被合理分区，可能会出现每个分区数据量不一致的问题，有的分区数据量很大，有的分区数据量很小，产生数据倾斜。为了解决数据倾斜问题，Hive 提供了分桶技术。

分桶是指定桶表的某一列，让该列数据按照哈希取模的方式随机、均匀地分发到各个桶文件中。因为分桶操作需要根据某一列具体数据进行哈希取模，所以指定的分桶列必须基于表中的某一列（字段）。分桶改变了数据的存储方式，将哈希取模值相同或在某一个区间的数据放在同一个桶文件中，可提高查询效率。Hive 中的数据是存储在 HDFS 中的，HDFS 中的数据是不允许修改而只能添加的，那么在 Hive 中执行数据修改的命令时，就只能先找到对应的文件，读取后执行修改操作，然后重新写一份文件。此时若不采用分桶的操作，则当文件比较大时需要大量的 IO 读写，相反，若采用分桶的操作，则只需要找到存放文件对应的桶，然后读取再修改、写入即可，从而大大提高效率。

创建桶表 employees_cluster，指定桶表 employees_cluster 按照 department 进行分桶，每个桶中的数据按照列 age 降序（DESC）排列，指定的桶个数为 3，如代码 3-6 所示，运行结果如图 3-8 所示。

代码 3-6　创建桶表 employees_cluster

```
CREATE TABLE IF NOT EXISTS TestDB.employees_cluster(
   name  STRING  COMMENT  'Employee name',
   age INT,
   salary FLOAT COMMENT 'Employee salary',
   department STRING,
   subordinates ARRAY<STRING> COMMENT 'Names of subordinates',
   deductions MAP<STRING, FLOAT>  )
   CLUSTERED BY  (department ) SORTED BY (age DESC)  INTO 3 BUCKETS;
```

```
hive> CREATE TABLE IF NOT EXISTS TestDB.employees_cluster(
    > name  STRING  COMMENT  'Employee name',
    > age INT,
    > salary FLOAT COMMENT 'Employee salary',
    > department STRING,
    > subordinates ARRAY<STRING> COMMENT 'Names of subordinates',
    > deductions MAP<STRING, FLOAT>  )
    > CLUSTERED BY  (department ) SORTED BY (age DESC)  INTO 3 BUCKETS;
OK
Time taken: 1.207 seconds
```

图 3-8　创建桶表 employees_cluster 运行结果

需注意以下几点。

① 桶个数是指在 HDFS 中桶表的存储目录下所生成相应文件的数量。

② 桶表只能根据一列字段进行分桶。

③ 桶表可以与分区表同时使用，分区表的每个分区下都会有指定个数的桶。

④ 桶表中指定分桶的列可以与排序的列不相同。

（5）创建临时表

临时表也是一种表，因此针对表的操作同样可以应用于临时表。临时表不支持创建分区列，也不支持创建索引。如果同一数据库中的临时表与非临时表名称一致，那么会话内任何操作都会被解析为对临时表的操作，用户将无法访问同名的非临时表。例如，在数据库 TestDB 中创建临时表 Course_Temp，如代码 3-7 所示。

代码 3-7　创建临时表 Course_Temp

```
CREATE TEMPORARY TABLE TestDB.Course_Temp(id INT,course STRING)
 ROW FORMAT DELIMITED FIELDS TERMINATED BY','
```

```
LINES TERMINATED BY '\n'
STORED AS textfile;
```

代码 3-7 执行完成后，执行“DESC FORMATTED TestDB.Course_Temp;”命令，查看数据库 TestDB 中临时表 Course_Temp 的结构，如图 3-9 所示。

```
hive> CREATE TEMPORARY TABLE TestDB.Course_Temp(id INT,course STRING)
    > ROW FORMAT DELIMITED FIELDS TERMINATED BY','
    > LINES TERMINATED BY '\n'
    > STORED AS textfile;
OK
hive> DESC FORMATTED TestDB.Course_Temp;
OK
# col_name              data_type               comment
id                      int
course                  string

# Detailed Table Information
Database:               testdb
OwnerType:              USER
Owner:                  root
CreateTime:             Mon Mar 27 10:23:16 CST 2023
LastAccessTime:         UNKNOWN
Retention:              0
Location:               hdfs://master:9820/tmp/hive/root/5c2e0e74-2243-
4f91-9e94-507f53c8329d/_tmp_space.db/d56e543e-45ec-4fd2-9697-9af3af9702
e7
Table Type:             MANAGED_TABLE
```

图 3-9　创建并查看临时表 Course_Temp

从图 3-9 中可以看出，临时表 Course_Temp 在 HDFS 中的数据存储路径为 hdfs:/master:9820/tmp/hive/root，该路径中/tmp/hive/为 Hive 配置文件 hive-site.xml 中参数 hive.exec.scratchdir 指定的临时目录，/root 是根据当前用户名 root 创建的目录。

在 Hive CLI 客户端中执行“exit;”命令退出当前会话，再次登录时使用 Hive CLI 客户端执行“USE TestDB;”命令进入数据库 TestDB，然后执行“SHOW TABLES;”命令查看 Hive 表，发现数据库 TestDB 中已经不存在临时表 Course_Temp，如图 3-10 所示。

```
hive> USE TestDB;
OK
Time taken: 0.735 seconds
hive> SHOW TABLES;
OK
employees
employees_cluster
employees_external
employees_partition
employees_partition_dynamic
Time taken: 0.277 seconds, Fetched: 5 row(s)
```

图 3-10　退出当前会话后查看临时表 Course_Temp

2. 管理表

Hive 支持对表的管理操作，包括修改表、删除表。查看表结构信息操作有利于用户了解表的表结构信息，这是管理表的基础。

使用“SHOW TABLES;”命令可以列出当前数据库中的所有表。

使用 DESCRIBE 命令可查看表的详细的表结构信息。查看 employees 表的结构信息，如代码 3-8 所示，运行结果如图 3-11 所示。其中 DESCRIBE 命令可简写成“DESC”。

代码 3-8　查看 employees 表的表结构信息

```
DESCRIBE  TestDB.employees;
```

```
hive> DESCRIBE  TestDB.employees;
OK
name                    string                  Employee name
salary                  float                   Employee salary
subordinates            array<string>           Names of subordinates
deductions              map<string,float>
Time taken: 0.055 seconds, Fetched: 4 row(s)
```

图 3-11　查看 employees 表的表结构信息运行结果

（1）修改表

可以通过 ALTER 语句修改表的属性，该操作会同时修改元数据，但不会修改数据本身。使用 ALTER 语句进行表重命名的语法如下。

```
ALTER TABLE table_name RENAME TO new_table_name;
```

例如，有一份日志文件 log_message，log_message 数据说明如表 3-7 所示，创建 log_message 表如代码 3-9 所示，运行结果如图 3-12 所示。

表 3-7　log_message 数据说明

字段	描述	数据类型
hms	时间戳	INT
severity	严重程度（ERROR\WARNING\INFO)	STRING
server	服务器名字	STRING
process_id	进程 ID	INT
message	详细信息	STRING

代码 3-9　创建 log_message 表

```
USE TestDB;
CREATE EXTERNAL TABLE IF NOT EXISTS  log_message (
hms INT,
severity STRING,
server STRING,
process_id INT,
message STRING)
PARTITIONED  BY  (year INT,  month  INT , day  INT)
ROW FORMAT DELIMITED FIELDS TERMINATED  BY  '\t';
```

```
hive> USE TestDB;
OK
Time taken: 0.15 seconds
hive> CREATE EXTERNAL TABLE IF NOT EXISTS  log_message (
    > hms INT,
    > severity STRING,
    > server STRING,
    > process_id INT,
    > message STRING)
    > PARTITIONED  BY  (year INT,  month  INT , day  INT)
    > ROW FORMAT DELIMITED FIELDS TERMINATED  BY  '\t';
OK
Time taken: 1.632 seconds
```

图 3-12　创建 log_message 表运行结果

使用 ALTER 语句将表重命名为 log_message_new，如代码 3-10 所示。

代码 3-10　表重命名

```
ALTER TABLE  log_message  RENAME  TO  log_message_new ;
```

使用“show tables;”命令查看当前表，如图 3-13 所示。

```
hive> ALTER TABLE  log_message  RENAME  TO  log_message_new ;
OK
Time taken: 0.242 seconds
hive> show tables;
OK
employees
employees_cluster
employees_external
employees_partition
log_message_new
union_tbl
Time taken: 0.027 seconds, Fetched: 6 row(s)
```

图 3-13　查看当前表

使用 ALTER 语句（通常适用于外部表）增加新的分区，如代码 3-11 所示，运行结果如图 3-14 所示。

代码 3-11　增加新的分区

```
ALTER TABLE log_message_new  ADD IF NOT EXISTS
  PARTITION(year = 2022, month = 1,day = 1 ) LOCATION '/user/hive/warehouse/
testdb.db/log_message_new /2022/01/01'
  PARTITION(year = 2022, month = 1,day = 2 ) LOCATION '/user/hive/warehouse/
testdb.db/log_message_new /2022/01/02'
  PARTITION(year = 2022, month = 1,day = 3 ) LOCATION '/user/hive/warehouse/
testdb.db/log_message_new /2022/01/03';
```

```
hive> ALTER TABLE log_message_new  ADD IF NOT EXISTS
    >    PARTITION(year = 2022, month = 1,day = 1 ) LOCATION '/user/hive/warehouse/testdb.db/log_message_new/2022/01/01'
    >    PARTITION(year = 2022, month = 1,day = 2 ) LOCATION '/user/hive/warehouse/testdb.db/log_message_new/2022/01/02'
    >    PARTITION(year = 2022, month = 1,day = 3 ) LOCATION '/user/hive/warehouse/testdb.db/log_message_new/2022/01/03';
OK
Time taken: 0.227 seconds
```

图 3-14　增加新的分区运行结果

登录 HDFS 网页端口，查看“/user/hive/warehouse/testdb.db/log_message_new / 2022/01”，如图 3-15 所示。

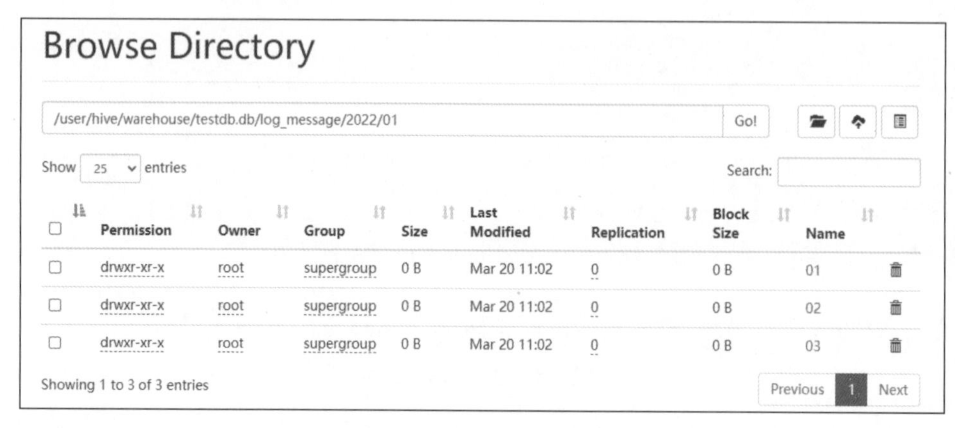

图 3-15　查看新的分区

（2）删除表

用户可通过 DROP 语句实现表的删除操作，DROP 语句的语法介绍如下。

```
DROP TABLE [IF EXISTS] table_name;
```

用户在删除表时可选择是否使用 IF EXISTS 关键字。如果没有使用该关键字，且表并不存在时，将会抛出一个异常信息。

例如，删除 log_message_new 表，如图 3-16 所示。

```
hive> drop table log_message_new;
OK
Time taken: 1.75 seconds
```

图 3-16　删除 log_message_new 表

3.1.4　任务实现

使用 CREATE 语句创建广电用户数据库 ZJSM，并使用“IF NOT EXISTS”判断该数据库是否已经存在，如代码 3-12 所示。

代码 3-12　创建数据库 ZJSM

```
CREATE DATABASE IF NOT EXISTS ZJSM;
```

接下来将了解业务数据表结构，并在数据库 ZJSM 中完成业务数据表的创建。

1. 了解业务数据表结构

原始业务数据主要有用户基本数据、用户状态变更数据、账单数据、订单数据和用户收视行为数据等 5 类数据，业务数据以 CSV 文件存储，相应表的简要说明如下。

（1）用户基本数据表

用户基本数据表记录的是用户最新状态数据。用户基本数据表对应的 CSV 文件名称为 mediamatch_usermsg.csv，数据时间范围是 1995 年 1 月至 2022 年 6 月。用户基本数据表字段说明如表 3-8 所示。

表 3-8 用户基本数据表字段说明

字段	描述
terminal_no	用户地址编号
phone_no	用户编号
sm_name	品牌名称
run_name	用户状态
sm_code	品牌编号
owner_name	用户等级名称
owner_code	用户等级编号
run_time	状态变更时间
addressoj	完整地址
open_time	开户时间
force	宽带是否生效

（2）用户状态变更数据表

用户状态变更数据表用来记录用户所有时段的状态数据。用户状态变更数据表对应的 CSV 文件名称为 mediamatch_userevent.csv，数据时间范围是 1995 年 1 月至 2022 年 6 月。用户状态变更数据表的字段说明如表 3-9 所示。

表 3-9 用户状态变更数据表的字段说明

字段	描述
sum_name	品牌名称
run_name	用户状态
run_time	状态变更时间
owner_name	用户等级名称
owner_code	用户等级编号
open_time	开户时间

（3）账单数据表

账单数据表记录的是用户每月的账单数据，这些账单数据会在每月 1 号生成。账单数据表对应的 CSV 文件名称为 mmconsume_billevents.csv，数据时间范围为 2022 年 1 月至 2022 年 7 月。账单数据表的字段说明如表 3-10 所示。

表 3-10　账单数据表的字段说明

字段	描述
terminal_no	用户地址编号
phone_no	用户编号
fee_code	费用类型
year_month	账单时间
owner_name	用户等级名称
owner_code	用户等级编号
sm_name	品牌名称
should_pay	应收金额，单位：元
favour_fee	优惠金额（+代表优惠，-代表额外费用）

（4）订单数据表

订单数据表记录的是用户的订购产品的数据，用户每订购一个产品，就会有相应的记录。订单数据表对应的 CSV 文件名称为 order_index.csv，数据时间范围为 2014 年 1 月至 2022 年 5 月。订单数据表的字段说明如表 3-11 所示。

表 3-11　订单数据表的字段说明

字段	描述
phone_no	用户编号
owner_name	用户等级名称
optdate	产品订购状态更新时间
prodname	订购产品名称
sm_name	品牌名称
offerid	订购套餐编号
offername	订购套餐名称
business_name	订购业务状态
owner_code	用户等级编号
prodprcid	订购产品名称（带价格）的编号
prodprcname	订购产品名称（带价格）
effdate	产品生效时间
expdate	产品失效时间
orderdate	产品订购时间
cost	订购产品价格，单位：元
mode_time	产品标识，辅助标识电视主、附销售品

续表

字段	描述
prodstatus	订购产品状态
run_name	用户状态名
orderno	订单编号
offertype	订购套餐类型

（5）用户收视行为数据表

用户收视行为数据表记录了用户观看电视的数据，其中观看方式可分为直播、点播和回看，用户每切换一个频道都会生成一条新的记录。用户收视行为数据表对应的CSV文件名称是media_index.csv，数据时间范围是2022年5月至2022年7月。用户收视行为数据表的字段说明如表3-12所示。

表3-12　用户收视行为数据表的字段说明

字段	描述
terminal_no	用户地址编号
phone_no	用户编号
duration	观看时长，单位为毫秒
station_name	直播频道名称
origin_time	观看行为开始时间
end_time	观看行为结束时间
owner_code	用户等级编号
owner_name	用户等级名称
vod_cat_tags	视频点播节目包相关信息（是一组数组类型数据），按不同的节目包目录组织
resolution	点播节目的清晰度
audio_lang	点播节目的语言类别
region	节目地区信息
res_name	设备名称
res_type	节目类型，0代表直播，1代表点播或回看
vod_title	视频点播节目名称
category_name	节目所属分类
program_title	直播节目名称
sm_name	品牌名称

2. 创建用户基本数据表

根据表 3-8 创建用户基本数据表 mediamatch_usermsg，如代码 3-13 所示。

代码 3-13 创建用户基本数据表

```
USE ZJSM;
CREATE TABLE IF NOT EXISTS mediamatch_usermsg(
terminal_no STRING,
phone_no STRING,
sm_name STRING,
run_name STRING,
sm_code STRING,
owner_name STRING,
owner_code STRING,
run_time STRING,
addressoj STRING,
open_time STRING,
force STRING)
ROW FORMAT DELIMITED FIELDS TERMINATED BY '\;';
```

3. 创建用户状态变更数据表

根据表 3-9 创建用户状态变更数据表 mediamatch_userevent，如代码 3-14 所示。

代码 3-14 创建用户状态变更数据表

```
CREATE TABLE IF NOT EXISTS mediamatch_userevent(
phone_no STRING,
run_name STRING,
run_time STRING,
owner_name STRING,
owner_code STRING,
open_time STRING,
sm_name STRING)
ROW FORMAT DELIMITED FIELDS TERMINATED BY '\;';
```

4. 创建账单数据表

根据表 3-10 创建账单数据表 mmconsume_billevents，如代码 3-15 所示。

代码 3-15 创建账单数据表

```
CREATE TABLE IF NOT EXISTS mmconsume_billevents(
terminal_no STRING,
```

```
phone_no STRING,
fee_code STRING,
year_month STRING,
owner_name STRING,
owner_code STRING,
sm_name STRING,
should_pay STRING,
favour_fee STRING)
ROW FORMAT DELIMITED FIELDS TERMINATED BY '\;';
```

5. 创建订单数据表

根据表 3-11 创建订单数据表 order_index，如代码 3-16 所示。

代码 3-16 创建订单数据表

```
CREATE TABLE IF NOT EXISTS order_index(
phone_no STRING,
owner_name STRING,
optdate STRING,
prodname STRING,
sm_name STRING,
offerid STRING,
offername STRING,
business_name STRING,
owner_code STRING,
prodprcid STRING,
prodprcname STRING,
effdate STRING,
expdate STRING,
orderdate STRING,
cost STRING,
mode_time STRING,
prodstatus STRING,
run_name STRING,
orderno STRING,
offertype STRING)
ROW FORMAT DELIMITED FIELDS TERMINATED BY '\;';
```

6. 创建用户收视行为数据表

根据表 3-12 创建用户收视行为数据表 media_index，如代码 3-17 所示。

代码 3-17 创建用户收视行为数据表

```
CREATE TABLE IF NOT EXISTS media_index(
terminal_no STRING,
phone_no STRING,
duration STRING,
station_name STRING,
origin_time STRING,
end_time STRING,
owner_code STRING,
owner_name STRING,
vod_cat_tags ARRAY<STRUCT<level1_name: STRING,level2_name: STRING,level3_
name: STRING,level4_name: STRING, level5_name: STRING>>,
resolution STRING,
audio_lang STRING,
region STRING,
res_name STRING,
res_type STRING,
vod_title STRING,
category_name STRING,
program_title STRING,
sm_name STRING)
ROW FORMAT DELIMITED FIELDS TERMINATED BY '\;';
```

任务 3.2 将数据导入 Hive 表中

任务描述

通过 Hive 实现数据的分析功能，需要将数据保存在 Hive 中。Hive 提供了数据管理语言（Data Manipulation Language，DML），使用 LOAD 语句可实现数据的装载。本任务介绍将数据装载至 Hive 表，并使用 LOAD 语句将广电业务数据导入 Hive 表中的方式。

3.2.1 装载数据至 Hive 表中

Hive 不支持行级别的数据插入、更新和删除操作，往表中装载数据的唯一途径就是使用一种“大量”的数据装载操作，或将文件写入正确的目录。数据装载语句 LOAD 的语法介绍如下。

```
LOAD DATA [LOCAL] INPATH 'filepath'
 [OVERWRITE] INTO TABLE tablename
 [PARTITION (partcol1=val1, partcol2=val2 ...)]
```

LOAD 语句语法的部分关键字说明如表 3-13 所示。

表 3-13 LOAD 语句语法的部分关键字说明

关键字	说明
LOCAL	若有 LOCAL 关键字，则表示导入 Linux 系统本地的数据，若没有 LOCAL 关键字，则表示从 HDFS 导入数据。如果将 HDFS 中的数据导入 Hive 表，那么 HDFS 中存储的数据文件会被移动到表目录下，因此原位置不再有存储的数据文件
OVERWRITE	加入 OVERWRITE 关键字，表示导入模式为覆盖模式，即覆盖表之前的数据；若不加 OVERWRITE 关键字，则表示导入模式为追加模式，即不清空表之前的数据
PARTITION	如果创建的是分区表，那么导入数据时需要使用 PARTITION 关键字指定分区字段的名称

在本地/opt 目录中建立文件 course.txt，course.txt 文件内容如表 3-14 所示。

表 3-14 course.txt 文件内容

1,语文 2,数学 3,英语

将 course.txt 上传到 HDFS 的/course/目录下，创建 course 表后，将文件内容数据导入 course 表，如代码 3-18 所示，运行结果如图 3-17 所示。

代码 3-18 导入数据

```
[root@master opt]# hdfs dfs -mkdir /course
[root@master opt]# hdfs dfs -put /opt/course.txt /course/
[root@master opt]#hive
hive>USE TestDB;
hive>CREATE TABLE TestDB.course(id INT,course STRING) ROW FORMAT DELIMITED
FIELDS TERMINATED BY ',';
hive>LOAD DATA INPATH '/course/course.txt' INTO TABLE TestDB.course;
```

```
[root@master opt]# hdfs dfs -mkdir /course
[root@master opt]# hdfs dfs -put course.txt  /course
[root@master opt]# hive
Hive Session ID = 016f25cf-ba8c-4ac3-b61c-e190e7774cd6
hive> USE TestDB;
OK
Time taken: 0.074 seconds
hive> CREATE TABLE TestDB.course(id INT,course STRING) ROW FORMAT DELIMITED FIELDS TERMINATED BY ',';
OK
Time taken: 5.666 seconds
hive> LOAD DATA INPATH '/course/course.txt' INTO TABLE TestDB.course;
Loading data to table testdb.course
OK
Time taken: 2.749 seconds
```

图 3-17　使用 LOAD 语句导入数据到 course 表

登录 HDFS 网页端口，查看“/user /hive/warehouse/testdb.db/course/course.txt”，如图 3-18 所示。

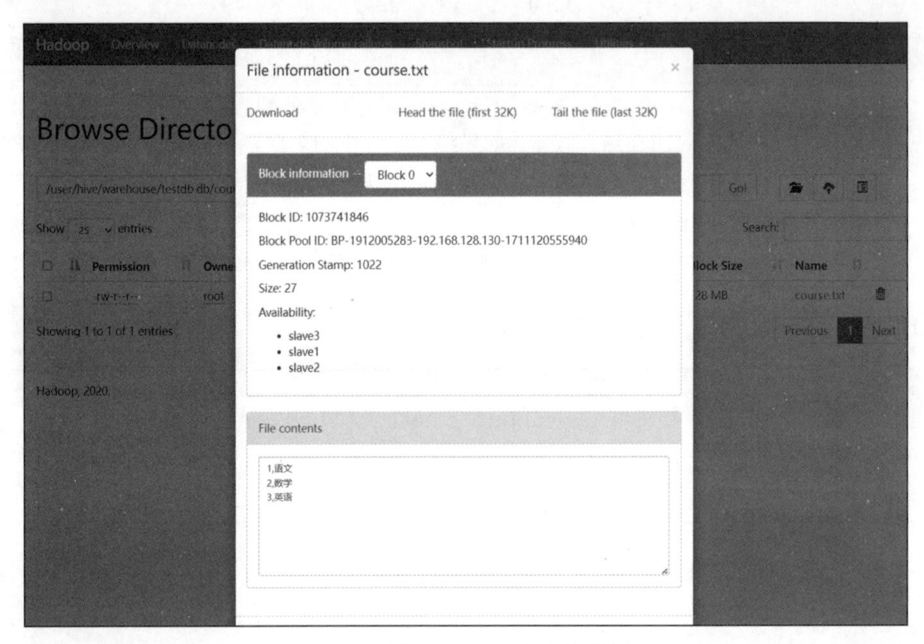

图 3-18　查看 course 表中的数据

3.2.2　任务实现

广电用户数据有 5 个原始表，这 5 个原始表分别为 mediamatch_usermsg（用户基本数据表）、mediamatch_userevent（用户状态变更数据表）、mmconsume_billevents（账单数据表）、order_index（订单数据表）、media_index（用户收视行为数据表），可通过 Xftp 将对应文件上传到 Linux 文件系统/opt/data 目录下。

在导入数据前，需要对表头进行处理，可使用命令“sed -i '1d'”删除数据首行字段名，如代码 3-19 所示。

代码 3-19　删除数据首行字段名

```
sed -i '1d' /opt/data/media_index.csv
sed -i '1d' /opt/data/mediamatch_userevent.csv
```

```
sed -i '1d' /opt/data/mediamatch_usermsg.csv
sed -i '1d' /opt/data/mmconsume_billevents.csv
sed -i '1d' /opt/data/order_index.csv
```

将文件 mediamatch_usermsg.csv 中的数据导入用户基本数据表中，将 mediamatch_userevent.csv 中的数据导入用户状态变更数据表中，将 mmconsume_billevents.csv 中的数据导入账单数据表中，将 order_index.csv 中的数据导入订单数据表中，将 media_index.csv 中的数据导入用户收视行为数据表中，依次执行相关命令，最后查询账单数据表中的前 5 行数据进行验证，如代码 3-20 所示（SELECT 语句的语法将在第 4 章详细说明）。

代码 3-20　导入数据至 Hive 表中并简单查询数据

```
USE ZJSM;
LOAD DATA LOCAL INPATH '/opt/data/mediamatch_usermsg.csv' OVERWRITE INTO TABLE
mediamatch_usermsg;
LOAD DATA LOCAL INPATH '/opt/data/mediamatch_userevent.csv' OVERWRITE INTO
TABLE mediamatch_userevent;
LOAD DATA LOCAL INPATH '/opt/data/mmconsume_billevents.csv' OVERWRITE INTO
TABLE mmconsume_billevents;
LOAD DATA LOCAL INPATH '/opt/data/order_index.csv' OVERWRITE INTO TABLE
order_index;
LOAD DATA LOCAL INPATH '/opt/data/media_index.csv' OVERWRITE INTO TABLE
media_index;
SELECT * FROM mmconsume_billevents LIMIT 5;
```

账单数据表中的前 5 行数据查询结果如图 3-19 所示。

```
hive> SELECT * FROM mmconsume_billevents LIMIT 5;
OK
1410005953      4477294 0B      2022-05-01 00:00:00     HC级     00      互动电视        26.5    0.0
1410000342      4479074 0Y      2022-01-01 00:00:00     HC级     NULL    数字电视        5.0     0.0
1410000342      4479074 0Y      2022-04-01 00:00:00     HC级     00      数字电视        5.0     0.0
1410038590      4535578 0Y      2022-03-01 00:00:00     HC级     00      数字电视        26.5    0.0
1410047737      4539813 0T      2022-01-01 00:00:00     HC级     NULL    数字电视        8.0     0.0
Time taken: 0.434 seconds, Fetched: 5 row(s)
```

图 3-19　账单数据表中的前 5 行数据查询结果

小结

本章详细介绍了 Hive 的基础数据类型和复杂数据类型，Hive 数据库、表的创建与管理，接着介绍了 Hive 的数据管理语言中的 LOAD 语句，实现了 Hive 数据导入的相关操作，并结合广电大数据案例，使用 Hive 实现了广电业务数据表的创建及表数据的导入，为后续使用 Hive 解决具体的实际问题奠定了存储基础。

实训　创建轮船乘客表并导入数据至表中

1. 实训要点

（1）掌握 Hive 数据库的创建操作。

（2）掌握在 Hive 中创建表、导入数据的操作。

2. 需求说明

为提升业务水平，轮船公司需要对乘坐过轮船的乘客数据进行分析处理，轮船公司已将乘客数据导出成文件 train.csv，乘客数据字段说明如表 3-15 所示。为便于对乘客数据进行分析，现需将乘客数据导入 Hive 数据仓库。

表 3-15　乘客数据字段说明

字段	描述	类型
PassengerId	游客 ID	INT
Pclass	船舱等级（1、2、3）	INT
Name	姓名	STRING
Sex	性别	STRING
Age	年龄	INT
SibSp	兄弟姐妹数	INT
Parch	父母小孩数	INT
Ticket	票编号	STRING
Fare	票价	DOUBLE
Cabin	座位号	STRING
Embarked	登船港口	STRING

3. 实现思路及步骤

（1）创建数据库 TitanicDB。

（2）根据表 3-15 创建表 Train。

（3）将 train.csv 文件通过 Xftp 上传至 Linux 系统/opt 目录下，使用“sed”命令删除首行字段名。

（4）导入乘客数据至表 Train，并使用命令“SELECT * FROM Train LIMIT 5;”查询表 Train 中的前 5 行数据。

课后习题

1. 选择题

（1）【多选】Hive 中的基础数据类型包括（　　）。

A. 整型、浮点型　　B. 字符串类型、布尔类型

C. 二进制　　D. 时间类型

（2）【多选】Hive 几种常用的复杂数据类型，包括（　　）。

A. 数组　　B. 映射　　C. 结构体　　D. 联合体

（3）下列有关 Hive 表的描述中，不正确的是（　　）。

A. 根据存储位置，Hive 表可分为内部表和外部表

B. Hive 默认创建的表是内部表

C. 内部表被删除之后，元数据和实际数据都会被删除

D. 外部表被删除之后，元数据不会被删除

（4）下列有关 Hive 复杂数据类型的描述中，不正确的是（　　）。

A. 数组是具有相同类型变量的集合，变量称为数组元素，每个数组元素都有一个索引，索引从 0 开始

B. 映射是键值对集合，键和值都可以是任意类型

C. 结构体封装了一组有名字的字段（Named Field），其可以是任意的基础数据

D. 在给定的任何一个时刻，联合体可以用于保存指定数据类型中的任意一种类型的数据

（5）下列关于 Hive 数据库操作语句 CREATE DATABASE 的描述中，不正确的是（　　）。

A. CREATE DATABASE 是创建数据库语句，也可以使用 CREATE SCHEMA 代替

B. 创建数据库时，可以使用 IF NOT EXISTS 来判断创建的数据库是否存在，若不存在则创建，若存在则不创建

C. COMMENT 是必选项，用来表示数据库的相关描述

D. LOCATION 是可选项，用于指定数据库在 HDFS 自定义存储位置

2. 操作题

某学校为了解学生的基本情况，想通过 Hive 实现学生数据的简单分析，因此需在 Hive 数据库 TestDB 中创建学生数据表，学生数据表字段说明如表 3-16 所示。

表 3-16 学生数据表字段说明

字段	描述	数据类型
sid	学号	STRING
name	姓名	STRING
age	年龄	INT
height	身高（米）	FLOAT
class	班级	STRING
address	家庭地址	STRUCT<street:STRING,district:STRING,city:STRING,zip:INT>
members	家庭成员<关系,姓名>	MAP<STRING, STRING>

学生数据表创建要求如下。

（1）在数据库 TestDB 中创建内部表 student，并导入数据。

（2）在数据库 TestDB 中创建外部表 student_ext，数据文件存储位置为/test/hive/ext（若不存在该存储位置，则自行创建）。

（3）在数据库 TestDB 中创建分区表 student_part，指定文件存储位置为/test/hive/part（若不存在该存储位置，则自行创建），以 city 和 district 作为分区条件。

第4章 广电用户基本数据简单查询

学习目标

（1）了解 SELECT 语句基本的语法。

（2）掌握使用 WHERE 关键字实现条件查询的方法。

（3）掌握表别名、列别名的使用方法。

（4）掌握聚合函数的使用方法。

（5）掌握分组查询的实现方法。

（6）了解不同排序关键字之间的区别。

（7）掌握使用通配符、正则表达式实现模糊查询的方法。

素养目标

（1）通过学习各种查询语句的语法，培养良好的编程习惯。

（2）通过明确项目要求设置查询筛选条件，培养严谨、认真的职业素养。

（3）通过使用 Hive 完成广电用户基本数据查询、分析，培养学以致用的精神。

思维导图

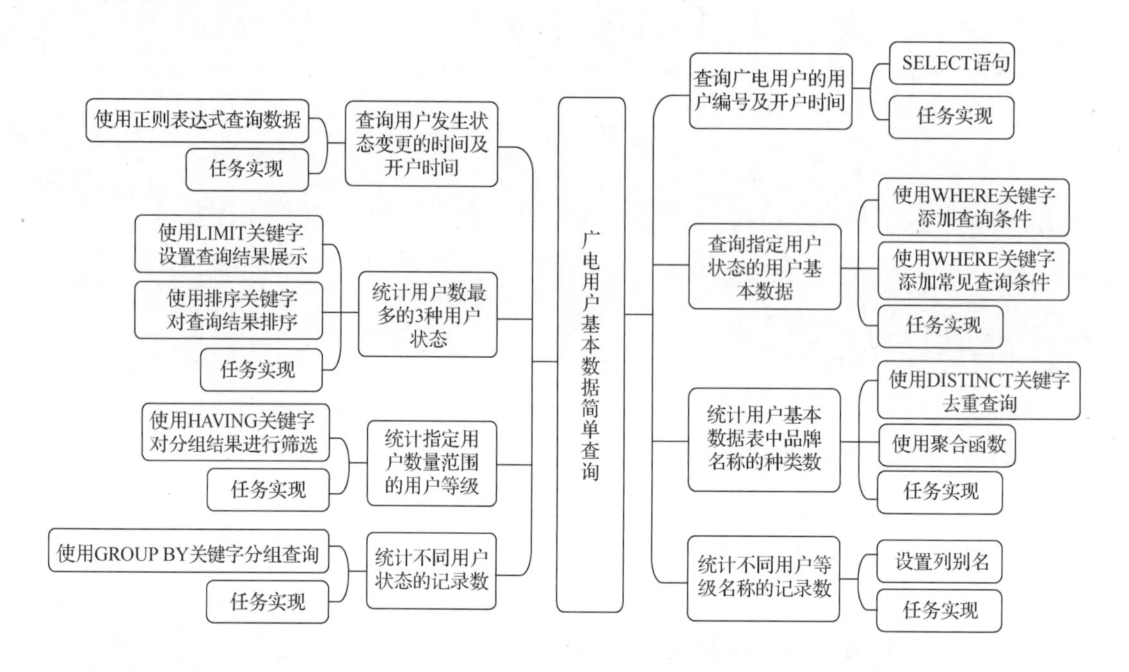

任务背景

在大数据时代，需要加快发展数字经济，促进数字经济和实体经济深度融合，打造具有国际竞争力的数字产业集群。各行业应以尊重用户隐私为前提，充分挖掘大数据所蕴含的信息，这成为重要的决策依据。当前广电公司已积累了数十万用户数据，充分利用用户数据能够更加了解用户状态，便于更有针对性地服务用户。

Hive 提供了类 SQL 以实现对数据的统计分析，将数据文件映射至数据表中，将 HQL 语句转换为 MapReduce 任务运行。Hive 使用的 HQL 语句与关系数据库的 SQL 语句略有不同，但支持绝大多数的数据操作，如聚合函数、条件查询等。本章将通过介绍 Hive 的基本查询过程，结合广电用户基本数据表，实现广电用户基本数据的查询、分析。

任务 4.1 查询广电用户的用户编号及开户时间

任务描述

通过分析用户的开户时间，能够对存量用户及新增用户的情况有清楚的了解。如果新增用户数存在下降趋势，可以及时展开营销活动，提升新增用户数。与关系数据库类似，Hive 也使用 SELECT 语句进行数据查询。

本任务介绍 Hive 的 SELECT 语句的基本语法，并使用 SELECT 语句从用户数据表中获取广电用户的用户编号及开户时间。

4.1.1　SELECT 语句

SELECT 语句在各种数据库系统中都是应用非常广泛的语句，相对 DDL 等而言也是比较复杂的语句，但如果能正确使用 SELECT 语句，就能够得到正确的数据查询结果。

1. SELECT 语句的语法

Hive 官网中对 SELECT 语句的整体语法有详细的介绍，SELECT 语句的完整语法如下。

```
SELECT [ALL | DISTINCT] select_expr, select_expr, ...
  FROM table_reference
  [WHERE where_condition]
  [GROUP BY col_list]
  [ORDER BY col_list]
  [CLUSTER BY col_list
  | [DISTRIBUTE BY col_list] [SORT BY col_list]
  ]
 [LIMIT [offset,] rows];
```

在 SELECT 语句的语法中，SELECT...FROM 语句是 SELECT 语句的主体部分，“[]”括起来的内容均为可选内容，在任务 4.2 至任务 4.7 中将会介绍 WHERE、GROUP BY 等关键字。

2. SELECT...FROM 语句

SELECT...FROM 语句是 SELECT 语句中较为简单且较为基本的语法。在 SELECT...FROM 语句中，SELECT 接续的部分用于依次罗列查询结果中要展示的内容，可以包括数据表的字段名、Hive 中的各类函数、算术表达式等内容；FROM 接续的部分则代表要从哪个表、视图或嵌套查询中查询数据。查询 mediamatch_usermsg 表中 sm_code 和 sm_name 字段的数据，如代码 4-1 所示。

代码 4-1　SELECT 语句示例

```
SELECT sm_code ,  sm_name
FROM  mediamatch_usermsg;
```

3. 在 SELECT...FROM 语句中使用*通配符

在 SELECT…FROM 语句中，SELECT 接续的部分除了可以依次罗列查询结果中需要展示的内容，还可以使用“*”通配符。“*”代表指定表的所有字段。使用 SELECT 语句查询 mediamatch_usermsg 表中所有字段的内容，如代码 4-2 所示。

代码 4-2 “*”通配符示例

```
SELECT *
FROM mediamatch_usermsg;
```

虽然“*”通配符能够方便地匹配所有字段，但是在实际生产环境中要尽量减少“*”通配符的使用，尽量使用精准查询，仅查询需要的字段即可，以减小查询过程带来的性能压力。

4. 在 SELECT...FROM 语句中使用表别名

在查询语句中使用表别名的主要目的是使语句更易于阅读和理解，同时不会影响查询操作。尤其在后续内容介绍的多表查询中，表别名具有非常重要的意义。在查询过程中，为某个表分配一个表别名，语法如下，其中，AS 关键字意为作为、当作，是可省略的。

```
SELECT select_expr, select_expr, ...
FROM tablename [AS] alias_tablename;
```

表别名的设置，有以下两个方面需要注意。

（1）不能使用关键字作为表别名，否则会产生语法错误。

（2）可以将表别名设置为中文，需要使用反单引号（`）将中文引起来。

查询 mediamatch_usermsg 表中的所有字段内容，并给 mediamatch_usermsg 表分配一个别名“用户信息表”，如代码 4-3 所示。

代码 4-3 表别名示例

```
SELECT *
FROM mediamatch_usermsg AS `用户信息表`;
```

4.1.2 任务实现

在广电用户基本数据表 mediamatch_usermsg 中，用户编号字段的名称为 phone_no，开户时间字段的名称为 open_time，使用 SELECT 语句查询广电用户的用户编号及开户时间。根据 4.1.1 小节介绍的 SELECT…FROM 语句的基本语法，将需要查询的字段的名称放在 SELECT 关键字之后，FROM 关键字后面是查询的数据，即数据表 mediamatch_usermsg，如代码 4-4 所示。

代码 4-4 查询广电用户的用户编号及开户时间

```
SELECT phone_no, open_time
FROM mediamatch_usermsg;
```

代码 4-4 的运行结果如图 4-1 所示，成功查询了用户基本数据表中所有的用户编号及开户时间，并展示了最终查询到的数据条数，mediamatch_usermsg 表共有 100000 条数据。

```
2299927 2012-10-24 17:12:14
2300093 2005-05-01 00:00:00
2300707 2003-11-18 00:00:00
2300970 2012-12-09 17:43:16
2301192 2012-05-30 14:17:25
2301534 2003-01-01 00:00:00
2301935 2012-07-03 15:00:12
2301941 2012-07-25 09:45:08
2301974 2011-05-10 15:22:54
2302163 2011-08-09 14:12:23
2302697 2011-12-11 10:07:28
2303051 2012-08-27 09:08:54
2303319 2000-01-01 00:00:00
2303904 2007-08-19 00:00:00
2303913 2006-06-17 00:00:00
2304221 2009-08-18 16:10:23
2304741 2011-12-26 16:40:45
2304864 2011-06-20 15:58:31
Time taken: 0.592 seconds, Fetched: 100000 row(s)
```

图 4-1 广电用户的用户编号及开户时间

任务 4.2 查询指定用户状态的用户基本数据

任务描述

掌握准确获取数据的能力，能够提升获取数据的效率。Hive 作为数据仓库，适用于处理海量数据的应用场景。为了实现精准查询，需指定符合需求的数据字段，Hive 提供了 WHERE 关键字以实现查询结果的过滤。

本任务介绍 Hive 中的 WHERE 关键字，并使用 WHERE 关键字查询用户基本数据表中为“销户”状态的所有用户的用户编号、用户状态和开户时间。

4.2.1 使用 WHERE 关键字添加查询条件

在基本的 SELECT…FROM 语句后面添加 WHERE 关键字可以进行查询结果的过滤，只获取符合需求的数据。WHERE 关键字的语法如下。

```
SELECT select_expr, select_expr, ...
FROM table_reference
WHERE where_condition;
```

where_condition 包含一个或多个谓词表达式，其结果为布尔类型的数据。若只有一个谓词表达式，则 where_condition 的结果与谓词表达式的结果一致。

多个谓词表达式之间可以使用逻辑运算符 OR、AND 连接。若使用 OR 运算符连接，则任意谓词表达式的结果为 TRUE，where_condition 为 TRUE；若使用 AND 运算符连接，则需要所有谓词表达式的结果均为 TRUE，where_condition 才能为 TRUE。

当且仅当一条数据经过 where_condition 的判断之后结果为 TRUE，该条数据才能保留至最终的查询结果中。

4.2.2 使用 WHERE 关键字添加常见查询条件

WHERE 关键字后的 where_condition 可以有多种形式，用于针对不同场景进行数据过滤。常见的条件查询方式共有 6 种，具体说明如下。

1. 使用关系运算符

在 WHERE 关键字后，可以使用关系运算符连接两个操作数。使用关系运算符的谓词表达式的语法如下。

```
左操作数 关系运算符 右操作数
```

常见的关系运算符及其说明如表 4-1 所示。

表 4-1 常见的关系运算符及其说明

关系运算符	含义
=	判断两个操作数是否相等，相等则返回 TRUE，否则返回 FALSE
<>	判断两个操作数是否不相等，不相等则返回 TRUE，否则返回 FALSE
!=	同“<>”，判断两个操作数是否不相等，不相等则返回 TRUE，否则返回 FALSE
<	判断左操作数是否小于右操作数，小于则返回 TRUE，否则返回 FALSE
<=	判断左操作数是否小于等于右操作数，小于等于则返回 TRUE，否则返回 FALSE
>	判断左操作数是否大于右操作数，大于则返回 TRUE，否则返回 FALSE
>=	判断左操作数是否大于等于右操作数，大于等于则返回 TRUE，否则返回 FALSE

在任务 4.1 的查询语句基础上，使用关系运算符对查询结果进行过滤，查询 phone_no 字段的值为 2032485 的用户数据，如代码 4-5 所示。

代码 4-5 使用关系运算符过滤数据

```
SELECT  phone_no, open_time
FROM  mediamatch_usermsg
WHERE phone_no = '2032485';
```

由于 phone_no 字段为 STRING 类型的数据，所以谓词表达式中的右操作数需要使用引号引起来。最终得到的查询结果中只有一条符合用户编号要求的数据，如图 4-2 所示。

```
hive> SELECT  phone_no, open_time
    > FROM  mediamatch_usermsg
    > WHERE phone_no = '2032485';
OK
2032485 2012-09-20 09:54:40
Time taken: 0.484 seconds, Fetched: 1 row(s)
```

图 4-2　使用关系运算符的查询结果

2. 使用 IN 关键字

IN 关键字用于判断指定字段的值是否在某个指定集合中，若指定字段的值在指定集合中，则谓词表达式的结果为 TRUE，否则为 FALSE。使用 IN 关键字的谓词表达式的语法如下。

```
字段名 [NOT] IN （元素 1,元素 2,…）
```

在语法中使用（元素 1,元素 2,...）指定集合中具体的元素值。NOT 为可选参数，若添加 NOT 则判断指定字段的值是否不在指定集合中，不在则返回 TRUE，否则返回 FALSE。

查询 mediamatch_usermsg 表中 phone_no 字段的值在 2116612、2017186、2017187、2082337、2212359、2212360 中的 phone_no、open_time 字段的内容，如代码 4-6 所示。

代码 4-6　含有 IN 关键字的查询语句

```
SELECT  phone_no, open_time
FROM  mediamatch_usermsg
WHERE phone_no IN ('2116612','2017186','2017187','2082337','2212359','2212360');
```

查询结果如图 4-3 所示，IN 关键字后的集合中共有 6 个元素，但最终查询结果中只有 4 条数据，因为 2017187、2212360 两个元素的值在表 mediamatch_usermsg 的 phone_no 字段中并不存在，所以没有查询到对应数据。

```
hive> SELECT  phone_no, open_time
    > FROM  mediamatch_usermsg
    > WHERE phone_no IN ('2116612','2017186','2017187','2082337','2212359','2212360');
OK
2017186 2010-08-04 14:08:29
2082337 2010-04-25 09:37:53
2116612 2010-04-25 10:06:44
2212359 2010-04-25 09:47:20
Time taken: 1.257 seconds, Fetched: 4 row(s)
```

图 4-3　使用 IN 关键字的查询结果

3. 使用 BETWEEN AND 关键字

BETWEEN AND 关键字用于判断某个字段的值是否在指定区间内，若在指定区间内则谓词表达式的结果为 TRUE，否则为 FALSE。BETWEEN AND 关键字的使用遵循如下语法。

```
字段名 [NOT] BETWEEN 值 1 AND 值 2
```

在语法中，值 1 表示区间的起始值，值 2 表示区间的结束值，并且 BETWEEN AND 指定的区间为闭区间，值 1 和值 2 均包含在区间中。一般需要值 1<值 2，否则会导致区间无效，查询不到任何数据。NOT 关键字为可选参数，若使用 NOT 关键字，当字段的值不在 BETWEEN AND 关键字指定的区间内时，谓词表达式的结果为 TRUE，否则为 FALSE。

查询 mediamatch_usermsg 表中 phone_no 字段的值在[2032485,2032500]区间内的 phone_no、open_time 字段的数据，如代码 4-7 所示。

代码 4-7　含有 BETWEEN AND 关键字的查询语句

```
SELECT  phone_no, open_time
FROM  mediamatch_usermsg
WHERE phone_no BETWEEN '2032485' and '2032500';
```

查询结果如图 4-4 所示，查询到了所有在区间内的与用户编号对应的数据。

```
hive> SELECT phone_no,open_time
    > FROM mediamatch_usermsg
    > WHERE phone_no BETWEEN '2032485' AND '2032500';
OK
2032485 2008-09-20 09:54:40
2032490 2008-10-08 15:47:14
2032500 2005-03-16 10:06:52
2032492 2004-12-13 13:07:16
2032487 2007-04-14 13:17:27
Time taken: 0.854 seconds, Fetched: 5 row(s)
```

图 4-4　使用 BETWEEN AND 关键字的查询结果

4. 使用 NULL 关键字

NULL 关键字用于判断某个字段的值是否为空值，若为空值则谓词表达式的结果为 TRUE，否则为 FALSE。

需要注意：空值是指字段没有值，空值与 0、空字符串等有本质区别。使用 NULL 关键字的语法如下。

```
字段名 IS [NOT] NULL
```

NOT 关键字为可选参数，用于判断字段的值是否不为空值，若不为空值则谓词表达式的结果为 TRUE，否则为 FALSE。

查找 mediamatch_usermsg 表中 phone_no 字段不为空值的 phone_no 字段的内容，如代码 4-8 所示。

代码 4-8　含有 NULL 关键字的查询语句

```
SELECT  phone_no
FROM  mediamatch_usermsg
WHERE phone_no IS NOT NULL;
```

查询结果如图 4-5 所示，phone_no 字段作为用户数据的一项重要标识，每条数据中都是有内容的，mediamatch_usermsg 表中共有 100000 条数据，查询结果中也有 100000 条数据。

```
2302163
2302697
2303051
2303319
2303904
2303913
2304221
2304741
2304864
Time taken: 0.147 seconds, Fetched: 100000 row(s)
```

图 4-5 使用 NULL 关键字的查询结果

5. 使用 LIKE 关键字

虽然使用关系运算符可以判断字段的取值与指定的匹配字符串是否相等，但是很多时候在查询字符串内容的过程中，需要引入模糊查询。例如，在 mediamatch_usermsg 表的 sm_name 字段的查询过程中，可以使用模糊查询匹配指定的匹配字符串中包含"宽频"的数据。

要想实现模糊查询，可以使用 LIKE 关键字与指定的匹配字符串进行匹配，数据若能够匹配成功则谓词表达式的结果为 TRUE，输出数据；否则谓词表达式的结果为 FALSE，不输出数据。使用 LIKE 关键字的语法如下。

```
字段名 [NOT] LIKE '匹配字符串'
```

NOT 关键字为可选参数，若使用 NOT 关键字，则未匹配到匹配字符串时，谓词表达式的结果为 TRUE，否则为 FALSE。

匹配字符串可以是普通的字符串，也可以是带通配符的字符串。匹配字符串中可以使用两种通配符，即"%"和"_"，其作用如下。

（1）"%"通配符

使用"%"通配符匹配的字符串可以是任意长度的，包括空字符串。例如，"%a%"可以匹配在字符串的任意位置包含字符"a"的字符串。

查询 mediamatch_usermsg 表中 sm_name 字段的值包含"宽频"的 phone_no、sm_name 字段的内容，如代码 4-9 所示。

代码 4-9 含有 LIKE 关键字的查询语句 1

```
SELECT  phone_no, sm_name
FROM  mediamatch_usermsg
WHERE sm_name LIKE '%宽频';
```

查询结果如图 4-6 所示，共查询到 6850 条数据，每条数据的 sm_name 字段的值均为"珠江宽频"，模糊匹配了查询条件中包含"宽频"的内容。

```
2294338 珠江宽频
2294700 珠江宽频
2294878 珠江宽频
2295118 珠江宽频
2295143 珠江宽频
2295149 珠江宽频
2295484 珠江宽频
2296042 珠江宽频
2296734 珠江宽频
2296756 珠江宽频
2296761 珠江宽频
2296785 珠江宽频
2301935 珠江宽频
2303904 珠江宽频
2303913 珠江宽频
2304221 珠江宽频
Time taken: 1.788 seconds, Fetched: 6850 row(s)
```

图 4-6　使用 LIKE 关键字的查询结果 1

（2）“_”通配符

“_”通配符与“%”通配符都用于匹配未知字符，区别在于“_”通配符只能匹配单个字符，可以将“_”通配符理解为占位符。例如，“H_VE”可以匹配到字符串“HIVE”，但无法匹配到“HIAVE”字符串。如果要匹配多个字符，那么需要使用相应个数的“_”通配符。在匹配多个连续字符的过程中，多个“_”通配符之间不能有空格。

查询 mediamatch_usermsg 表中 phone_no 字段的值以 296756 结尾、第一个字符未知的 phone_no、sm_name 字段的数据，如代码 4-10 所示。

代码 4-10　含有 LIKE 关键字的查询语句 2

```
SELECT  phone_no, sm_name
FROM  mediamatch_usermsg
WHERE phone_no LIKE '_296756';
```

查询结果如图 4-7 所示，查询到了 phone_no 的值为 2296756 的数据，“_”通配符匹配到了字符“2”。

```
hive> SELECT phone_no,sm_name
    > FROM mediamatch_usermsg
    > WHERE phone_no LIKE '_296756';
OK
2296756 珠江宽频
Time taken: 0.512 seconds, Fetched: 1 row(s)
```

图 4-7　使用 LIKE 关键字的查询结果 2

6. 使用 RLIKE 关键字

RLIKE 关键字与 LIKE 关键字有类似的使用场景，都用于进行模糊查询，但是 RLIKE 关键字不使用通配符进行匹配，而是使用正则表达式指定匹配条件。

若字段的值能够与正则表达式匹配成功，则谓词表达式的结果为 TRUE，否则为 FALSE。

正则表达式中，“.”表示匹配任意字符；“*”表示重复左侧的字符串0次到无数次；形如“(x|y)”的表达式表示能与x匹配或能与y匹配。使用RLIKE关键字进行模糊查询，查询办理的业务的品牌名称包含“珠江”或“甜果”的用户数据，如代码4-11所示。

代码4-11 含有RLIKE关键字的查询语句

```
SELECT  phone_no, sm_name
FROM  mediamatch_usermsg
WHERE sm_name RLIKE '.*(珠江|甜果).*';
```

通过在正则表达式中使用“(珠江|甜果)”，匹配字符串中包含“珠江”或“甜果”的数据，在“(珠江|甜果)”的前后添加“.*”，表示该部分前后两侧均有0个到多个字符，最终匹配到的是字符串在任意位置包含“珠江”或“甜果”的数据。查询结果如图4-8所示，符合条件的sm_name字段的值为“珠江宽频”和“甜果电视”。

```
2256915 珠江宽频
2293956 甜果电视
2128577 珠江宽频
2151221 珠江宽频
2239405 甜果电视
2201032 珠江宽频
2127623 珠江宽频
2237632 珠江宽频
2176875 珠江宽频
2188925 珠江宽频
2118937 甜果电视
```

图4-8 使用RLIKE关键字的查询结果

4.2.3 任务实现

根据任务要求，查询用户基本数据表中为“销户”状态的所有用户的用户编码、用户状态和开户时间，需要根据mediamatch_usermsg表进行查询，查询的字段为phone_no、run_name、open_time。

用户的“销户”状态分为“主动销户”及“被动销户”，为了查询所有“销户”状态的用户数据，需要对run_name字段进行模糊匹配，查询用户状态以“销户”结尾、起始字符内容未知的字符串的用户数据，如代码4-12所示。

代码4-12 查询用户状态为“销户”的用户基本数据

```
SELECT  phone_no, run_name,open_time
FROM  mediamatch_usermsg
WHERE run_name LIKE '%销户';
```

查询结果如图4-9所示，共查询到15325条数据。

```
2302163 主动销户        2011-08-09 14:12:23
2302697 主动销户        2011-12-11 10:07:28
2303051 主动销户        2012-08-27 09:08:54
2303904 被动销户        2007-08-19 00:00:00
2303913 主动销户        2006-06-17 00:00:00
2304221 主动销户        2009-08-18 16:10:23
2304741 被动销户        2011-12-26 16:40:45
2304864 主动销户        2011-06-20 15:58:31
Time taken: 0.3 seconds, Fetched: 15325 row(s)
```

图 4-9 “销户”状态用户数据的查询结果

任务 4.3 统计用户基本数据表中品牌名称的种类数

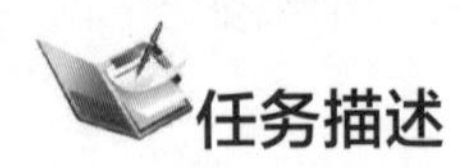

任务描述

为了了解数据字段中具体的数据的种类，经常需要过滤重复的数据。在 Hive 中使用 DISTINCT 关键字或聚合函数即可实现去重需求，DISTINCT 关键字用于直接执行去重操作，聚合函数用于对多行数据进行聚合计算。

本任务介绍 Hive 中的 DISTINCT 关键字及聚合函数，并使用聚合函数统计用户基本数据表中的品牌名称种类数。

4.3.1 使用 DISTINCT 关键字去重查询

在 SELECT 语句中的 SELECT 关键字后添加 DISTINCT 关键字，可以在查询数据过程中过滤重复的数据。使用 DISTINCT 关键字的语法如下。

```
SELECT [ALL | DISTINCT] select_expr, select_expr, ...
FROM table_reference
```

其中，[ALL|DISTINCT]为可选的，ALL 和 DISTINCT 不能同时使用，只能二选一。默认使用 ALL 关键字，ALL 代表查询数据过程中不进行重复数据的过滤。DISTINCT 关键字代表在查询数据过程中过滤重复数据。

DISTINCT 关键字可以作用于一个字段，代表只判断该字段的值是否重复，若重复则进行过滤。DISTINCT 也可以作用于多个字段，只有所有字段值都相同时才会进行过滤。

使用代码 4-13 所示的查询语句在查询过程中进行重复数据的过滤。

代码 4-13　含有 DISTINCT 关键字的查询语句

```
SELECT  DISTINCT run_name,owner_name
FROM  mediamatch_usermsg;
```

部分查询结果如图 4-10 所示，尽管 mediamatch_usermsg 表共包含 100000 条数据，且没有使用 WHERE 关键字添加查询条件，但是最终只查询到 29 条数据，所有重复的数据都被过滤掉了。DISTINCT 关键字后面有两个字段 run_name、owner_name，如果只有 run_name 字段的值相同，那么并不会被认定为重复数据，只有 run_name 字段以及 owner_name 字段的值均完全相同，才会被认定为重复数据。

```
欠费暂停	EA级
欠费暂停	EE级
欠费暂停	HB级
欠费暂停	HC级
正常	EA级
正常	EB级
正常	EE级
正常	HA级
正常	HB级
正常	HC级
被动销户	EE级
被动销户	HC级
销号	HC级
Time taken: 22.496 seconds, Fetched: 29 row(s)
```

图 4-10 使用 DISTINCT 关键字的查询结果

4.3.2 使用聚合函数

聚合函数是一类统计类函数，用于对指定字段的值进行统计操作。聚合函数可以像普通数据表字段一样，放在 SELECT 关键字后面，作为查询字段。Hive 中的聚合函数如表 4-2 所示。

表 4-2 Hive 中的聚合函数

函数	函数返回值类型	描述
COUNT(*) COUNT(expr) COUNT(DISTINCT expr[, expr...])	BIGINT	COUNT(*)：返回检索到的总行数，包括含有 NULL 值的行。 COUNT(expr)：返回所提供的表达式为非 NULL 值的行数。 COUNT(DISTINCT expr[, expr])：返回所提供的表达式过滤重复数据之后为非 NULL 值的行数。可以通过设置 hive.optimize.distinct.rewrite 进行优化
SUM(col) SUM(DISTINCT col)	DOUBLE	SUM(col)：返回指定字段中值的总和。 SUM(DISTINCT col)：返回指定字段中过滤重复数据之后值的总和
AVG(col) AVG(DISTINCT col)	DOUBLE	AVG(col)：返回指定字段中值的平均值。 AVG(DISTINCT col)：返回指定字段中过滤重复数据之后值的平均值
MIN(col)	DOUBLE	返回指定字段的最小值
MAX(col)	DOUBLE	返回指定字段的最大值
VARIANCE(col)，VAR_POP(col)	DOUBLE	返回指定字段的方差

续表

函数	函数返回值类型	描述
VAR_SAMP(col)	DOUBLE	返回指定字段的样本方差
STDDEV_POP(col)	DOUBLE	返回指定字段的标准差
STDDEV_SAMP(col)	DOUBLE	返回指定字段的样本标准差
COVAR_POP(col1, col2)	DOUBLE	返回指定字段的协方差
COVAR_SAMP(col1, col2)	DOUBLE	返回指定字段的样本协方差
CORR(col1, col2)	DOUBLE	返回两个指定字段的相关系数
PERCENTILE(BIGINT col, p)	DOUBLE	返回组中某一列的确切第 p 位百分位数，p 必须在 0 和 1 之间。该函数只能对整数起作用，如果输入是非整数，那么需要使用 PERCENTILE_APPROX 函数
PERCENTILE (BIGINT col, array(p_1[, p_2]...))	array<double>	返回组中某一列的确切百分位数 p_1,p_2,… p_i 必须在 0 和 1 之间。该函数只能对整数起作用。如果输入是非整数，那么需要使用 PERCENTILE_APPROX 函数
PERCENTILE_APPROX(DOUBLE col, p [, B])	DOUBLE	返回组中数字列（包括浮点数）的近似百分位数。B 参数用于控制以内存为代价的近似精度，B 值越大近似精度越高，默认值是 10000。当 col 中的不同值的数量小于 B 时，可以得到一个精确的百分位数
PERCENTILE_APPROX(DOUBLE col, array(p1[, p2]...) [, B])	array<double>	同上，但接受并返回一个百分位数的数组，而不是单一的数值
HISTOGRAM_NUMERIC(col, b)	array<struct {'x','y'}>	使用 b 个非均匀间隔的桶，绘制组中数值列的直方图。输出是一个大小为 b 的双精度浮点数值(x,y)坐标数组，代表桶中心和高度
COLLECT_SET(col)	array	返回一个消除了重复元素的对象集合
COLLECT_LIST(col)	array	返回一个有重复的对象的列表（从 Hive 0.13.0 开始支持）
NTILE(INTEGER x)	INTEGER	将一个有序的分区划分为 x 个组，称为桶，并为分区中的每一行分配一个桶的编号，使得计算四分位数、十分位数、百分位数和其他常见的汇总统计变得容易（从 Hive 0.11.0 开始支持）

其中 COUNT、AVG、SUM、MIN、MAX 等函数都是较为常见的聚合函数。使用 MIN 函数计算 mediamatch_usermsg 表中 phone_no 字段的最小值，如代码 4-14 所示。

代码 4-14　MIN 函数使用示例

```
SELECT MIN(phone_no)
FROM  mediamatch_usermsg;
```

得到如图 4-11 所示的结果，找到了最小的用户编号为“2000004”。

```
OK
2000004
Time taken: 3.985 seconds, Fetched: 1 row(s)
```

图 4-11　使用 MIN 函数的查询结果

4.3.3　任务实现

根据任务要求，需要统计用户基本数据表中的品牌名称种类数。统计个数需要使用 COUNT 函数实现，由于品牌名称的种类有限，所以各条数据中的品牌名称可能存在重复情况。在聚合函数中，可使用 DISTINCT 关键字对数据执行去重操作。

对 sm_name 字段的值去重，再使用 COUNT 函数进行品牌名称种类数的统计，如代码 4-15 所示。

代码 4-15　统计品牌名称种类数

```
SELECT COUNT(DISTINCT sm_name)
FROM  mediamatch_usermsg;
```

得到如图 4-12 所示的查询结果，根据查询结果可知 mediamatch_usermsg 表中共有 5 个种类的品牌。

```
OK
5
Time taken: 12.941 seconds, Fetched: 1 row(s)
```

图 4-12　品牌名称种类数的统计结果

任务 4.4　统计不同用户等级名称的记录数

任务描述

列别名是在 SELECT 语句的执行结果中为选择数据表中的列或通过表达式等新生成的列临时生成的名称。引入列别名能够极大地简化查询语句、优化查询结果。

本任务介绍 Hive 中的列别名，通过 SELECT 语句结合聚合函数 COUNT 统计不同用户等级名称的记录数，并为查询结果的 owner_name 字段设置别名“用户等级名称”，为聚合函数生成的设置列别名“记录数”。

4.4.1　设置列别名

设置列别名能够优化查询语句，让查询语句及查询结果有更好的可读性。首先需要了解列别名的使用场景，并且掌握设置列别名的语法。

因为 Hive CLI 的查询结果中默认不显示列名，为了更加方便地观察列别名的效果，需要在 Hive CLI 的查询结果中设置显示列名。

1. 列别名的使用场景

列别名可以根据查询过程的实际情况使用，通常有以下几个常见的列别名使用场景。

（1）原字段名为英文，为方便查看查询结果，可以在查询结果中使用中文列别名代替英文字段名。

（2）在查询结果中，通过使用原数据列进行计算产生新的列，可以使用列别名为新产生的列命名。

（3）在查询过程中，调用了聚合函数等内置函数进行数据查询，可以使用列别名为函数的运行结果命名。

（4）进行多表查询时，可能会出现不同表中存在相同列名的情况，为避免产生误解，应采用列别名进行区分。

由于语句的执行具有先后顺序，所以在查询语句中使用列别名有一些规则。在 WHERE、GROUP BY、HAVING 等关键字中不能使用列别名，但是进行排序操作时，则必须使用列别名，不能使用表达式。

2. 在 Hive 查询结果中显示列名

在 Hive CLI 中，使用 SELECT 语句得到的查询结果默认不进行列名的显示，可设置参数 hive.cli.print.header 开启列名显示，如代码 4-16 所示。

代码 4-16　设置查询结果开启列名显示

```
set hive.cli.print.header = true;
```

设置参数 hive.cli.print.header 的值为 true 后，查询结果中的列名将以“表名.字段名”的格式显示，如图 4-13 所示。

```
hive> SELECT * FROM mediamatch_usermsg LIMIT 1;
OK
mediamatch_usermsg.terminal_no  mediamatch_usermsg.phone_no     mediamatch_usermsg.sm_name      mediamatch_usermsg.run_name m
ediamatch_usermsg.sm_code       mediamatch_usermsg.owner_name   mediamatch_usermsg.owner_code   mediamatch_usermsg.run_time m
ediamatch_usermsg.addressoj     mediamatch_usermsg.open_time    mediamatch_usermsg.force
00182492        2279143 珠江宽频        主动销户        b0      HC级    00      2013-03-06 15:30:51     越秀区水荫四横路***号
房      2011-12-01 10:27:39     NULL
Time taken: 0.377 seconds, Fetched: 1 row(s)
```

图 4-13　查询结果

“表名.”前缀有可能造成列名冗长、可读性较差等问题，因此可以设置参数 hive.resultset.use.unique.column.names 的值为 false，使查询结果的列名中不显示表名，如代码 4-17 所示。

代码 4-17　设置查询结果的列名不显示表名

```
set hive.resultset.use.unique.column.names=false;
```

使用代码 4-16 及代码 4-17 所示的语句设置查询结果中列名的显示情况只在当前会话有效，再次登录后依然会使用默认设置显示查询结果。通过修改配置文件 hive-site.xml 中的内容可以使设置永久生效，hive-site.xml 文件修改内容如代码 4-18 所示。

代码 4-18 hive-site.xml 文件修改内容

```
<property>
        <name>hive.cli.print.header</name>
        <value>true</value>
</property>
<property>
      <name>hive.resultset.use.unique.column.names</name>
      <value>false</value>
</property>
```

3. 列别名的语法

列别名的语法如下。

```
SELECT column_name [AS] alias_name
FROM table_name;
```

其中 AS 关键字可省略。

关于列别名的语法，有以下两个方面需要注意。

（1）不能使用关键字作为列别名，否则会产生语法错误。

（2）可以使用中文设置列别名，但是中文需要使用反单引号（`）引起来。

根据用户基本数据表查询 sm_name 字段，并给字段设置别名“品牌名称”，如代码 4-19 所示。

代码 4-19 使用中文作为列别名

```
SELECT sm_name `品牌名称` FROM mediamatch_usermsg LIMIT 1;
```

查询结果如图 4-14 所示。

```
hive> SELECT sm_name `品牌名称` FROM mediamatch_usermsg LIMIT 1;
OK
品牌名称
珠江宽频
Time taken: 1.238 seconds, Fetched: 1 row(s)
```

图 4-14 使用中文作为列别名的查询结果

4.4.2 任务实现

根据任务要求，需要使用 SELECT 语句结合聚合函数 COUNT 查询不同用户等级名称的数据的记录数。在查询结果中，使用“用户等级名称”作为 owner_name 字段的列别名，使用“记录数”作为聚合函数 COUNT 执行结果的列别名。

查询不同用户等级名称的数据的记录数，首先使用 GROUP BY 关键字根据 owner_name 字段进行分组，再使用 COUNT 函数统计每个分组中的数据的记录数，其中 GROUP BY 关键字将在 4.5.1 小节详细介绍。为在最终查询结果中输出满足要求的列别名，在 owner_name 字段名及 COUNT(*)表达式后需要添加列别名的定义，如代码 4-20 所示。

代码 4-20　统计不同用户等级名称的记录数

```
SELECT owner_name `用户等级名称`, COUNT(*) AS `记录数`
FROM mediamatch_usermsg
GROUP BY owner_name;
```

在两个列别名的设置过程中，COUNT(*)使用了 AS 关键字，而 owner_name 省略了 AS 关键字，直接添加列别名。

最终结果共两列，如图 4-15 所示。查询结果中的列名为列别名“用户等级名称”及“记录数”，第一列为按照用户等级进行分组后得到的各类用户等级名称；第二列为每个分组记录数的统计结果。在查询过程中引入列别名，可以让查询结果的可读性更好。

```
OK
用户等级名称	记录数
EA级	98
EB级	140
EE级	6130
HA级	111
HB级	55
HC级	93465
HE级	1
Time taken: 54.019 seconds, Fetched: 7 row(s)
```

图 4-15　查询结果

任务 4.5　统计不同用户状态的记录数

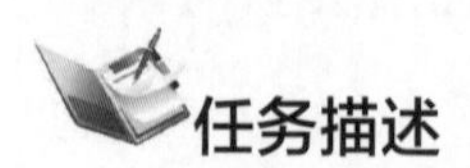

任务描述

在进行数据查询的过程中，可以对数据分类别进行统计。例如，将用户基础数据表中的数据按照所使用的品牌名称进行分组，对每组数据分别进行统计，以便于对数据进行分组统计分析。

本任务介绍 Hive 中的 GROUP BY 关键字，并根据用户状态进行分组查询，统计不同用户状态的记录数。

4.5.1 使用 GROUP BY 关键字分组查询

在 Hive 中使用 GROUP BY 关键字可以实现数据的分组查询，使用 GROUP BY 关键字的语法如下。

```
SELECT select_expr, select_expr, ...
FROM table_reference
GROUP BY col1, col2,…;
```

GROUP BY 接续的部分是作为分组依据的字段名列表，GROUP BY 与 DISTINCT 的作用机制类似，即若只有一个字段，则仅根据该字段的值进行分组，若有多个字段，则所有字段值均相同的作为一组。

不能在查询语句的 SELECT 关键字后使用 GROUP BY 引用字段以外的内容，如代码 4-21 所示。

代码 4-21 GROUP BY 关键字的错误使用

```
SELECT phone_no, run_name, sm_name
FROM  mediamatch_usermsg
GROUP BY run_name, sm_name;
```

运行代码 4-21 所示的语句会出现报错信息，原因是 SELECT 关键字后使用的字段名 phone_no 在 GROUP BY 指定的分组依据中不存在，报错信息如图 4-16 所示。

```
hive> SELECT phone_no,run_name,sm_name
    > FROM mediamatch_usermsg
    > GROUP BY run_name,sm_name;
FAILED: SemanticException [Error 10025]: Line 1:7 Expression not in GROUP BY key 'phone_no'
```

图 4-16 GROUP BY 关键字错误使用的报错信息

这是因为 Hive 要求 SELECT 关键字后的 select_expr 只能是 GROUP BY 使用的字段名组成的表达式或聚合函数，否则会出现语法错误。因此，删除 SELECT 关键字后的 phone_no 字段名即可解决图 4-16 所示的报错问题，如代码 4-22 所示。

代码 4-22 GROUP BY 关键字的使用示例 1

```
SELECT run_name, sm_name
FROM  mediamatch_usermsg
GROUP BY run_name, sm_name;
```

查询结果如图 4-17 所示，共查询到 30 条数据。

通过 GROUP BY 关键字查询到的结果与通过 DISTINCT 关键字查询到的结果是一样的。但是这两个关键字的作用是完全不同的，DISTINCT 关键字仅有去除重复数据的作用，GROUP BY 关键字的作用是对所有数据进行分组，再将每个分组的一条数据保留在最终的查询结果中。使用 GROUP BY 关键字执行分组后还可以结合聚合函数进行统计分析，但是使用 DISTINCT 关键字后则无法执行进一步的统计分析。

```
冲正	模拟有线电视
创建	模拟有线电视
欠费暂停		模拟有线电视
正常	模拟有线电视
被动销户		模拟有线电视
主动暂停		珠江宽频
主动销户		珠江宽频
冲正	珠江宽频
创建	珠江宽频
欠费暂停		珠江宽频
正常	珠江宽频
被动销户		珠江宽频
销号	珠江宽频
主动暂停		甜果电视
主动销户		甜果电视
欠费暂停		甜果电视
正常	甜果电视
Time taken: 2.455 seconds, Fetched: 30 row(s)
```

图 4-17　使用 GROUP BY 关键字的查询结果 1

使用 GROUP BY 根据 run_name 和 sm_name 进行分组，再使用 COUNT 函数统计用户编号 phone_no 的个数，如代码 4-23 所示。

代码 4-23　GROUP BY 关键字的使用示例 2

```
SELECT COUNT(phone_no), run_name, sm_name
FROM mediamatch_usermsg
GROUP BY run_name, sm_name;
```

得到的查询结果如图 4-18 所示，查询结果依然为 30 条数据，但是每条数据的第一个字段都通过 COUNT 函数得出了对应分组的数据个数。

```
661	欠费暂停		模拟有线电视
33620	正常	模拟有线电视
1383	被动销户		模拟有线电视
151	主动暂停		珠江宽频
934	主动销户		珠江宽频
33	冲正	珠江宽频
2	创建	珠江宽频
3255	欠费暂停		珠江宽频
2448	正常	珠江宽频
25	被动销户		珠江宽频
2	销号	珠江宽频
7	主动暂停		甜果电视
79	主动销户		甜果电视
100	欠费暂停		甜果电视
5041	正常	甜果电视
Time taken: 2.838 seconds, Fetched: 30 row(s)
```

图 4-18　使用 GROUP BY 关键字的查询结果 2

4.5.2 任务实现

根据任务需求，需要依据用户状态进行分组查询，统计不同用户状态用户的记录数。使用 run_name 字段作为依据对 mediamatch_usermsg 表中的数据进行分组，然后使用 COUNT 函数统计每种用户状态的记录数，如代码 4-24 所示。

代码 4-24 统计不同用户状态的记录数

```
SELECT COUNT(*), run_name
FROM mediamatch_usermsg
GROUP BY run_name;
```

统计结果如图 4-19 所示，共有 8 种用户状态，同时统计结果的第一列中的是使用 COUNT 函数统计出的每种用户状态的记录数。

```
OK
15847	主动暂停
13879	主动销户
67	冲正
30	创建
9239	欠费暂停
59490	正常
1446	被动销户
2	销号
Time taken: 13.38 seconds, Fetched: 8 row(s)
```

图 4-19 不同用户状态的记录数统计结果

任务 4.6 统计指定用户数量范围的用户等级

任务描述

4.5.1 小节介绍了分组查询的关键字 GROUP BY，并查询了每种用户状态的记录数。如果需要在查询过程中进一步进行数据筛选，如查询出哪种用户状态的记录数多于 10000，对记录数较多的用户等级的用户进行具有针对性的推广活动，那么在这种场景下，需要在分组查询中进一步引入 HAVING 关键字进行数据过滤。

本任务介绍 Hive 中的 HAVING 关键字，并统计指定用户数量范围的用户等级，要求结果中只保留用户数大于 200 的用户等级。

4.6.1 使用 HAVING 关键字对分组结果进行筛选

任务 4.2 介绍了如何在 SELECT 语句中添加 WHERE 关键字对查询结果进行过滤，只保留符合条件的数据。但是 WHERE 关键字里不允许出现聚合函数，如果需要对聚合函数的执行结果进行筛选，那么需要引入一个新的关键字，即 HAVING。

对于任务 4.5 中用户状态的记录数的数量的查询语句，可以添加 HAVING 关键字对 COUNT 函数的执行结果进行筛选，如代码 4-25 所示。

代码 4-25　含有 HAVING 关键字的查询语句

```
SELECT COUNT(*), run_name
FROM mediamatch_usermsg
GROUP BY run_name
HAVING COUNT(*) > 10000;
```

执行代码 4-25 后得到如图 4-20 所示的结果。在任务 4.5 中一共查询到 8 种用户状态，经过 HAVING 关键字的筛选，只保留了用户数大于 10000 的用户状态，所以共得到 3 个种类。

```
OK
15847	主动暂停
13879	主动销户
59490	正常
Time taken: 12.854 seconds, Fetched: 3 row(s)
```

图 4-20　使用 HAVING 关键字的查询结果

4.6.2　任务实现

根据任务要求，需要统计不同用户等级的用户数，且结果中只保留用户数大于 200 的用户等级。首先需要将数据表 mediamatch_usermsg 中的数据按照用户等级名称 owner_name 字段进行分组，然后对分组后的数据使用 COUNT 函数进行计数统计。为了最终结果能够满足任务要求，还需要使用 HAVING 关键字对 COUNT 函数的执行结果进行筛选，只保留用户数大于 200 的用户等级，如代码 4-26 所示。

代码 4-26　统计用户数大于 200 的用户等级

```
SELECT COUNT(*), owner_name
FROM mediamatch_usermsg
GROUP BY owner_name
HAVING COUNT(*) > 200;
```

执行代码 4-26 后，最终得到如图 4-21 所示的结果，只从所有的用户等级中筛选出两个用户数大于 200 的用户等级。

```
OK
6130	EE级
93465	HC级
Time taken: 24.411 seconds, Fetched: 2 row(s)
```

图 4-21　用户数大于 200 的用户等级统计结果

任务 4.7 统计用户数最多的 3 种用户状态

任务描述

在查询数据过程中，对数据按照某个字段的值进行排序，可以对数据有更深入的了解。Hive 能够使用 ORDER BY 关键字对数据进行排序，也能够根据自身的特性引入 SORT BY、DISTRIBUTE BY、CLUSTER BY 等排序关键字。

本任务介绍在 Hive 中如何对查询结果进行排序，并根据用户基本数据表统计出用户数最多的 3 种用户状态。

4.7.1 使用 LIMIT 关键字设置查询结果展示

在默认情况下，使用查询语句查询到的数据将会逐条展示。在大数据的使用场景中，查询结果可能会包含数十万，甚至上百万、上千万条数据。为了精准地观察数据，在一些情况下只需要展示部分查询结果，或分页展示查询结果即可。在 Hive 中可使用 LIMIT 关键字对查询结果的展示进行设置。

使用 LIMIT 关键字可以实现分页查询，设置查询结果从哪一条数据开始，并限制每次查询返回的数据条数。使用 LIMIT 关键字的语法如下。

```
SELECT select_expr, select_expr, ...
FROM table_reference
LIMIT [OFFSET,] NUMBERS;
```

在语法中，LIMIT 关键字后面共有两个参数：OFFSET 和 NUMBERS。OFFSET 表示偏移量，代表查询结果从哪条数据开始，OFFSET 的初始值为 0，代表第 1 条数据，所以每次查询都是从第(OFFSET+1)条数据开始的，假设设置 OFFSET 的值为 10，那么查询数据时将从第 11 条数据开始并输出到查询结果中。OFFSET 为可选参数，若不指定，则默认为 0。NUMBERS 表示执行查询语句后返回的数据条数。

mediamatch_usermsg 表中共有 100000 条数据，使用如代码 4-27 所示的查询语句，在本次查询中只返回两条数据。

代码 4-27 LIMIT 关键字的使用示例

```
SELECT *
FROM  mediamatch_usermsg
LIMIT 2;
```

查询结果如图 4-22 所示，省略了 OFFSET 参数，因此默认从第 1 条数据开始查询。

```
hive> SELECT *
    > FROM  mediamatch_usermsg
    > LIMIT 2;
OK
00182492        2279143 珠江宽频        主动销户        b0      HC级    00   2
013-03-06 15:30:51      越秀区水荫四横路***号房 2011-12-01 10:27:39     NULL
00860882        2134824 数字电视        主动销户        d1      HC级    00   2
015-03-17 10:57:54      越秀区明月一路**号***   2012-01-10 10:39:39     NULL
Time taken: 0.362 seconds, Fetched: 2 row(s)
```

图 4-22 使用 LIMIT 关键字的查询结果

如果需要继续查询后续数据，那么可通过设置 OFFSET 的值为 2，从第 3 条数据开始继续向下查询，如代码 4-28 所示。

代码 4-28 查询 mediamatch_usermsg 表中从第 3 条数据开始的两条数据

```
SELECT *
FROM  mediamatch_usermsg
LIMIT 2,2;
```

查询结果如图 4-23 所示，从第 3 条数据开始查询，共查询到两条数据。

```
hive> SELECT *
    > FROM  mediamatch_usermsg
    > LIMIT 2,2;
OK
02937868        2017186 珠江宽频        主动销户        b0      HC级    00   2
013-09-29 18:12:46      越秀区环市东路***号房   2010-08-04 14:08:29     NULL
02937868        2024390 珠江宽频        主动销户        b0      HC级    00   2
013-09-29 16:57:27      越秀区环市东路***号房   2010-04-25 09:52:03     NULL
Time taken: 0.379 seconds, Fetched: 2 row(s)
```

图 4-23 mediamatch_usermsg 表中从第 3 条数据开始的两条数据

4.7.2 使用排序关键字对查询结果排序

Hive 共有 4 个与排序相关的关键字，即 ORDER BY、SORT BY、DISTRIBUTE BY 和 CLUSTER BY，它们都可以用于对查询结果进行排序，但是 4 个关键字的适用场景不同。Hive 的排序关键字如表 4-3 所示。

表 4-3 Hive 的排序关键字

关键字	描述
ORDER BY	对所有数据根据指定排序字段进行排序
SORT BY	只针对分发到一个 Reducer 中的数据进行局部排序
DISTRIBUTE BY	控制 Mapper 的输出如何分发到 Reducer 中，不用于排序，一般与 SORT BY 结合使用
CLUSTER BY	将排序字段值相同的记录分发到一个 Reducer 中，然后针对一个 Reducer 数据进行局部排序，只能进行升序排列

1. ORDER BY 关键字

Hive 的 ORDER BY 关键字和 SQL 的 ORDER BY 关键字类似，都用于对查询到的所有数据根据某个排序字段进行排序。使用 ORDER BY 关键字的语法如下。

```
SELECT select_expr, select_expr, ...
FROM table_reference
ORDER BY col1[ASC|DESC], col2[ASC|DESC],…;
```

在使用 ORDER BY 关键字的语法中，指定 col1、col2 等字段对查询结果进行排序。若根据多个字段进行排序，则先根据第一个字段进行排序，若第一个字段值相同，则再根据第二个字段进行排序，以此类推。

每个排序字段名后都可以使用 ASC 参数或 DESC 参数，ASC 代表升序排列，DESC 代表降序排列。排序参数若省略，则默认使用 ASC 参数进行升序排列。

在 Hive 中使用 ORDER BY 关键字可以实现全局排序，将所有数据都放到一个 Reducer 里进行处理。对于大规模数据集，这个过程可能会导致执行时间过长。若将属性 hive.mapred.mode 的值设置为 strict，则 Hive 要求 ORDER BY 关键字后必须使用 LIMIT 关键字限制查询数据的条数，默认情况下该属性的值为 nonstrict。

2. SORT BY 关键字

在 Hive 中使用 SORT BY 关键字的语法与使用 ORDER BY 关键字的语法的区别仅在于关键字不同，其他内容完全一致。

虽然 SORT BY 关键字与 ORDER BY 关键字的使用方法一致，但是两者在执行结果上不同。使用 SORT BY 关键字进行排序不同于使用 ORDER BY 关键字进行全局排序，SORT BY 只会针对分发到一个 Reducer 中的数据进行局部排序，因此当在排序过程中使用多个 Reducer 时，则最终输出的查询结果只是局部有序的，整体数据并不是有序的。

3. DISTRIBUTE BY 关键字

在 Hive 中可以使用 DISTRIBUTE BY 关键字控制 Mapper 的输出如何分发到 Reducer 中。

DISTRIBUTE BY 关键字不具备排序的作用，仅用于进行数据分发的控制。例如，使用 DISTRIBUTE BY 关键字将 6 条数据分发到两个 Reducer 中，如表 4-4 所示。

表 4-4 使用 DISTRIBUTE BY 关键字将 6 条数据分发到两个 Reducer 中

示例数据	Reducer1 得到的数据	Reducer2 得到的数据
a1 a2 a6 a2 a1 a3	a1 a6 a1	a2 a2 a3

在使用 DISTRIBUTE BY 关键字控制分发的过程中，具有相同哈希值的记录被分发到同一个 Reducer 中。在这个基础上，可以继续使用 SORT BY 关键字对 Reducer 中的数据进行排序，这种情况下的局部排序更有意义，所以 DISTRIBUTE BY 关键字与 SORT BY 关键字经常结合使用。

需要注意的是，根据 Hive 的语法要求，DISTRIBUTE BY 关键字需要写在 SORT BY 关键字之前。

4. CLUSTER BY 关键字

CLUSTER BY 关键字是 Hive 独有的，MySQL 等关系数据库并没有这个关键字。SORT BY 关键字可以用于对 Reducer 中的数据进行局部排序，同时可以添加 DISTRIBUTE BY 关键字将相同值的行分发到一个 Reducer 中。如果 DISTRIBUTE BY 关键字和 SORT BY 关键字使用的列完全相同，并且在排序过程中是升序排列，那么在这种情况下可以引入 CLUSTER BY 关键字。

CLUSTER BY 关键字等价于 DISTRIBUTE BY 关键字和 SORT BY 关键字结合，相当于一种简写方法。使用 DISTRIBUTE BY 关键字与 SORT BY 关键字来查询使用“甜果电视”品牌的用户编号及用户状态，并根据用户状态进行排序，如代码 4-29 所示。

代码 4-29　使用 DISTRIBUTE BY 关键字与 SORT BY 关键字的使用示例

```
SELECT phone_no,run_name FROM  mediamatch_usermsg
WHERE sm_name='甜果电视'
DISTRIBUTE BY run_name
SORT BY run_name;
```

执行代码 4-29 后得到的部分结果如图 4-24 所示。

```
2289512 主动暂停
2154210 主动暂停
2289027 主动暂停
2082431 主动暂停
2275474 主动暂停
2183670 主动销户
2233699 主动销户
2211541 主动销户
2064258 主动销户
2149016 主动销户
2274125 主动销户
2022004 主动销户
```

图 4-24　使用 DISTRIBUTE BY 关键字与 SORT BY 关键字的查询结果

也可使用 CLUSTER BY 关键字得到相同的结果，如代码 4-30 所示。

代码 4-30　CLUSTER BY 关键字的使用示例

```
SELECT phone_no,run_name FROM  mediamatch_usermsg
```

```
WHERE sm_name='甜果电视'
CLUSTER BY run_name;
```

执行代码 4-30 后得到的部分结果如图 4-25 所示，与图 4-24 所示的结果完全一致。

```
2289512 主动暂停
2154210 主动暂停
2289027 主动暂停
2082431 主动暂停
2275474 主动暂停
2183670 主动销户
2233699 主动销户
2211541 主动销户
2064258 主动销户
2149016 主动销户
2274125 主动销户
2022004 主动销户
```

图 4-25 使用 CLUSTER BY 关键字的查询结果

4.7.3 任务实现

根据任务要求，需要根据用户基本数据表统计出用户人数最多的 3 种用户状态。任务 4.5 已经使用 run_name 字段作为依据对 mediamatch_usermsg 表中的数据进行了分组，并使用 COUNT 函数统计了每种用户状态的记录数。在任务 4.5 的基础上，本节将进一步使用 ORDER BY 关键字对查询结果进行排序，最后使用 LIMIT 关键字对最终查询数据的条数进行限制，输出用户数最多的 3 种用户状态，如代码 4-31 所示。

代码 4-31 统计用户数最多的 3 种用户状态

```
SELECT COUNT(*) as nums, run_name
FROM  mediamatch_usermsg
GROUP BY run_name
ORDER BY nums DESC
LIMIT 3;
```

Hive 不支持在 ORDER BY 关键字后直接使用 COUNT 函数进行排序，因为 ORDER BY COUNT(*)的写法会导致语法错误。因此在代码 4-31 中为 COUNT 函数设置列别名 nums，在 ORDER BY 关键字后使用 nums 作为排序依据。

查询结果如图 4-26 所示，查询到了用户数最多的 3 个用户状态，以及每个用户状态的用户数。

```
OK
59490     正常
15847     主动暂停
13879     主动销户
```

图 4-26 用户数最多的 3 种用户状态查询结果

任务 4.8 查询用户发生状态变更的时间及开户时间

任务描述

Hive 对正则表达式有很好的支持，4.2.2 小节已经介绍了如何在 WHERE 关键字中通过正则表达式实现模糊查询。在 SELECT 语句部分也可以引入正则表达式，模糊匹配查询字段的名称，以精简查询语句。

本任务介绍 Hive 中的正则表达式，并使用正则表达式在用户基本数据表中查询用户发生状态变更的时间以及开户时间。

4.8.1 使用正则表达式查询数据

正则表达式是一种文本模式，用于表达对字符串的一种过滤逻辑，描述在搜索文本过程中所匹配的一个或多个字符串。正则表达式是由大小写字母、数字和元字符组成的，其中元字符具有特殊的含义。常用的元字符如表 4-5 所示。

表 4-5 常用的元字符

元字符	描述
*	匹配前面的表达式任意次，包括 0 次
+	匹配前面的表达式 1 次或多次
?	匹配前面的表达式 0 次或 1 次
.	匹配除“\n”和“\r”之外的任意字符
a|b	匹配表达式 a 或者表达式 b
[abc]	字符集合，匹配 a、b、c 中的任意一个字符
[^abc]	匹配除 a、b、c 之外的任意一个字符
[a-z]	字符范围，匹配指定范围内的任意字符
[^a-z]	匹配任何不在指定范围内的任意字符

在 Hive 查询语句中可以使用正则表达式选择要指定的列，正则表达式需要使用引号引起来。在 HQL 语句中，单引号“'”和使用反单引号“`”是有一定区别的。若在 SELECT 语句中使用单引号将正则表达式引起来，则会将正则表达式识别为普通字符串。例如，代码 4-32 所示的查询语句的预期执行结果包含所有查询字段名以“phone”开头的字段的内容。

代码 4-32 使用单引号引用列名

```
SELECT 'phone.*'
FROM mediamatch_usermsg;
```

最终得到的查询结果如图 4-27 所示，并未按照正则表达式匹配到对应字段名的所有字段，而是输出字符串“phone.*”。

```
phone.*
phone.*
phone.*
phone.*
Time taken: 5.45 seconds, Fetched: 100000 row(s)
```

图 4-27 使用单引号的查询结果

在 Hive 中使用正则表达式需要用反单引号“`”，并且需要使用代码 4-33 所示的语句将 hive.support.quoted.identifiers 属性的值设置为 none，即反单引号不具有任何含义。

代码 4-33 设置 hive.support.quoted.identifiers 属性的值

```
set hive.support.quoted.identifiers = none;
```

完成属性设置后，使用代码 4-34 所示的语句用正则表达式模糊匹配字段名。

代码 4-34 使用正则表达式模糊匹配字段名

```
SELECT `phone.*`
FROM mediamatch_usermsg;
```

得到的查询结果如图 4-28 所示，通过正则表达式“phone.*”模糊匹配到了字段名为 phone_no 的字段，因此查询结果中显示的为 phone_no 的字段值。

```
2303913
2304221
2304741
2304864
Time taken: 1.273 seconds, Fetched: 100000 row(s)
```

图 4-28 使用反单引号的查询结果

4.8.2 任务实现

根据任务要求，需要在用户基本数据表中统计用户发生状态变更的时间以及开户时间，即查询 mediamatch_userevent 表的 run_time 和 open_time 两个字段的数据。通过观察字段名可以发现，这两个字段的字段名均以“_time”结尾，故可以使用正则表达式进行字段名的模糊匹配，如代码 4-35 所示。

代码 4-35 查询用户发生状态变更的时间以及开户时间

```
SELECT `.*_time`
FROM mediamatch_userevent;
```

查询结果如图 4-29 所示，尽管 SELECT 关键字后只有一个正则表达式，但是通过正则表达式匹配到了两个字段，因此最终的查询结果中也包含两个字段值。

```
2011-01-16 15:33:52     2011-01-18 15:36:27
2011-06-09 15:25:14     2011-06-09 15:23:49
2006-11-04 00:00:00     2006-11-04 00:00:00
2012-12-30 11:20:10     2012-05-28 14:31:03
2018-03-03 12:31:09     2012-06-04 16:55:56
2011-05-06 14:14:48     2011-05-06 14:14:25
Time taken: 0.378 seconds, Fetched: 3000 row(s)
```

图 4-29　用户发生状态变更的时间以及开户时间的查询结果

小结

本章介绍了 SELECT 语句的语法，对 SELECT 语句中的各个关键字的使用方法进行了详细介绍。在使用 SELECT 语句查询的过程中，可以添加 WHERE 关键字对查询结果添加条件表达式，对查询数据进行过滤；可以使用 LIMIT 关键字控制最终查询结果的数据条数；可以使用 GROUP BY 关键字对数据进行分组，再对每组数据使用聚合函数进行统计分析；可以使用 ORDER BY、SORT BY、DISTRIBUTE BY、CLUSTER BY 关键字实现对查询结果进行相应的排序。Hive 作为数据仓库，其最大的功能是能够进行数据的查询分析操作，因此 SELECT 语句是 Hive 非常重要的部分。为能熟练掌握 SELECT 语句，需要在实际操作过程中多进行编码练习，培养数据思维能力。

实训　查询电商货品订单数据

1. 实训要点

（1）掌握 Hive 中 SELECT 语句的基本语法。

（2）掌握 SELECT 语句在不同查询场景中的使用方法。

2. 需求说明

为构建优质高效的服务业新体系，电商公司会对每个订单的货品数据进行记录。通过对货品数据进行分析可以了解货品的销售情况，可以针对这部分数据的分析结果得到一定的客户营销策略支持。现有某电商公司的订单数据，需要对该部分数据进行分析。首先将数据存储到 Hive 数据仓库中，存储数据的 orders 表的结构如表 4-6 所示。

表 4-6　存储数据的 orders 表的结构

字段名称	数据类型	字段内容说明
OrderNo	STRING	订单编号
ItemNo	STRING	货品编号，编号前 3 位代表货品类别
Quantity	INT	货品数量

orders 表中的示例数据如表 4-7 所示。示例数据中共包含两个订单，即 D0019 和 D0020 的数据，其中 D0019 订单购买了两件货品，编号分别为 P0572 和 P0574，两件货品的数量均为 1，货品的类别均为 P05。D0020 订单购买了 8 件货品，编号分别为 P0035、P0235、P0516、P0810、P1571、P1825、P1858 和 P1940，8 件货品的数量分别为：12、24、8、24、6、20、24、1，货品的类别分别为 P00、P02、P05、P08、P15、P18、P18、P19。

表 4-7 orders 表中的示例数据

OrderNo	ItemNo	Quantity
D0019	P0572	1
D0019	P0574	1
D0020	P0035	12
D0020	P0235	24
D0020	P0516	8
D0020	P0810	24
D0020	P1571	6
D0020	P1825	20
D0020	P1858	24
D0020	P1940	1

为了解货品的销售情况，基于 orders 表中的数据，使用 Hive 实现如下查询操作。

（1）请查询所有订单的编号及货品编号数据。

（2）请查询所有下单过程，订单中含有货品数量大于 40 的货品的订单编号、货品编号及货品数量。

（3）请查询订单中含有货品类别为 P06 的订单编号及具体货品编号。

（4）请统计每种货品的销售数量，并展示销售数量排名前 10 的货品。

3. 实现思路及步骤

（1）根据 orders.csv 数据文件分析 orders 表中使用的分隔符情况，然后使用指定的字段名及数据类型创建数据表。

（2）将需求说明中提供的数据导入数据表 orders 中。

（3）根据查询需求，针对表 orders 使用 SELECT 语句对指定字段 OrderNo、ItemNo 进行查询。

（4）使用 SELECT 语句结合 WHERE 关键字，查询过滤条件为 Quantity 字段的值大于 40，需要查询的字段为 orders 表中的所有字段，可以使用“*”通配符。

（5）使用 LIKE 关键字模糊匹配 ItemNo 字段，匹配以“P06”作为开头的数据。用 SELECT 语句查询的字段为订单编号 OrderNo 及货品编号 ItemNo。

（6）首先按照货品编号 ItemNo 字段进行分组，对每个分组后的结果使用 SUM 函数统计 Quantity 字段，并为聚合函数的执行结果指定一个列别名，例如 quantity。查询之后使用 ORDER BY 关键字针对 quantity 列别名字段进行降序排列，最后使用 LIMIT 关键字展示排序后的前 10 条数据。

课后习题

1. 选择题

（1）下列说法中错误的是（　　）。

A. 通过设置“hive.cli.print.header”属性的值为 true，可以在查询结果中显示列名

B. 设置“hive.resultset.use.uinque.column.name”属性的值为 true，则查询结果中显示的列名前面会带着表名

C. 通过“set hive.cli.print.header=true;”语句设置之后，退出并再次登录 Hive，仍然会在查询结果中显示列名

D. “set hive.support.quoted.identifiers=none;”代表引号不具有任何意义，可以在 SELECT 语句中使用正则表达式指定列

（2）在 SELECT 语句中，可以出现在 SELECT 关键字之后的内容不包括（　　）。

A. 字段名　　B. 聚合函数　　C. 表名　　D. 算术表达式

（3）如果设置属性值的代码如下，那么下列语句中能够正确使用正则表达式指定列的是（　　）。

```
set hive.support.quoted.identifiers=none;
```

A. SELECT name,sa.* FROM employees;

B. SELECT name,'sa.*' FROM employees;

C. SELECT name,`sa.*` FROM employees;

D. SELECT name,"sa.*" FROM employees;

（4）可以放在 LIKE 关键字后面的内容不包括（　　）。

A. 包含“%”通配符的匹配字符串

B. 正则表达式

C. 包含“_”通配符的匹配字符串

D. 普通字符串

（5）下列无法实现降序排列的关键字是（　　）。

A. ORDER BY

B. SORT BY

C. DISTRIBUTE BY 和 SORT BY

D. CLUSTER BY

（6）可以放在 WHERE 关键字之后的内容是（　　）。

A. COUNT 函数

B. AVG 函数

C. LIKE 关键字

D. SUM 函数

（7）下列关于 DISTINCT 关键字的描述错误的是（　　）。

A. 可以在聚合函数中使用 DISTINCT 关键字，先进行数据去重，再执行聚合函数

B. DISTINCT 关键字用于过滤重复数据

C. DISTINCT 关键字与 GROUP BY 关键字具有相同的功能

D. DISTINCT 关键字可以作用于多个字段

2. 操作题

请基于广电用户数据满足以下查询需求。

（1）请统计使用“互动电视”及“数字电视”两个品牌的用户中，各类用户等级的用户数量，同时统计每类用户等级中用户开户的最早时间。

（2）为对销户用户的情况进行摸底排查，请查询用户状态为“主动销户”的用户编号、开户时间、用户等级名称 3 个数据，对最终查询结果按照开户时间进行升序排列，若开户时间相同则按照用户编号进行升序排列。为保证数据分析效率，不需要在查询结果中一次性展示所有数据，只需要展示查询结果中的前 100 条数据。

第5章 广电用户账单与订单数据查询进阶

学习目标

（1）了解常见的 Hive 内置函数。

（2）掌握条件函数、字符函数、日期函数及数学函数的使用方法。

（3）掌握各类 JOIN 语句的使用方法。

（4）掌握 JOIN 语句与 UNION ALL 关键字的区别。

（5）掌握桶表中抽样查询的使用方法。

素养目标

（1）通过使用各类函数完成数据处理，培养精益求精的工匠精神。

（2）通过学习桶表抽样查询部分数据，培养见微知著的职业素养。

（3）通过学习连接多表查询数据，培养共同协调、合作的职业素养。

思维导图

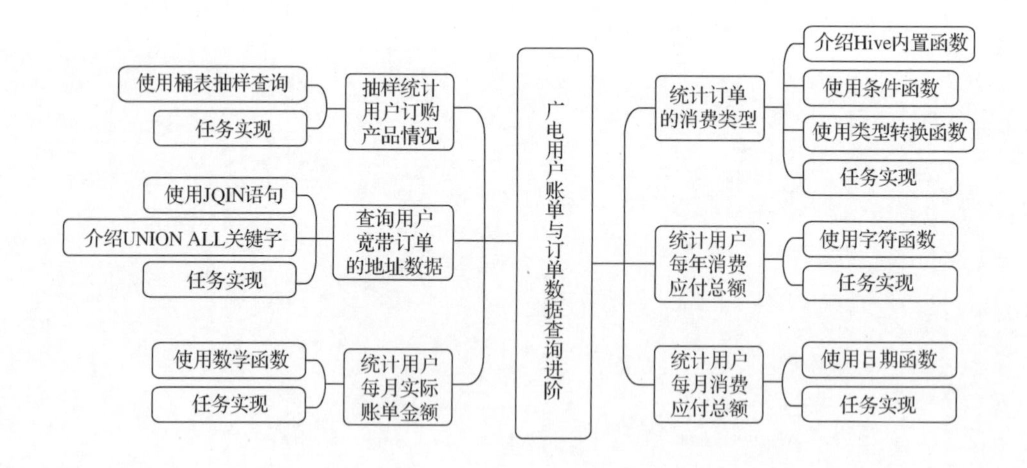

任务背景

为提升精细化服务水平，在很多场景下可能需要满足更加复杂的查询需求，如对查询结果中的字段进行四则运算、截取字符串，或将数据分别存储在多个数据表中，并且需要结合两个数据表中的数据才能得到最终结果。在这些场景中，使用简单查询的语句无法满足复杂的查询需求，因此需要在查询过程中使用更高级的查询工具，以更好地查询和处理数据。

本章将使用 Hive 对广电用户账单及订单数据进行进阶查询，完成基于原始数据的各类统计查询工作，并通过数据进阶查询对 Hive 的高阶查询进行介绍。本章将首先介绍 Hive 的内置函数，然后介绍在 Hive 中如何使用两个表进行连接查询，最后介绍如何在分桶表中进行抽样查询，以便在大量数据查询场景中抽取部分具有代表性的数据。本章将通过介绍 Hive 的高阶查询，结合广电用户账单数据表、订单数据表，帮助读者掌握 Hive 的高阶查询，提升数据处理能力。

任务 5.1 统计订单的消费类型

任务描述

通过对订单数据进行分析，能够发现高额订单中的产品名称以及用户的情况，从而掌握热销产品情况，并能对频繁消费用户进行有针对性的产品推广。对订单数据进行分析，需要先根据订单金额对订单数据进行分类，再对分类结果进行分析。在查询过程中完成分类等复杂工作需要借助 Hive 提供的内置函数。

本任务介绍 Hive 中常见的内置函数，并使用条件函数及类型转换函数对订单的消费类型进行分类。

5.1.1 介绍 Hive 内置函数

Hive 与关系数据库类似，将一些常用功能以内置函数的方式实现，以此简化查询语句，提升查询效率。Hive 的内置函数与关系数据库的函数在形式上和功能上都非常类似。

Hive 的内置函数有很多种，如数学函数、字符函数、日期函数等，第 4 章中介绍的聚合函数也是 Hive 的内置函数。查看 Hive 提供的内置函数的语句如代码 5-1 所示。

代码 5-1 查看 Hive 提供的内置函数的语句

```
SHOW FUNCTIONS;
```

Hive 提供的内置函数有 200 多个，常用的内置函数如表 5-1 所示。如果需要查看某个函数具体的使用方法，可以使用 DESC 和 EXTENDED 关键字，如查看 UPPER 函数的使用方法，可以通过“DESC FUNCTION EXTENDED UPPER;”语句实现。

表 5-1 常用的内置函数

内置函数类型	内置函数	描述
数学函数	ROUND(DOUBLE d)	返回 d 四舍五入后的整数值
	ROUND(DOUBLE d,INT n)	以四舍五入的方式保留 d 的 n 位小数
	CEIL(DOUBLE d)	返回大于等于 d 的最小整数值
	FLOOR(DOUBLE d)	返回小于等于 d 的最大整数值
	EXP(DOUBLE d)	返回 e 的 d 次幂
	POW(DOUBLE d,DOUBOLE p)	计算 d 的 p 次幂
	SQRT(DOUBLE d)	计算 d 的平方根
	PMOD(DOUBLE d1,DOUBLE d2)	值 d1 对值 d2 取模
	ABS(DOUBLE d)	计算 d 的绝对值
字符函数	LOWER(STRING s)	将字符串 s 中所有字符转换为小写形式
	UPPER(STRING s)	将字符串 s 中所有字符转换为大写形式
	LENGTH(STRING s)	获取字符串 s 的长度
	CONCAT(STRING s1,STRING s2)	将 s2 拼接在字符串 s1 之后
	SUBSTR(STRING s,INT a,INT b)	取字符串 s 的子字符串，从第 a 个字符开始取，共取 b 个字符
	TRIM(STRING s)	去掉字符串 s 的前后空格
条件函数	CASE A WHEN B THEN C [WHEN D THEN E]* [ELSE F] END	条件表达式
转换函数	CAST(原类型数据 d AS 新类型 t)	将数据 d 转换为 t 类型的数据
日期函数	YEAR(STRING s)	从字符串 s 中获取年份
	MONTH(STRING s)	从字符串 s 中获取月份
	DAY(STRING s)	从字符串 s 中获取日
	HOUR(STRING s)	从字符串 s 中获取小时
	MINUTE(STRING s)	从字符串 s 中获取分钟
	SECOND(STRING s)	从字符串 s 中获取秒
	TO_DATE(STRING s)	从字符串 s 中获取日期部分
	TRUNC(STRING date[,STRING fmt])	根据 fmt 格式获取日期并归零
	WEEKOFYEAR(STRING s)	返回字符串 s 的日期在本年中的周数
	DATEDIFF(STRING end,STRING start)	返回结束日期减去开始日期的天数
	DATE_ADD(STRING date,INT i)	返回日期 date 增加 i 天之后的日期
	DATE_SUB(STRING date,INT i)	返回日期 date 减少 i 天之后的日期
	ADD_MONTHS(STRING date,INT m)	返回日期 date 增加 i 个月后的日期

5.1.2　使用条件函数

在查询过程中，很多时候需要根据不同的条件求出不同的结果，如果条件判断过程中出现多个分支，那么可以在查询过程中引入条件函数。

1. 条件函数的语法

Hive 的条件函数与 SWITCH 语句类似，用于对单个列进行分支判断。条件函数的语法如下。

```
CASE A
WHEN B THEN C
[WHEN D THEN E]*
[ELSE F]
END
```

在条件函数的语法中，A 为数据表中的一个字段，对 A 字段的值进行判断，如果 A 字段的值为 B 则返回 C，后续还可以添加 0 个或多个判断分支，如果 A 字段的值为 D 则返回 E。需要注意的是，B、D 的数据类型必须与字段 A 的保持完全一致，否则会导致语法错误。ELSE F 为可选部分，如果添加 ELSE F，那么代表所有分支条件均不成立，将返回 F。最后以 END 作为条件函数的结束符。

以 order_index 数据表中的 mode_time 字段为例，mode_time 表示产品标识，用于辅助标识主销售产品、附销售产品。使用条件函数对 mode_time 字段的值进行判断，如果 mode_time 字段的值为 Y，那么代表主销售产品，值为 N 则代表附销售产品，其他取值为无效标识，如代码 5-2 所示。

代码 5-2　使用条件函数

```
SELECT phone_no,mode_time,
CASE mode_time
WHEN 'Y' THEN '主销售产品'
WHEN 'N' THEN '附销售产品'
ELSE '无效标识'
END
FROM order_index;
```

从代码 5-2 中可以看出，条件函数与聚合函数相同，可以放在 SELECT 关键字后面，其执行结果作为查询结果的一列。代码执行结果如图 5-1 所示，当 mode_time 字段取值为 Y 时，输出“主销售产品”，若为 N，则输出“附销售产品”，否则均输出“无效标识”。

```
2012403 Y       主销售产品
2013084 Y       主销售产品
2013084 Y       主销售产品
2013312 NULL    无效标识
2013918 NULL    无效标识
2019186 Y       主销售产品
2019186 N       附销售产品
2019186 N       附销售产品
```

图 5-1　使用条件函数的结果

2. 条件函数与列别名结合使用

条件函数的执行结果作为 SELECT 语句查询结果的一列，因此条件函数可以被视为一个整体。可以为条件函数添加列别名，列别名添加在条件函数 END 关键字之后，以[AS]列别名的方式添加，AS 关键字与普通设置列别名的过程一样，为可省略部分。

在代码 5-2 的基础上添加列别名的设置，使显示的结果更加明确、清晰，如代码 5-3 所示。

代码 5-3　将条件函数与列别名结合使用

```
SELECT phone_no,mode_time,
CASE mode_time
WHEN 'Y' THEN '主销售产品'
WHEN 'N' THEN '附销售产品'
ELSE '无效标识'
END AS `产品标识`
FROM order_index;
```

执行结果如图 5-2 所示，条件函数对应的列名会显示为列别名“产品标识”。

```
phone_no        mode_time       产品标识
2009373 Y       主销售产品
2009373 N       附销售产品
2009373 Y       主销售产品
2009373 Y       主销售产品
2009373 Y       主销售产品
2009373 N       附销售产品
2009373 N       附销售产品
2009373 Y       主销售产品
2009373 N       附销售产品
```

图 5-2　在条件函数中添加列别名的结果

5.1.3　使用类型转换函数

在 Hive 中对不同类型的两个数据进行比较等操作时，Hive 会适时地对数据进行隐式的类型转换，在隐式转换过程中将使用 CAST 转换函数。开发者也可以直接使用 CAST 函数对指定的数据显式地进行类型转换。CAST 函数的语法如下。

```
CAST(VALUE AS TYPE)
```

在类型转换函数的语法中，VALUE 值可以是常量，也可以是数据表中的某个字段，TYPE 是 Hive 中的数据类型，用于指定 VALUE 值将要转换的数据类型。如使用 CAST 函数将一个整数转换为浮点数，如代码 5-4 所示。

代码 5-4　使用类型转换函数

```
SELECT CAST(99 AS DOUBLE);
```

执行结果如图 5-3 所示，CAST 函数将整数 99 转换为浮点数。

```
hive> SELECT CAST(99 AS DOUBLE);
OK
99.0
```

图 5-3　使用类型转换函数的结果

5.1.4　任务实现

根据任务要求，需要对 order_index 数据表中的每笔订单根据金额进行分类，若订单金额大于等于 2000.0，则将这笔订单的消费类型认定为“高消费”；若订单金额大于等于 1000.0 且小于 2000.0，则将消费类型认定为“中等消费”；若订单金额小于 1000.0，则将消费类型认定为“低消费”。对查询结果的消费类型列需要指定一个列名 type，最终查询结果按照订单金额降序排列。为了保证查询结果的有效性，还需对查询结果去除重复数据。

order_index 数据表中的 cost 字段数据的类型为 STRING 类型，在查询结果的展示中可以使用 CAST 函数显式地将该字段的数据转换为浮点数。使用 CASE...WHEN...THEN 条件函数对订单金额进行判断。根据任务要求，可以设置以下 3 个分支条件。

（1）若订单金额大于等于 2000.0 为 TRUE，则输出“高消费”；

（2）若订单金额在[1000.0,2000.0)区间为 TRUE，则输出“中等消费”；

（3）其他情况则输出“低消费”。

统计订单的消费类型的具体实现过程如代码 5-5 所示。

代码 5-5　统计订单的消费类型

```
SELECT distinct phone_no,orderno, prodprcname,CAST(cost as float) as cost_f,
CASE
WHEN cost>=2000.0 THEN '高消费'
WHEN cost>=1000.0 AND cost<2000.0 THEN '中等消费'
ELSE '低消费'
END AS type
FROM order_index
ORDER BY cost_f DESC;
```

从代码 5-5 中可以看出，尽管在条件函数 CASE 中没有显示地调用 CAST 函数，但是依然能够正常地将字符串数值与浮点数 2000.0 进行比较，在这个过程中 Hive 会自动隐式地调用类型转换函数。

代码 5-5 中的条件函数使用的是另外一种调用方式，CASE 关键字后面没有任何字段值。在这种方式中，会直接判断 WHEN 关键字后面的表达式，其若为真，则执行 THEN 关键字后面的内容，执行结果如图 5-4 所示。

```
phone_no        orderno prodprcname     cost_f  type
5359391 2198737489      有线电视-包月-8533.2元  8533.2  高消费
2360495 206497307       有线电视6450元包月-文化假日酒店-移植多端口4590  4590.0  高消费
3118273 10009350        有线电视4400元每月      4400.0  高消费
5280580 60358335        数字电视3780元/月       3780.0  高消费
5280580 2200685879      数字电视3780元/月       3780.0  高消费
4134959 2250479183      创维55寸-199套餐预存送机入网-3500元     3500.0  高消费
4427125 2220968026      NULL    3500.0  高消费
4420760 2209766785      创维55寸-199套餐预存送机入网-3500元     3500.0  高消费
4125159 2227588316      创维55寸-199套餐预存送机入网-3500元     3500.0  高消费
3905011 2210941031      创维49寸-甜果时光用户专享价-2899元      2899.0  高消费
3905011 2210941031      NULL    2899.0  高消费
3673007 2064743950      联合宽带-25M-5年-2880元-续费    2880.0  高消费
2954011 2090434368      联合宽带-15M-5年-2880元-续费v3  2880.0  高消费
4446864 2258724654      创维49寸-199套餐预存送机入网-2800元     2800.0  高消费
5117931 2073711041      联合宽带-15M-5年-2780元-在网3年续费     2780.0  高消费
3443214 2078222700      联合宽带-15M-5年-2780元-在网3年续费v3   2780.0  高消费
2087293 2091074754      联合宽带-25M-5年-2780元-在网5年续费v3   2780.0  高消费
2808870 2076285908      联合宽带-15M-5年-2680元-在网4年续费v3   2680.0  高消费
4388524 2165950350      宽带-100M-3年-2600元-福港鼎峰s  2600.0  高消费
3495066 2034615300      联合宽带-24M-2年-2580元v2       2580.0  高消费
4832285 2038985502      联合宽带-24M-2年-2580元v2       2580.0  高消费
2674559 2063686197      联合宽带-25M-5年-2580元-在网5年续费     2580.0  高消费
2768211 2074036784      联合宽带-15M-5年-2580元-在网5年续费     2580.0  高消费
2425911 2269061469      联合宽带-100M-5年-2540元-续费-新春促销v3        2540.0  高消费
3002299 2260765648      联合宽带-100M-5年-2540元-续费-新春促销v3        2540.0  高消费
4442480 2248542083      NULL    2400.0  高消费
3938914 2268295732      创维43寸-199套餐预存送机入网-2400元     2400.0  高消费
```

图 5-4　订单的消费类型统计结果

任务 5.2　统计用户每年消费应付总额

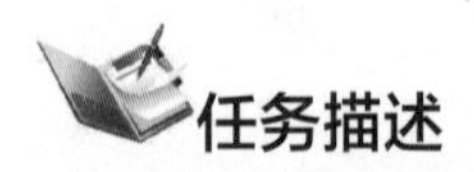

任务描述

STRING 是 Hive 中很常见的数据类型，很多数据都可以采用 STRING 类型进行存储。Hive 有强大的字符处理功能，提供了很多字符函数。

本任务介绍在 Hive 中如何使用字符函数对 STRING 类型的字段值进行处理，并使用字符函数对账单数据表 mmconsume_billevents 中的数据进行统计，计算每个用户的年度消费应付总额。

5.2.1　使用字符函数

查询结果的展示不能仅满足于得到正确的结果，还应该精益求精。为了规范查询结果的展示，可能需要将STRING类型的字段值统一转换为大写或小写形式，或拼接两个字段的值作为最终结果等。在这些操作过程中，需要对STRING类型的字段值进行处理，此时可以使用Hive提供的字符函数实现。

1. 大小写转换函数

LOWER函数可以用于将字符串中的字符都转换成小写字符，即字符串中的小写字符维持原状，只将大写字符转换成小写字符。LOWER函数的语法如下。

```
LOWER(STRING S)
```

语法中的S，可以是常量，也可以是数据表的某个字段。相应地，可以使用UPPER函数将字符串中的字符都转换成大写字符。使用LOWER函数及UPPER函数转换字符串中字符的大小写形式，如图5-5所示。

```
hive> SELECT LOWER("Abc");
OK
abc
Time taken: 0.123 seconds, Fetched: 1 row(s)
hive> SELECT UPPER("Abc");
OK
ABC
Time taken: 0.136 seconds, Fetched: 1 row(s)
```

图5-5　转换字符串中字符的大小写形式

2. 字符串长度函数

LENGTH函数可以用于获取字符串的长度，LENGTH函数的语法如下。

```
LENGTH(STRING S)
```

语法中的S可以是常量，也可以是数据表的某个字段，LENGTH函数的返回结果是S包含的字符个数。使用LENGTH函数查看"HIVE"字符串的长度，如图5-6所示。

```
hive> SELECT LENGTH("HIVE");
OK
4
Time taken: 0.146 seconds, Fetched: 1 row(s)
```

图5-6　查看"HIVE"字符串的长度

3. 字符串拼接函数

CONCAT函数可以用于将两个字符串拼接起来形成一个新的字符串，CONCAT函数的语法如下。

```
CONCAT(STRING S1,STRING S2)
```

语法中的S1、S2是两个字符串，两者可以都是常量，也可以都是数据表的字段。使用CONCAT函数拼接字符串，如图5-7所示。

```
hive> SELECT CONCAT("HIVE","&HADOOP");
OK
HIVE&HADOOP
Time taken: 24.005 seconds, Fetched: 1 row(s)
```

图 5-7 使用 CONCAT 函数拼接字符串

4. 字符串截取函数

SUBSTR 函数可以用于从指定字符串中截取部分字符，SUBSTR 函数的语法如下。

```
SUBSTR(STRING S,INT START,INT LEN)
```

语法中的 S 代表被截取的字符串，可以是常量，也可以是数据表的某个字段。START 是整数，代表从第几位字符开始截取。LEN 同样是整数，代表共截取几个字符，若省略 LEN，代表从第 START 位开始截取至字符串的最后一位。使用 SUBSTR 函数截取字符串，如图 5-8 所示。

```
hive> SELECT SUBSTR("HIVE&HADOOP",4);
OK
E&HADOOP
Time taken: 1.326 seconds, Fetched: 1 row(s)
hive> SELECT SUBSTR("HIVE&HADOOP",1,4);
OK
HIVE
Time taken: 0.168 seconds, Fetched: 1 row(s)
```

图 5-8 使用 SUBSTR 函数截取字符串

5. 去除空格函数

TRIM 函数可以用于将字符串前后出现的空格全部去掉，TRIM 函数的语法如下。

```
TRIM(STRING S)
```

语法中的 S 是需要去除空格的字符串。使用 TRIM 函数去除字符串中的空格，如图 5-9 所示。

```
hive> SELECT TRIM("   HIVE  ");
OK
HIVE
Time taken: 0.241 seconds, Fetched: 1 row(s)
```

图 5-9 使用 TRIM 函数去除字符串中的空格

5.2.2 任务实现

根据任务要求，需要用 mmconsume_billevents 数据表进行数据统计，统计用户每年消费应付总额。mmconsume_billevents 表中的每条账单数据包含用户编号及账单生成时间，因为账单生成时间字段 year_month 的数据的类型为 STRING，格式为“YYYY-MM-DD”，为了统计用户的每年消费应付总额，需要首先使用字符截取函数 SUBSTR 对 year_month 字段值进行截取，截取该字段值的前 4 个字符，得到具体的年度账单，然后结合 GROUP BY 关键字、SUM 函数，按照用户编号及年度账单进行分组，计算每个用户每年消费应付总额，如代码 5-6 所示。

代码 5-6　统计用户每年消费应付总额

```
SELECT phone_no,SUBSTR(year_month,1,4),SUM(should_pay)
FROM mmconsume_billevents
GROUP BY phone_no,SUBSTR(year_month,1,4);
```

代码 5-6 的部分运行结果如图 5-10 所示。

```
5355925 2022    100.0
5356003 2022    150.0
5356009 2022    419.0
5356047 2022    150.0
5356094 2022    347.67
5356294 2022    107.5
```

图 5-10　用户每年消费应付总额的统计结果

选取编号为 5356294 的用户进行验证，首先查询 5356294 用户的所有订单数据，如代码 5-7 所示。

代码 5-7　查询 5356294 用户的所有订单数据

```
SELECT phone_no,year_month,should_pay
FROM mmconsume_billevents
WHERE phone_no = '5356294';
```

得到的所有订单数据如图 5-11 所示，共查询到 4 条订单数据，全部都是 2022 年的订单，4 条订单的 should_pay 字段累加之后得到的结果为 107.5，与图 5-10 中的结果一致。

```
hive> SELECT phone_no,year_month,should_pay
    > FROM mmconsume_billevents
    > WHERE phone_no = '5356294';
OK
5356294 2022-02-01 00:00:00     27.0
5356294 2022-04-01 00:00:00     27.0
5356294 2022-01-01 00:00:00     27.0
5356294 2022-03-01 00:00:00     26.5
Time taken: 2.119 seconds, Fetched: 4 row(s)
```

图 5-11　用户 5356294 的所有订单数据

任务 5.3　统计用户每月消费应付总额

任务描述

在任务 5.2 中为了获取 mmconsume_billevents 表中 year_month 字段值中的年份，使

用 SUBSTR 函数进行了字符串截取。这样虽然能够获取需要的值，但是 Hive 提供了更为专业的日期函数，可以从字段值中获取对应的年份、月份或日期。

本任务介绍 Hive 中的日期函数，并利用日期函数统计每个用户每个月消费的应付总额。

5.3.1 使用日期函数

Hive 中的日期函数分为两类，一类是日期获取类函数，用于从给定的字符串中获取日期的相应内容；另一类是日期计算函数，能够用于得到日期经过增减计算之后的值。

1. 日期获取类函数

Hive 提供了丰富的日期获取类函数，可以分别用于获取对应的年、月、日等单个数据，也可以获取整体数据或根据需要获取相应数据。

（1）单个日期数据获取函数

在 SELECT 语句中可以通过 YEAR、MONTH、DAY、HOUR、MINUTE、SECOND 分别获取时间字符串中对应的年、月、日、时、分、秒。下面以 YEAR 函数为例进行介绍，其语法如下。

```
YEAR(STRING S)
```

语法中的 S 可以是字符串常量，也可以是字段，需要符合日期格式。YEAR、MONTH、DAY 函数中的参数字符串中可以是“YYYY-MM-DD”格式的，也可以包含时、分、秒，格式为“YYYY-MM-DD HH:MM:SS”。HOUR、MINUTE、SECOND 函数的参数必须包含时、分、秒，否则结果会返回 NULL。使用 YEAR、MONTH、DAY、HOUR、MINUTE、SECOND 函数获取字符串中对应的年、月、日、时、分、秒数据，如图 5-12 所示。

```
hive> SELECT YEAR("2021-09-20");
OK
2021
Time taken: 0.143 seconds, Fetched: 1 row(s)
hive> SELECT MONTH("2021-09-20");
OK
9
Time taken: 0.15 seconds, Fetched: 1 row(s)
hive> SELECT DAY("2021-09-20");
OK
20
Time taken: 0.133 seconds, Fetched: 1 row(s)
hive> SELECT HOUR("2021-09-20 18:03:52");
OK
18
Time taken: 0.128 seconds, Fetched: 1 row(s)
hive> SELECT MINUTE("2021-09-20 18:03:52");
OK
3
Time taken: 0.123 seconds, Fetched: 1 row(s)
hive> SELECT SECOND("2021-09-20 18:03:52");
OK
52
Time taken: 0.375 seconds, Fetched: 1 row(s)
```

图 5-12　获取日期数据

Hive 从字符串中获取年、月、日、时、分、秒时有容错机制，例如月份大于 12，每满 12 会自动进位，将年份加 1，最终得到的月份的数值一定是 1～12 这个范围内的。字符串内容为“2021-13-25”，则 YEAR 函数的返回结果为 2022，MONTH 函数的返回结果为 1，如图 5-13 所示。

```
hive> SELECT YEAR("2021-13-25");
OK
2022
Time taken: 0.154 seconds, Fetched: 1 row(s)
hive> SELECT MONTH("2021-13-25");
OK
1
Time taken: 0.144 seconds, Fetched: 1 row(s)
```

图 5-13　日期获取函数容错机制

（2）TO_DATE 函数

TO_DATE 函数可以用于从日期格式的字符串中获取日期部分，语法如下。

```
TO_DATE(STRING S)
```

使用 TO_DATE 函数获取字符串中的日期部分，如图 5-14 所示。

```
hive> SELECT TO_DATE("2021-09-25 15:02:30");
OK
2021-09-25
Time taken: 0.132 seconds, Fetched: 1 row(s)
```

图 5-14　使用 TO_DATE 函数获取字符串中的日期部分

（3）WEEKOFYEAR 函数

WEEKOFYEAR 函数可以用于返回日期在本年中的周数，语法如下。

```
WEEKOFYEAR(STRING S)
```

使用 WEEKOFYEAR 函数获取日期在本年中的周数，如图 5-15 所示。

```
hive> SELECT WEEKOFYEAR('2021-09-20');
OK
38
Time taken: 0.148 seconds, Fetched: 1 row(s)
```

图 5-15　使用 WEEKOFYEAR 函数获取日期在本年中的周数

（4）TRUNC 函数

TRUNC 函数可以用于截取日期格式字符串中的时间，截取之后日期会归零，语法如下。

```
TRUNC(STRING S[,STRING FMT])
```

语法中的 S 是符合日期格式的字符串。FMT 是截取的格式，支持的格式包括“MONTH”“MON”“MM”“YEAR”“YYYY”“YY”，分别表示按照月份及年份截取。若按照月份截取，则将日期归零为当月 1 号；若按照年份截取，则将日期归零为当年的

1 月 1 日。使用 TRUNC 函数按照指定格式截取字符串中的时间部分，如图 5-16 所示。

```
hive> SELECT TRUNC('2021-09-20 18:00:36','MM');
OK
2021-09-01
Time taken: 0.139 seconds, Fetched: 1 row(s)
hive> SELECT TRUNC('2021-09-20 18:00:36','YY');
OK
2021-01-01
Time taken: 0.123 seconds, Fetched: 1 row(s)
```

图 5-16　使用 TRUNC 函数按照指定格式截取字符串中的时间部分

2. 日期计算函数

在 Hive 中可以使用函数对日期进行计算。

（1）DATEDIFF 函数

DATEDIFF 函数可以用于比较两个日期，返回结束日期与开始日期之间相隔的天数，语法如下。

```
DATEDIFF(STRING END,STRING START)
```

语法格式中将结束日期作为第一个参数，将开始日期作为第二个参数。DATEDIFF 函数并不要求结束日期晚于开始日期，若结束日期早于开始日期，则返回结果为负数。使用 DATEDIFF 函数计算两个日期之间相隔的天数，如图 5-17 所示。

```
hive> SELECT DATEDIFF('2021-09-26','2021-09-20');
OK
6
Time taken: 0.098 seconds, Fetched: 1 row(s)
```

图 5-17　使用 DATEDIFF 函数计算两个日期之间相隔的天数

（2）日期增减函数

DATE_ADD 函数可以用于返回基于开始日期增加指定天数之后的日期，语法如下。

```
DATE_ADD(STRING STARTDATE,INT DAYS)
```

DATE_SUB 函数则可以用于返回基于开始日期减少指定天数之后的日期，语法如下。

```
DATE_SUB(STRING STARTDATE,INT DAYS)
```

使用 DATA_ADD 函数及 DATA_SUB 函数获取在指定日期的基础上增减指定天数后的日期，如图 5-18 所示。

```
hive> SELECT DATE_ADD('2021-09-20',10);
OK
2021-09-30
Time taken: 0.167 seconds, Fetched: 1 row(s)
hive> SELECT DATE_SUB('2021-09-20',10);
OK
2021-09-10
Time taken: 0.134 seconds, Fetched: 1 row(s)
```

图 5-18　使用 DATA_ADD 函数及 DATA_SUB 函数获取在指定日期的基础上增减指定天数后的日期

（3）ADD_MONTHS 函数

ADD_MONTHS 函数可以用于返回基于指定日期增加指定月数之后的日期，语法如下。

```
ADD_MONTHS(STRING STARTDATE,INT MONTHS)
```

语法中的 MONTHS 可以是正数也可以是负数，若为正数则表示增加指定月数，若为负数则表示减少指定月数。使用 ADD_MONTHS 获取指定日期增加指定月数之后的日期，如图 5-19 所示。

```
hive> SELECT ADD_MONTHS('2021-09-01',2);
OK
2021-11-01
Time taken: 0.281 seconds, Fetched: 1 row(s)
```

图 5-19　使用 ADD_MONTHS 获取指定日期增加指定月数之后的日期

5.3.2　任务实现

根据任务要求，需要根据 mmconsume_billevents 数据表进行数据统计。本任务的解决思路与任务 5.2 的解决思路类似，但在时间的获取过程中可以使用 Hive 的 MONTH 函数，这比使用 SUBSTR 函数进行字符串截取更加方便，能够保证得到正确结果，如代码 5-8 所示。

代码 5-8　统计用户每月消费应付总额

```
SELECT phone_no,YEAR(year_month),MONTH(year_month),SUM(should_pay)
FROM mmconsume_billevents
GROUP BY phone_no,YEAR(year_month),MONTH(year_month);
```

为避免出现类似将 2022 年 7 月及 2021 年 7 月的数据都作为同样的 7 月数据进行累加，在分组过程中，需要以用户编号、年份及月份 3 个值作为分组依据，查询结果如图 5-20 所示。

```
5401451 2022    1       16.0
5401451 2022    2       16.0
5401451 2022    3       15.9
5401451 2022    4       16.0
5401451 2022    5       15.9
5401451 2022    6       15.9
5401451 2022    7       15.9
5401469 2022    1       16.0
5401469 2022    2       16.0
5401469 2022    3       15.9
5401469 2022    4       16.0
5401469 2022    5       15.9
5401469 2022    6       15.9
5401469 2022    7       15.9
Time taken: 128.65 seconds, Fetched: 252340 row(s)
```

图 5-20　用户每月消费应付总额的统计结果

任务 5.4 统计用户每月实际账单金额

任务描述

数据表中的很多数据都是原始数据，例如账单数据表 mmconsume_billevents 中包含应收金额字段 should_pay 以及优惠金额字段 favour_fee，如果要获取用户的实际支付金额，就要使用应收金额减去优惠金额。在查询过程中可以使用 Hive 提供的数学函数进行计算。

本任务介绍 Hive 中常见的数学函数，并利用数学函数统计 2022 年度月均账单金额最高的 20 个用户，以便对月均消费高的用户设计有针对性的优惠活动。

5.4.1 使用数学函数

Hive 的数学函数可满足多数计算场景，常用的数学函数包含四则运算、取整函数等。

1. 四则运算符

Hive 支持直接在字段值及常量之间进行四则运算，四则运算符如表 5-2 所示。

表 5-2 四则运算符

四则运算符	含义
+	加法
-	减法
*	乘法
/	除法

四则运算符的使用方式如图 5-21 所示。

```
hive> SELECT 10+2;
OK
12
Time taken: 19.453 seconds, Fetched: 1 row(s)
hive> SELECT 10-2;
OK
8
Time taken: 0.351 seconds, Fetched: 1 row(s)
hive> SELECT 10*2;
OK
20
Time taken: 0.217 seconds, Fetched: 1 row(s)
hive> SELECT 10/2;
OK
5.0
Time taken: 0.149 seconds, Fetched: 1 row(s)
```

图 5-21 四则运算符的使用方式

2. 取整函数

将浮点数转换为整数，称为取整。Hive 提供了 3 种取整函数，第 1 种为向上取整函数，第 2 种为向下取整函数，第 3 种为四舍五入函数。

（1）向上取整函数

CEIL 函数为向上取整函数，语法如下。

```
CEIL(DOUBLE D)
```

CEIL 函数用于将参数 D 转换为整数，且返回的整数为比 D 大的最小整数，因此使用该函数是向上取整的过程。CEIL 函数的使用方法如图 5-22 所示。

```
hive> SELECT CEIL(2.2);
OK
3
Time taken: 0.205 seconds, Fetched: 1 row(s)
```

图 5-22　CEIL 函数的使用方法

（2）向下取整函数

FLOOR 函数为向下取整函数，语法如下。

```
FLOOR(DOUBLE D)
```

FLOOR 函数用于将参数 D 转换为整数，且返回的整数为比 D 小的最大整数，因此使用该函数是向下取整的过程。FLOOR 函数的使用方法如图 5-23 所示。

```
hive> SELECT FLOOR(2.6);
OK
2
Time taken: 0.154 seconds, Fetched: 1 row(s)
```

图 5-23　FLOOR 函数的使用方法

（3）四舍五入函数

ROUND 函数为四舍五入函数，语法如下。

```
ROUND(DOUBLE D[,INT I])
```

语法中的参数 I 代表四舍五入过程中保留的小数的位数，参数 I 可省略，若省略则代表不保留小数，转换为整数。ROUND 函数的使用方法如图 5-24 所示。

```
hive> SELECT ROUND(2.2);
OK
2
Time taken: 0.132 seconds, Fetched: 1 row(s)
hive> SELECT ROUND(2.35,1);
OK
2.4
Time taken: 0.089 seconds, Fetched: 1 row(s)
```

图 5-24　ROUND 函数的使用方法

5.4.2 任务实现

根据任务要求，需要根据 mmconsume_billevents 数据表进行数据统计，获取 2022 年度月均消费最高的 20 名用户。mmconsume_billevents 数据表中 should_pay 字段表示账单的应收金额，favour_fee 字段表示账单的优惠金额，因此用户账单的实付金额为 should_pay-favour_fee。

在此基础上，根据用户编号及账单时间两个字段的值进行分组，筛选账单时间分组中年度取值为 2022 年的数据，并且使用 AVG 函数计算月均账单金额。根据日常数据使用习惯，使用 ROUND 函数对金额进行处理，保留两位小数，然后对平均值进行降序排列，使用 LIMIT 关键字获取前 20 名用户，如代码 5-9 所示。

代码 5-9　统计用户每月实际账单金额

```
SELECT phone_no,ROUND(AVG(should_pay-favour_fee),2) AS average
FROM mmconsume_billevents
GROUP BY phone_no,YEAR(year_month)
HAVING YEAR(year_month)=2022
ORDER BY average DESC
LIMIT 20;
```

代码 5-9 中使用第 4 章中介绍的列别名，将 ROUND(AVG(should_pay-favour_fee),2) 以别名 average 替代，使查询语句更加简洁、清晰，查询结果如图 5-25 所示。

```
OK
5280580 3780.0
4043623 519.88
4639210 312.0
3683120 216.0
4312580 186.67
4436321 180.0
4652638 180.0
3835475 150.0
4830273 120.0
3844316 120.0
4072034 120.0
5038884 120.0
4866021 120.0
4126685 115.0
3718346 114.0
5293592 101.78
5304060 100.0
2957595 100.0
2788163 100.0
4053770 98.27
Time taken: 8.875 seconds, Fetched: 20 row(s)
```

图 5-25　月均消费最高的 20 名用户

任务 5.5　查询用户宽带订单的地址数据

任务描述

万事万物是相互联系、相互依存的。只有用普遍联系的、全面系统的、发展变化的观点观察事物，才能把握事物的发展规律。数据表与现实世界中的事物一样，也存在一定的联系，有时在查询过程中需要结合多个表中的数据才能得到完整的结果。Hive 提供了一套类 SQL 的连接查询语句，包含丰富的连接查询方式，如内连接、外连接等。

本任务介绍 Hive 中的连接查询，并通过连接查询获取完整的宽带订单数据。订单数据表 order_index 中只包括用户编号和订购产品的情况，为了对宽带订单情况进行掌握，还需要记录每笔宽带订单的用户地址。

5.5.1　使用 JOIN 语句

Hive 中的连接查询与关系数据库类似，可以分为内连接、外连接，除此之外还有一个关系数据库中不存在的左半开连接。Hive 中 JOIN 语句的语法如下。

```
SELECT select_expr
FROM left_table_reference
[JOIN TYPE] right_table_reference
[JOIN_CONDITION]
```

语法中的 left_table_reference 是连接查询中的其中一个表的表名，称为左表。对应的，right_table_reference 为右表的表名。JOIN TYPE 为连接类型对应的关键字。JOIN_CONDITION 为连接条件，通常使用 ON 子句指定。

Hive 中 JOIN 语句的执行顺序是从左到右，无论哪种连接方式，一般都将大表作为右表，以节省内存。

1．内连接

内连接使用的关键字为 INNER JOIN，只保留连接的两个表中与连接条件相匹配的数据。

例如，查询账单数据表 mmconsume_billevents 中每笔账单对应的用户的状态，看是否存在欠费、销户等异常状态。在这个查询的过程中，只需要查询账单数据表中存在的用户的状态，未产生账单的用户状态不在查询范围内，同时若账单数据表中出现了用户基本数据表中不存在的用户编号，则证明账单数据存在异常，也不需要包含在查询结果中。因此，以“用户基本数据表的用户编号=账单数据表中的用户编号”作为连接条件，且只有满足条件的结果才能够保存在查询结果中，如代码 5-10 所示。

代码 5-10　查询产生账单时的用户状态

```
SELECT u.phone_no,u.run_name,b.fee_code,b.year_month
FROM mmconsume_billevents AS b
INNER JOIN
mediamatch_usermsg AS u
ON b.phone_no=u.phone_no;
```

代码 5-10 中分别为左表 mmconsume_billevents 及右表 mediamatch_usermsg 指定表别名 b 及 u。在连接查询中，由于 SELECT 关键字后的字段名描述要以“表名.字段名”的格式区分是左表中的字段还是右表中的字段，所以在连接查询中通常需要引入表别名，从而简化查询语句。查询结果如图 5-26 所示，已将产生账单的用户中不存在异常状态的用户查询出来。

```
2071394 主动暂停        0Y      2022-04-01 00:00:00
2038844 正常    0B      2022-04-01 00:00:00
2146628 正常    0B      2022-02-01 00:00:00
2216665 正常    0H      2022-07-01 00:00:00
2249765 正常    0Y      2022-07-01 00:00:00
2041292 正常    0B      2022-02-01 00:00:00
2041292 正常    0Y      2022-01-01 00:00:00
2118703 正常    0H      2022-04-01 00:00:00
2118703 正常    0H      2022-05-01 00:00:00
2118703 正常    0D      2022-06-01 00:00:00
2140969 正常    0T      2022-03-01 00:00:00
2133838 正常    0Y      2022-07-01 00:00:00
2001351 正常    0D      2022-05-01 00:00:00
2027733 正常    0T      2022-02-01 00:00:00
2218512 正常    0H      2022-07-01 00:00:00
2109577 正常    0Y      2022-03-01 00:00:00
2119593 欠费暂停        0B      2022-05-01 00:00:00
Time taken: 102.589 seconds, Fetched: 8671 row(s)
```

图 5-26　产生账单时用户状态的查询结果

2. 外连接

外连接可以分为左外连接、右外连接和全外连接。

（1）左外连接

左外连接的关键字为 LEFT OUTER JOIN，可以简写成 LEFT JOIN。使用左外连接会返回左表中的所有数据，若没有符合连接条件的右表数据，则右表数据为 NULL。

如果修改查询条件，不只要查询产生账单的用户，还要查询所有用户状态，即若用户产生账单，则输出对应的账单数据，若未产生账单则输出 NULL。那么此时使用内连接将不能满足查询需求，可以使用左外连接完成查询过程，如代码 5-11 所示。

代码 5-11　查询所有用户状态

```
SELECT u.phone_no,u.run_name,b.fee_code,b.year_month
FROM mediamatch_usermsg AS u
LEFT JOIN
```

```
mmconsume_billevents AS b
ON b.phone_no=u.phone_no;
```

因为要保证 mediamatch_usermsg 表中所有用户状态都被输出，所以在使用左外连接的前提下，必须使用 mediamatch_usermsg 表作为左表。左外连接与内连接不同，内连接的左表与右表的顺序不会影响查询结果，只可能影响查询性能，但是在左外连接中，左表与右表不同会得到不同的查询结果。

查询结果如图 5-27 所示，若出现用户基本数据表中的用户未产生账单的情况，则账单数据表中字段的值为 NULL。

```
2304182 欠费暂停         NULL     NULL
2304183 正常     NULL     NULL
2304185 正常     NULL     NULL
2304187 正常     NULL     NULL
2304191 正常     OK       2022-01-01 00:00:00
2304191 正常     OK       2022-02-01 00:00:00
2304191 正常     OK       2022-03-01 00:00:00
2304191 正常     OK       2022-06-01 00:00:00
2304191 正常     OK       2022-04-01 00:00:00
2304191 正常     OK       2022-05-01 00:00:00
2304191 正常     OK       2022-07-01 00:00:00
2304191 正常     OK       2022-01-01 00:00:00
2304191 正常     OK       2022-02-01 00:00:00
2304192 正常     NULL     NULL
2304201 主动暂停         NULL     NULL
```

图 5-27　所有用户状态的查询结果

（2）右外连接

右外连接的关键字为 RIGHT OUTER JOIN，可以简写为 RIGHT JOIN，其规则与左外连接的规则是对称的。查询结果以右表中的数据为主，返回右表的所有数据和左表中符合连接条件的数据，左表中不符合连接条件的数据的则返回 NULL。

（3）全外连接

全外连接的关键字为 FULL OUTER JOIN，可以简写为 FULL JOIN。查询结果中会包含所有左表与右表的数据，任意表的指定字段没有符合条件的值，则使用 NULL 值代替。全外连接的查询结果等于左外连接的查询结果与右外连接的查询结果的和，并去掉重复数据。

3. 左半开连接

左半开连接的关键字为 LEFT SEMI JOIN。左半开连接的查询结果是左表的数据，前提是数据对于右表来说，能够满足连接条件，但是最终查询结果中并不包含任何右表的字段，因此 SELECT 和 WHERE 语句都不能引用右表中的字段。

使用左半开连接可以查询 mediamatch_usermsg 表中产生过账单的用户数据，在 SELECT 语句中使用右表 mmconsume_billevents 的字段会产生错误，如代码 5-12 所示。

代码 5-12　左半开连接查询错误示范

```
SELECT u.phone_no,u.run_name, b.fee_code,b.year_month
FROM mediamatch_usermsg AS u
LEFT SEMI JOIN
mmconsume_billevents AS b
ON b.phone_no=u.phone_no;
```

会产生如图 5-28 所示的报错。

```
hive> SELECT u.phone_no,u.run_name,b.fee_code,b.year_month
    > FROM mediamatch_usermsg AS u
    > LEFT SEMI JOIN
    > mmconsume_billevents AS b
    > ON b.phone_no = u.phone_no;
FAILED: SemanticException [Error 10004]: Line 1:29 Invalid table alias or col
umn reference 'b': (possible column names are: terminal_no, phone_no, sm_name
, run_name, sm_code, owner_name, owner_code, run_time, addressoj, open_time,
force)
```

图 5-28　左半开连接查询报错

修改代码 5-12 中的代码，只在 SELECT 语句中使用左表的字段，修改后的语句如代码 5-13 所示。

代码 5-13　左半开连接查询

```
SELECT u.phone_no,u.run_name
FROM mediamatch_usermsg AS u
LEFT SEMI JOIN
mmconsume_billevents AS b
ON b.phone_no=u.phone_no;
```

得到的查询结果如图 5-29 所示，查询结果中只包含产生账单的 776 名用户的数据。

```
2295650 正常
2295697 正常
2295729 正常
2295827 正常
2295849 正常
2295882 正常
2295939 正常
2296056 正常
2296198 正常
2296487 正常
2296750 正常
2301750 正常
2301756 正常
2302178 正常
2302219 正常
2302413 正常
2303942 正常
2304191 正常
Time taken: 8.072 seconds, Fetched: 776 row(s)
```

图 5-29　左半开连接查询的结果

因为左表中的一条数据只要匹配到右表中的一条数据，就会停止扫描右表，所以左半开连接查询比内连接查询的效率高。

5.5.2 介绍 UNION ALL 关键字

UNION ALL 关键字可以用于联合两个或多个 SELECT 语句的结果集，将其最终合并为一个结果集，合并过程不能消除重复行，其语法如下。

```
SELECT SENTENCE1
UNION ALL
SELECT SENTENCE2
```

语法中的 SELECT SENTENCE 是完整的 SELECT 语句，作为 UNION ALL 语句的子查询。每一个 UNION ALL 子查询返回的列的数量和名字必须一样，且对应的每个字段的数据的类型也必须一致。

使用如代码 5-14 所示的查询语句，可以查询所有产生订单及账单的用户编号以及用户等级情况。

代码 5-14 查询所有产生订单及账单的用户编号以及用户等级情况

```
SELECT phone_no,owner_code,owner_name
FROM mmconsume_billevents
UNION ALL
SELECT phone_no,owner_code,owner_name
FROM order_index;
```

得到的查询结果如图 5-30 所示，mmconsume_billevents 表中共有 439158 条数据，order_index 表中共有 608514 条数据，最终得到的查询结果中包含两个表中的所有数据，共计 1047672 条数据。

```
5325805 00      HC级
5352126 00      HC级
5346197 00      HC级
5359755 00      HC级
5367006 00      HC级
5367569 NULL    HC级
5359755 00      HC级
5383160 00      HC级
5385935 NULL    HC级
5384342 00      HC级
5397440 00      HC级
5394625 00      HC级
Time taken: 3.773 seconds, Fetched: 1047672 row(s)
```

图 5-30 使用 UNION ALL 关键字的查询结果

5.5.3 任务实现

订单数据表 order_index 中有宽带的订单数据。为了方便安装宽带，需要在统计订单数据的同时获取用户地址。本任务的目标是实现查询宽带订单，并且获取订单对应用户的地址。

order_index 表中使用 prodname 字段记录订购产品名称，宽带订单可以使用 prodname 字段模糊匹配“联合宽带”字符串进行筛选。为了连接订单数据表 order_index 与用户基本数据表 mediamatch_usermsg，可以使用内连接，并将 phone_no 作为连接条件，如代码 5-15 所示。

代码 5-15　查询用户宽带订单的地址数据

```
SELECT o.phone_no,o.prodname,u.addressoj
FROM order_index o
INNER JOIN
mediamatch_usermsg u
ON o.phone_no=u.phone_no
WHERE o.prodname LIKE '%联合宽带%';
```

用户宽带订单的地址数据查询结果如图 5-31 所示，其中第 3 列数据为地址数据。为保证用户数据安全，对原始数据已做脱敏处理，所以此处显示的数据中带有“*”。

```
2155608 联合宽带15M     越秀区中山一路*号***
2221014 联合宽带15M     越秀区小北路洪桥街**号***
2221014 联合宽带15M     越秀区小北路洪桥街**号***
2301756 联合宽带15M     越秀区寺右二横路**号乐景大厦*栋****
2041482 联合宽带25M     越秀区先烈东路沙河顶**号之****房
2041482 联合宽带25M     越秀区先烈东路沙河顶**号之****房
2176402 联合宽带15M     越秀区先烈中路**号大院***号（原**栋）***房
2192048 联合宽带15M     越秀区合群二马路**号***
2249687 联合宽带15M     越秀区中山二路菜园东街**号东雅轩*塔***
2249687 联合宽带15M     越秀区中山二路菜园东街**号东雅轩*塔***
2249687 联合宽带15M     越秀区中山二路菜园东街**号东雅轩*塔***
2189998 联合宽带15M     越秀区梅花路**号***
2189998 联合宽带15M     越秀区梅花路**号***
2189998 联合宽带15M     越秀区梅花路**号***
2113670 联合宽带15M     越秀区先烈东横路**号*栋***房
2113670 联合宽带15M     越秀区先烈东横路**号*栋***房
2113670 联合宽带15M     越秀区先烈东横路**号*栋***房
2024892 联合宽带25M     越秀区达道西路**号*栋***
2024892 联合宽带25M     越秀区达道西路**号*栋***
2024892 联合宽带15M     越秀区达道西路**号*栋***
2009411 联合宽带25M     荔湾区站前横路**号***
2159961 联合宽带30M     越秀区政民路**号***房
2159961 联合宽带30M     越秀区政民路**号***房
Time taken: 77.73 seconds, Fetched: 125 row(s)
```

图 5-31　用户宽带订单的地址数据查询结果

任务 5.6　抽样统计用户订购产品情况

任务描述

对于非常大的数据集，有时并不是需要全部的数据，只是需要具有代表性的查询结果。Hive 提供了分桶抽样功能来满足类似场景的需求。

本任务介绍使用桶表进行抽样查询，并利用抽样查询对用户订购产品的情况进行抽样统计。

5.6.1 使用桶表抽样查询

Hive 中的抽样查询是借助桶表实现的，抽样查询使用 TABLESAMPLE 关键字，语法如下。

```
SELECT SENTENCE
TABLESAMPLE(BUCKET x OUT OF y ON field);
```

语法中的 y 必须是桶表桶数的倍数或因子，Hive 将根据 y 的大小决定抽样的比例。例如，存在一个桶表 order_index_bucket，表的桶数为 4，则 y 可以取值 2 或 4*n*。当 y=2 时，抽取（4/2），也就是两个桶的数据。

x 决定了从哪个桶开始抽取，仍然以桶数为 4 的 order_index_bucket 表为例进行介绍。TABLESAMPLE(BUCKET 1 OUT OF 2)，表示从第 1 个桶开始抽取，共抽取两个桶的数据，抽取的第二个桶的数据为（1+2），即第 3 个桶的数据。对于 x 和 y 的取值，必须要注意不能超出桶表的界限。例如 TABLE(BUCKET 3 OUT OF 2)，对于 order_index_bucket 表来说，从第 3 个桶开始抽取数据，一共抽取两个桶的数据，第二个桶为（3+2），抽取第 5 个桶的数据，已经大于本身桶表的桶数 4，所以会出现报错，如图 5-32 所示。

```
hive> SELECT * FROM order_index_bucket
    > TABLESAMPLE(BUCKET 3 OUT OF 2 ON phone_no);
FAILED: SemanticException [Error 10061]: Numerator should not be bigger than
denominator in sample clause for table order_index_bucket
```

图 5-32　抽样查询报错

5.6.2 任务实现

根据任务要求，需要根据用户编号，对用户的订单情况进行抽样查询。

首先创建一个桶表 order_index_bucket，将订单数据表 order_index 中的数据按照用户编号 phone_no 分为 4 个桶，如代码 5-16 所示，将 order_index 表中的数据导入桶表中，如代码 5-17 所示。

代码 5-16　创建桶表

```
CREATE TABLE order_index_bucket(
phone_no string,
prodname string,
offerid string,
offername string,
```

```
business_name string,
orderno string)
CLUSTERED BY(phone_no) INTO 4 BUCKETS
ROW FORMAT DELIMITED
FIELDS TERMINATED BY ',';
```

代码 5-17 向桶表中导入数据

```
INSERT OVERWRITE TABLE order_index_bucket
SELECT phone_no,prodname,offerid,offername,business_name,orderno
FROM order_index;
```

然后使用抽样查询，抽取其中一个桶中的数据，例如抽取第 3 个桶中的数据，如代码 5-18 所示。

代码 5-18 抽取第 3 个桶中的数据

```
SELECT * FROM order_index_bucket
TABLESAMPLE(BUCKET 3 OUT OF 4 ON phone_no);
```

得到的查询结果如图 5-33 所示，共查询到 152376 条数据。由于 order_index 数据表中的 phone_no 字段本身有重复值，所以在哈希分桶的过程中，4 个桶中数据并不是完全平均分配的。

```
2260888 标清直播基本包_广州      GZ122560        互动+联合宽带-59元包    欠费
暂停状态        2120421760
2260888 精彩点_点播     GZ122560        互动+联合宽带-59元包    正常状态        2
120421760
2260888 广州基本点播组  GZ101369        支持单片点播权限(按片付费)      正常
状态    2120421760
2260888 所有基本节目_时移       GZ122560        互动+联合宽带-59元包    正常
状态    2120421760
Time taken: 0.32 seconds, Fetched: 152376 row(s)
```

图 5-33 第 3 个桶的数据

可以使用 COUNT 函数分别统计 order_index 数据表中原来的数据总数，及 order_index_bucket 表中第 1 个桶、第 2 个桶及第 4 个桶的数据条数，分别查看情况。order_index 表的数据总数如图 5-34 所示。

```
hive> SELECT COUNT(*) FROM order_index_bucket;
OK
608513
Time taken: 0.319 seconds, Fetched: 1 row(s)
```

图 5-34 order_index 表的数据总数

在抽样查询中可以使用聚合函数，统计每个桶中的数据条数，如代码 5-19 所示。

代码 5-19 统计每个桶中的数据条数

```
SELECT COUNT(*) FROM order_index_bucket
TABLESAMPLE(BUCKET 1 OUT OF 4 ON phone_no);
```

统计的第 1 个桶中的数据条数如图 5-35 所示，第 2 个桶中的数据条数如图 5-36 所示，第 3 个桶中的数据条数由图 5-33 所示结果最后一行可得，第 4 个桶中的数据条数如图 5-37 所示。4 个桶中的数据条数之和与 order_index 原表中的数据总数是相等的。

```
OK
153486
Time taken: 5.854 seconds, Fetched: 1 row(s)
```

图 5-35　第 1 个桶中的数据条数

```
OK
150690
Time taken: 3.428 seconds, Fetched: 1 row(s)
```

图 5-36　第 2 个桶中的数据条数

```
OK
151961
Time taken: 3.006 seconds, Fetched: 1 row(s)
```

图 5-37　第 4 个桶中的数据条数

小结

本章对 Hive 的高阶查询部分进行了介绍，包括 Hive 中常见的内置函数、在 Hive 中使用 JOIN 关键字进行多表连接查询以及 Hive 中的抽样查询。在查询过程中善用内置函数可以优化查询过程，满足更多的查询需求。在查询过程中需要联合多个数据表中的数据得到最终结果时，可以使用连接查询，要能够根据查询场景要求，选择恰当的连接类别。使用抽样查询能够在查询过程抽取一个或多个桶中的数据，获得很好的抽样效果，可以避免遍历全部数据，提高查询效率。

实训

实训 1　查询员工数据

1. 实训要点

（1）掌握 Hive 中的内置函数。

（2）掌握 Hive 中的连接查询。

2. 需求说明

A 公司为便于管理，创建了员工管理系统，数据表 employee_salary_first_half 存储了员工 2020 年上半年的工资数据，employee_salary_first_half 数据表的结构如表 5-3 所示。

使用departments数据表存储各部门的基本情况，departments数据表的结构如表5-4所示。

表5-3 employee_salary_first_half 数据表的结构

字段表示内容	字段名称	数据类型
员工编号	EmpID	INT
员工姓名	Name	STRING
性别	Gender	STRING
出生日期	Date_of_Birth	STRING
年龄	Age	STRING
入职日期	Date_of_Entry	STRING
总薪资	GROSS	FLOAT
薪资扣除部分	Deduction	FLOAT
职位	Designation	STRING
部门编号	DepID	STRING

表5-4 departments 数据表的结构

字段表示内容	字段名称	数据类型
部门编号	DepID	INT
部门名称	Name	STRING
办公电话	Telno	STRING

为了解员工的基本数据，现有如下统计需求，请使用Hive实现如下查询操作。

（1）请查询所有员工的基本从属数据，输出每个员工的编号、姓名以及所在部门的名称。

（2）每名员工的实发工资=总薪资-薪资扣除部分，请查询每名员工的实发工资。

（3）之前预创建了一些部门，后续并没有分配员工，请查询所有当前有员工的部门。

（4）现在要统计资深员工的情况，请查询截至2020年6月30日，所有入职超过5年的员工编号及员工姓名。

3. 实现思路及步骤

（1）employee_salary_first_half表中只保存了部门编号，要查询每个员工对应的部门名称，需要将employee_salary_first_half表与departments表连接，根据要求需要查询所有员工的数据，因此采用左连接，并将employee_salary_first_half表作为左表。

（2）使用数学函数运算符，将GROSS字段的值-Deduction字段的值作为一个输出列。

（3）只需要查询包含员工的部门数据，不需要输出员工的情况，可以使用左半开连接，将 departments 表作为左表。

（4）employees 表中包含入职日期字段，现需要查询截至 2020 年 6 月 30 日入职超过 5 年的员工的数据。可以使用 DATEDIFF 函数，比较入职日期及“2020-06-30”，由于函数运行结果为间隔的天数，所以要将函数运行结果除以 365，并进行取整，对结果进行判断，只要大于等于 5 就满足要求，输出员工编号及员工姓名。

实训 2　查询学生数据

1．实训要点

（1）掌握 Hive 中的连接查询。

（2）掌握 Hive 中的抽样查询。

2．需求说明

学校使用教务管理系统对学生数据课程数据及考试数据进行管理，在数据库中使用 sc_student 数据表存储学生数据，sc_student 数据表的结构如表 5-5 所示，使用 sc_courses 数据表存储课程数据，sc_courses 数据表的结构如表 5-6 所示，使用 sc_grades 数据表存储考试数据，sc_grades 数据表的结构如表 5-7 所示。

表 5-5　sc_students 数据表的结构

字段表示内容	字段名称	数据类型
学号	student_id	INT
姓名	name	STRING
年龄	age	INT
性别	gender	STRING

表 5-6　sc_courses 数据表的结构

字段表示内容	字段名称	数据类型
课程编号	course_id	INT
课程名称	name	STRING
授课老师	teacher	STRING

表 5-7　sc_grades 数据表的结构

字段表示内容	字段名称	数据类型
学生编号	sno	INT
课程编号	cno	INT
成绩	grade	FLOAT

为了解学生考试情况，现有如下统计需求，请使用 Hive 实现相应的查询操作。

（1）请查询考试成绩优秀的所有学生的学号及姓名，成绩优秀的判定标准为成绩不低于 85 分，若同一名学生的多门考试成绩均高于 85 分，则该生的学号及姓名只需要统计一次。

（2）统计各门课程的平均分，并展示平均分最高的课程名称及其授课老师。

（3）现在要了解学生的年龄分布情况，但学校的学生太多，无法全部统计，请抽取部分学生数据进行统计。

3．实现思路及步骤

（1）判断学生的考试成绩，根据 sc_grades 表查询所有 grade 字段值大于等于 85.0 的数据。但 sc_grades 表中只保存了学生编号，要查询学生编号对应的学生信息，需要将 sc_grades 表与 sc_students 表连接，而且不需要输出成绩，只需要输出学生的学号及姓名。可以采用左半开连接查询，并将 sc_students 表作为左表。

（2）统计各门课程的平均分，可以在 sc_grades 表中按照 cno 字段进行分组，然后使用 AVG 关键字统计各门课程的平均分。将 sc_grades 表与 sc_courses 表连接，可以根据 sc_grades 表中的 cno 从 sc_courses 表中获取对应的课程编号的课程名称及授课老师。为获取平均分最高的课程数据，可以对查询结果进行降序排列，并取第一条数据。

（3）为了在抽取学生数据的过程中能够尽可能覆盖到所有学生，可以使用学号作为分桶的字段，建立一个分桶表，按照学号分为 16 个桶。然后抽取 4 个桶中的学生数据进行观察，观察数据只有原表数据的 1/4，但是基本平均覆盖了所有学生的情况，不会产生统计上的不合理。

课后习题

1．选择题

（1）下列关于 Hive 中取整函数的描述中正确的是（　　）。

A．FLOOR 函数为向上取整函数，返回值是小于参数值的最大整数

B．CEIL 函数为向上取整函数，返回值是大于参数值的最小整数

C．ROUND 函数为向上取整函数，返回值是大于参数值的最小整数

D．ROUND 函数只能返回整数，不能返回浮点数

（2）以下不是 Hive 中的字符函数的是（　　）。

A．UPPER　　B．LOWER　　C．ABS　　D．SUBSTR

（3）执行如代码 5-20 所示的语句，得到的结果是（　　）。

代码 5-20 SUBSTR 函数

```
SELECT SUBSTR('Hive&&HADOOP',2);
```

A. i　B. Hi　C. ive&&HADOOP　D. HADOOP

（4）执行如代码 5-21 所示的语句，得到的结果是（　　）。

代码 5-21 MONTH 函数

```
SELECT MONTH('2021-02-29');
```

A. 2　B. 3　C. NULL　D. 出现报错

（5）使用下列连接时只会在查询结果中保留符合连接条件的数据的是（　　）。

A. 左外连接　B. 右外连接　C. 内连接　D. 全外连接

（6）下列关于左半开连接的描述中错误的是（　　）。

A. 左半开连接可以在 SELECT 关键字后使用右表的字段

B. 使用左半开连接的查询结果中只会包含左表数据

C. 左半开连接只保留能够满足连接条件的数据

D. 左半开连接的效率要高于内连接

（7）numbers 表一共有 10 个桶，执行如代码 5-22 所示的语句，抽取的桶的情况为（　　）。

代码 5-22 抽样查询

```
SELECT * FROM numbers
TABLESAMPLE(BUCKET 2 OUT OF 5 ON id);
```

A. 1 3 5 7 9　B. 2 7　C. 2 4 6 8 10　D. 2 4

2. 操作题

基于广电用户数据请完成以下统计任务。

（1）订单数据表 order_index 使用 orderdate 字段记录产品订购时间，使用 effdate 字段记录产品生效时间，使用 expdate 字段记录产品失效时间。请统计 order_index 表中每笔订单从产品订购到产品生效的间隔时间，以及产品生效至产品失效的间隔时间，以此来观察是否能在用户订购产品之后及时为用户开通产品，产品一般使用时长为多久。

（2）账单数据表 mmconsume_billevents 使用 should_pay 字段记录每笔账单的应收金额，然后使用 favour_fee 字段记录每笔账单的优惠金额，favour_fee 字段值为正数代表优惠，为负数代表产生额外费用。假如 2022 年 7 月有一个促销活动，对于开户时间超过 3 年，不存在暂停、欠费等异常情况的用户，每笔账单的实付金额将打 9 折。请计算 2022 年 7 月的所有账单最终实付金额。

第6章 广电用户收视行为数据查询优化

学习目标

（1）掌握 Hive 查询优化的方法。
（2）掌握 Hive 视图的使用方法。
（3）了解配置 Fetch 抓取的方法。
（4）掌握 Hive 设置 map 和 reduce 任务数的方法。
（5）掌握 Hive 配置并行执行的方法。
（6）掌握子查询的使用方法。
（7）掌握 GROUP BY 语句的优化配置方法。
（8）掌握 LIMIT 语句的优化配置方法。

素养目标

（1）通过使用 Hive 对广电用户收视行为数据进行查询优化，培养学以致用的精神。

（2）通过学习优化 Hive 配置，培养积极进取、不断追求最优、精益求精的工匠精神。

（3）通过了解 GROUP BY 与 COUNT(DISTINCT)的去重对比，培养多学习、多思考的职业素养。

第6章 广电用户收视行为数据查询优化

思维导图

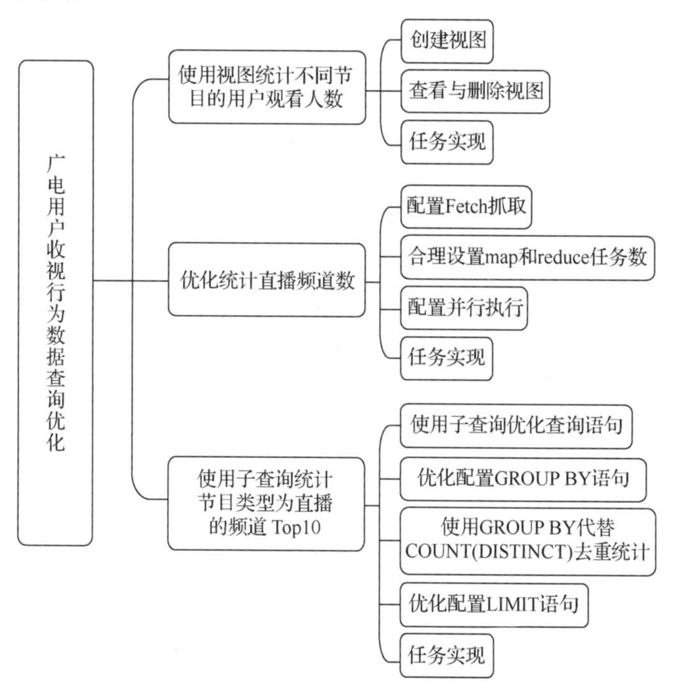

任务背景

通过前面章节的学习，读者对在 Hive CLI 中通过执行 HQL 语句对 Hive 表进行查询的方法有了一定的了解，也熟悉了各种 Hive 函数的使用场景，掌握了调用函数编写 HQL 语句实现查询的方法。然而，为了进一步提高查询性能和效率，读者该如何合理、高效地选择函数和缩写 HQL 语句，依旧是值得探究的主题。

在数据量很小的场景下可以不用考虑优化 HQL 语句，因为数据量很小，所以优化效果可能不显著。然而，在大数据场景下，语句优化就尤为关键，在面对以百万或以亿计的数据量时，即使细微地优化，都会在执行效率上有质的飞越。依“旧例”办事固然很少出错，但执行速度会极慢，在高要求的背景下，大家需要做到“守正创新”，实现飞跃发展。广电案例中的用户收视行为数据表含有 100 多万条数据，相应的查询属于大数据场景下的查询，因此查询语句的优化是十分有必要的。

本章将对广电用户收视行为数据表进行查询优化，首先介绍视图的创建及其操作方法，其次介绍 Hive 的设置优化，如配置 Fetch 抓取、设置 map 和 reduce 任务数等，再介绍 Hive 的语句优化，如使用子查询优化查询语句，通过介绍 Hive 查询的优化方法，并结合广电用户收视行为数据表，以实现各任务为目标，帮助读者掌握 Hive 的优化查询方法。

任务 6.1 使用视图统计不同节目的用户观看人数

任务描述

随着互联网的发展，电视与互联网相结合，已经实现了节目点播或回放，人们可以随时观看自己喜欢的节目。为了解不同节目的用户观看人数，探索人们是观看直播节目居多，还是因时间冲突，只能以点播或回放的方式观看节目。本任务介绍使用 Hive 视图降低查询复杂度，优化统计不同节目的用户观看人数的查询语句。

6.1.1 创建视图

视图是基于数据库的基本表创建的一种伪表，因此数据库只存储视图的定义，不存储数据项，数据项仍然存在基本表中。视图可作为抽象层，将数据发布给下游用户。视图只能用于查询，但不能插入和修改数据，提高了数据的安全性。在创建视图时，视图就已经固定，因此对基本表的后续更改（如添加列等操作）将不会反映在视图中。

视图允许从多个表中抽取字段组成可查询的伪表。使用视图可以降低查询的复杂度，达到优化查询的目的。

在 Hive 中可以使用 CREATE VIEW 关键字创建视图。创建视图的语法如下。

```
CREATE VIEW [IF NOT EXISTS] [db_name.]view_name
  [(column_name [COMMENT column_comment], ...) ]
  [COMMENT view_comment]
  [TBLPROPERTIES (property_name = property_value, ...)]
  AS SELECT ...;
```

创建 Hive 视图的语法中的参数如表 6-1 所示。

表 6-1　创建 Hive 视图的语法中的参数

参数	说明
IF NOT EXISTS	当创建视图时，如果已经存在同名的视图，那么将引发错误。在创建视图时可以使用 IF NOT EXISTS 判断是否存在同名的视图
COMMENT	注释，不仅可以为选择的字段添加注释，而且也可以为视图添加注释
TBLPROPERTIES	用户可在创建视图时添加自定义或预定义的数据属性，并设置数据属性的赋值
AS SELECT	用户可选择所基于的基本表内容创建视图，定义视图的结构和数据。如果在创建视图时未定义列名，那么视图列的名称将自动由定义的 SELECT 表达式派生（如果 SELECT 包含无别名的标量表达式，如“x+y”，那么视图列名将以“_C0”“_C1”的形式生成）。重命名列时，还可以选择提供列注释（注释不会自动继承自基础列）

广电用户收视行为数据表中，记录了不同节目的收视情况。现通过从 Hive 的广电用户收视行为数据表 media_index 中选取用户编号、直播频道名称、观看行为开始时间和观看行为结束时间，形成一个可供查询的视图 media_index_time_view，如代码 6-1 所示。

代码 6-1　创建 media_index_time_view 视图

```
CREATE VIEW IF NOT EXISTS media_index_time_view (
phone_no,
station_name,
origin_time,
end_time)
AS SELECT phone_no, station_name, origin_time,end_time FROM media_index;
```

6.1.2　查看与删除视图

视图是一个没有关联存储的纯逻辑对象。当查询引用视图时，会评估视图的定义以生成一组行数据供进一步查询。视图是一个概念性描述，实际上作为查询优化的一部分，Hive 将视图的定义与查询的定义结合起来，如在查询视图内容时，Hive 根据视图的定义选择引用表中对应的字段内容进行查询。

在 6.1.1 小节中已创建了 media_index_time_view 视图，在 ZJSM 数据库中使用“SHOW TABLES;”语句，可查看当前数据库中的表和视图，如图 6-1 所示。

```
hive> SHOW TABLES;
OK
media_index
media_index_time_view
mediamatch_userevent
mediamatch_usermsg
mmconsume_billevents
order_index
Time taken: 0.136 seconds, Fetched: 6 row(s)
```

图 6-1　查看表和视图

除了使用“SHOW TABLES;”语句可查看当前数据库中的视图外，Hive 2.2.0 及其后的版本开始支持使用“SHOW VIEWS;”语句查看当前数据库中的视图，如图 6-2 所示。

```
hive> SHOW VIEWS;
OK
media_index_time_view
Time taken: 0.07 seconds, Fetched: 1 row(s)
```

图 6-2　查看视图

从图 6-2 中可看到，数据库中已经存在了 media_index_time_view 视图，可使用“DESC media_index_time_view;”语句查看视图结构，如图 6-3 所示。

```
hive> DESC media_index_time_view;
OK
phone_no                string
station_name            string
origin_time             string
end_time                string
Time taken: 0.093 seconds, Fetched: 4 row(s)
```

图 6-3 查看视图结构

视图内容查询方法与表内容查询方法一致，查询 media_index_time_view 视图的前 10 行数据，如代码 6-2 所示，结果图 6-4 所示。

代码 6-2 查询 media_index_time_view 视图的前 10 行数据

```
SELECT * FROM media_index_time_view LIMIT 10;
```

```
hive> SELECT * FROM media_index_time_view LIMIT 10;
OK
2559492 东方卫视-高清  2022-07-11 22:55:00     2022-07-11 23:08:01
3489591 中央10台-高清  2022-07-11 21:25:00     2022-07-11 21:41:37
4050240 江西卫视-高清  2022-07-11 21:51:47     2022-07-11 21:52:49
4195365 河南卫视-高清  2022-07-11 11:24:58     2022-07-11 11:25:46
2009814 中央4台-高清   2022-07-11 20:34:12     2022-07-11 20:35:03
2436506 中央音乐       2022-07-10 21:59:42     2022-07-10 22:02:45
2493673 江苏卫视-高清  2022-07-09 12:58:08     2022-07-09 12:59:05
2981036 中央10台-高清  2022-07-11 12:55:23     2022-07-11 12:56:39
3168858 广州电视-高清  2022-07-09 10:30:00     2022-07-09 11:16:07
3469254 广东体育-高清  2022-07-09 15:52:16     2022-07-09 15:53:52
Time taken: 0.447 seconds, Fetched: 10 row(s)
```

图 6-4 查询 media_index_view 视图的前 10 行数据

视图是基于基本表创建的伪表，并没有将真实数据存储在 Hive 中，若删除视图关联的基本表，则查询视图内容时将会报错。若删除 ZJSM 数据库中的 media_index 表，则再次执行代码 6-2 所示命令后，查看 media_index_time_view 视图内容时将会报错，如图 6-5 所示。

```
hive> DROP TABLE media_index;
OK
Time taken: 0.464 seconds
hive> SELECT * FROM media_index_time_view LIMIT 10;
FAILED: SemanticException Line 1:251 Table not found 'media_index' in definition of VIEW media_index_ti
me_view [
SELECT `phone_no` AS `phone_no`, `station_name` AS `station_name`, `origin_time` AS `origin_time`, `end
_time` AS `end_time` FROM (SELECT `media_index`.`phone_no`, `media_index`.`station_name`, `media_index`
.`origin_time`,`media_index`.`end_time` FROM `zjsm`.`media_index`) `zjsm.media_index_time_view`
] used as media_index_time_view at Line 1:14
```

图 6-5 删除 media_index 表后再查看 media_index_time_view 视图内容

删除视图可使用“DROP VIEW view_name;”语句。对视图使用“DROP TABLE”语句是非法的，这不会删除视图。使用“DROP VIEW media_index_time_view;”语句删除 media_index_time_view 视图，如图 6-6 所示。

```
hive> DROP VIEW media_index_time_view;
OK
Time taken: 0.16 seconds
```

图 6-6 删除 media_index_time_view 视图

6.1.3　任务实现

本任务的目标是实现使用视图统计不同节目的用户观看人数。广电用户收视行为数据表的字段众多，使用视图筛选出相关字段可以降低查询的复杂度，实现 Hive 查询优化。实现该任务的步骤如下。

（1）根据 media_index 表中的 phone_no（用户编号）和 res_type（节目类型）字段创建视图 media_index_type_view，如代码 6-3 所示。

代码 6-3　创建视图 media_index_type_view

```
CREATE VIEW IF NOT EXISTS media_index_type_view (
phone_no,
res_type)
AS SELECT phone_no, res_type FROM media_index;
```

（2）使用 media_index_type_view 视图统计不同节目的用户观看人数，如代码 6-4 所示。

代码 6-4　统计不同媒体节目类型的用户观看人数

```
# 使用视图统计不同节目的用户观看人数
SELECT    res_type,COUNT(DISTINCT    phone_no)    as    user_Number    FROM
media_index_type_view GROUP BY res_type;
```

执行代码 6-4 所示的命令可得到不同节目的用户观看人数的统计结果，如图 6-7 所示，可得出观看电视直播节目的用户有 6333 人，观看点播或回放节目的用户有 2448 人。因此可得观看电视直播节目的用户人数约是观看点播或回放节目的用户人数的 2.6 倍。

```
Total MapReduce CPU Time Spent: 31 seconds 840 msec
OK
0       6333
1       2448
Time taken: 66.923 seconds, Fetched: 2 row(s)
```

图 6-7　不同节目的用户观看人数统计结果

任务 6.2　优化统计直播频道数

任务描述

随着有线数字电视的发展与普及，用户能够观看更多的直播频道。用户除了可以观看基本的免费直播节目外，还可以通过付费的方式观看更多的付费节目。现今电视节目丰富多彩，直播频道相对较多。本任务介绍优化 Hive 配置并统计广电直播频道数，提高查询效率。

6.2.1 配置 Fetch 抓取

Fetch 抓取是指在 Hive 中对某些数据的查询可以不必使用 MapReduce 计算，而是读取存储目录下的文件，再输出查询结果到控制台，如全局查询、字段查询和使用 LIMIT 语句查询。在特殊的场景下配置 Fetch 抓取，可以提高查询的效率。

Hive 安装目录的 conf 目录下存在一个 hive-default.xml.template 配置文件，该文件中存在一个 hive.fetch.task.conversion 参数，对该参数可以设置 3 种值，分别为 none、minimal 和 more，3 种参数值的含义解析如表 6-2 所示。

表 6-2　3 种参数值的含义解析

参数值	含义解析
none	表示所有查询都会运行 MapReduce
minimal	表示在查询的开始阶段、选择某些分区的字段和使用 LIMIT 语句查询时不会执行 MapReduce
more	表示在全局查询、字段查询和使用 LIMIT 查询时都不会执行 MapReduce

将 hive.fetch.task.conversion 参数的值设置为 more，即可实现 Fetch 抓取。Hive 3.1.2 中的 hive.fetch.task.conversion 参数的值默认设置为 more。

例如，在 Hive 3.1.2 的 CLI 中简单地查询广电用户收视行为数据表的前 5 行数据，查询时将不会执行 MapReduce，如图 6-8 所示。

```
hive> SELECT * from media_index LIMIT 5;
OK
1110013066	2559492 781000	东方卫视-高清	2022-07-11 22:55:00	2022-07-11 23:08:01	00	HC级[
{"level1_name":"NULL","level2_name":null,"level3_name":null,"level4_name":null,"level5_name":null}]	NULLN
ULL	NULL	NULL	0	NULL	NULL	暂无节目信息	互动电视
1500031470	3489591 997000	中央10台-高清	2022-07-11 21:25:00	2022-07-11 21:41:37	00	HC级[
{"level1_name":"NULL","level2_name":null,"level3_name":null,"level4_name":null,"level5_name":null}]	NULLN
ULL	NULL	NULL	0	NULL	NULL	暂无节目信息	互动电视
1900099930	4050240 62000	江西卫视-高清	2022-07-11 21:51:47	2022-07-11 21:52:49	00	HC级[
{"level1_name":"NULL","level2_name":null,"level3_name":null,"level4_name":null,"level5_name":null}]	NULLN
ULL	NULL	NULL	0	NULL	NULL	暂无节目信息	互动电视
2400051583	4195365 48000	河南卫视-高清	2022-07-11 11:24:58	2022-07-11 11:25:46	00	HC级[
{"level1_name":"NULL","level2_name":null,"level3_name":null,"level4_name":null,"level5_name":null}]	NULLN
ULL	NULL	NULL	0	NULL	NULL	暂无节目信息	互动电视
1300095083	2009814 51000	中央4台-高清	2022-07-11 20:34:12	2022-07-11 20:35:03	00	HC级[
{"level1_name":"NULL","level2_name":null,"level3_name":null,"level4_name":null,"level5_name":null}]	NULLN
ULL	NULL	NULL	0	NULL	NULL	暂无节目信息	互动电视
Time taken: 0.381 seconds, Fetched: 5 row(s)
```

图 6-8　使用默认设置查询广电用户收视行为数据表的前 5 行数据

若将 hive.fetch.task.conversion 的值设置为 none，再次查询广电用户收视行为数据表的前 5 行数据，则查询时将执行 MapReduce，如代码 6-5 所示，执行结果如图 6-9 所示。

代码 6-5　将 hive.fetch.task.conversion 的值设置为 none 并查询表数据

```
# 将 hive.fetch.task.conversion 的值设置为 none
SET hive.fetch.task.conversion=none;
SELECT * FROM media_index LIMIT 5;
```

```
hive> SET hive.fetch.task.conversion=none;
hive> SELECT * FROM media_index LIMIT 5;
Query ID = root_20230530161456_dbbdc811-b067-4e06-aea2-97a5db93d400
Total jobs = 1
Launching Job 1 out of 1
Number of reduce tasks is set to 0 since there's no reduce operator
2023-05-30 16:14:57,240 INFO  [ef2cfe9e-c1b0-4028-81c4-0b9a51f28928 main] client.RMProxy: Connecting to Resou
rceManager at master/192.168.128.130:8032
2023-05-30 16:14:57,262 INFO  [ef2cfe9e-c1b0-4028-81c4-0b9a51f28928 main] client.RMProxy: Connecting to Resou
rceManager at master/192.168.128.130:8032
Starting Job = job_1685431335324_0012, Tracking URL = http://master:8088/proxy/application_1685431335324_0012
/
Kill Command = /usr/local/hadoop-3.1.4/bin/mapred job  -kill job_1685431335324_0012
Hadoop job information for Stage-1: number of mappers: 4; number of reducers: 0
2023-05-30 16:15:20,150 Stage-1 map = 0%,  reduce = 0%
2023-05-30 16:15:37,123 Stage-1 map = 25%,  reduce = 0%, Cumulative CPU 2.0 sec
2023-05-30 16:15:47,436 Stage-1 map = 50%,  reduce = 0%, Cumulative CPU 4.35 sec
2023-05-30 16:15:57,874 Stage-1 map = 75%,  reduce = 0%, Cumulative CPU 6.18 sec
2023-05-30 16:16:06,101 Stage-1 map = 100%,  reduce = 0%, Cumulative CPU 8.52 sec
MapReduce Total cumulative CPU time: 8 seconds 520 msec
Ended Job = job_1685431335324_0012
MapReduce Jobs Launched:
Stage-Stage-1: Map: 4   Cumulative CPU: 8.52 sec   HDFS Read: 2918353 HDFS Write: 5199 SUCCESS
Total MapReduce CPU Time Spent: 8 seconds 520 msec
OK
1110013066      2559492 781000  东方卫视-高清   2022-07-11 22:55:00     2022-07-11 23:08:01     00      HC级[
{"level1_name":"NULL","level2_name":null,"level3_name":null,"level4_name":null,"level5_name":null}]     NULLN
ULL     NULL    NULL    0       NULL    NULL    暂无节目信息    互动电视
1500031470      3489591 997000  中央10台-高清   2022-07-11 21:25:00     2022-07-11 21:41:37     00      HC级[
{"level1_name":"NULL","level2_name":null,"level3_name":null,"level4_name":null,"level5_name":null}]     NULLN
ULL     NULL    NULL    0       NULL    NULL    暂无节目信息    互动电视
1900099930      4050240 62000   江西卫视-高清   2022-07-11 21:51:47     2022-07-11 21:52:49     00      HC级[
{"level1_name":"NULL","level2_name":null,"level3_name":null,"level4_name":null,"level5_name":null}]     NULLN
ULL     NULL    NULL    0       NULL    NULL    暂无节目信息    互动电视
2400051583      4195365 48000   河南卫视-高清   2022-07-11 11:24:58     2022-07-11 11:25:46     00      HC级[
{"level1_name":"NULL","level2_name":null,"level3_name":null,"level4_name":null,"level5_name":null}]     NULLN
ULL     NULL    NULL    0       NULL    NULL    暂无节目信息    互动电视
1300095083      2009814 51000   中央4台-高清    2022-07-11 20:34:12     2022-07-11 20:35:03     00      HC级[
{"level1_name":"NULL","level2_name":null,"level3_name":null,"level4_name":null,"level5_name":null}]     NULLN
ULL     NULL    NULL    0       NULL    NULL    暂无节目信息    互动电视
Time taken: 72.547 seconds, Fetched: 5 row(s)
```

图 6-9　将 hive.fetch.task.conversion 的值设置为 none 并查询表数据

对比图 6-8 和图 6-9 所示的执行时间可得，当将 hive.fetch.task.conversion 的值设置为 more 时，查询时间为 0.381 秒，当将 hive.fetch.task.conversion 的值设置为 none 时，查询时间为 72.547 秒，因此配置 Fetch 抓取对执行简单查询的效率有显著的提升。

6.2.2　合理设置 map 和 reduce 任务数

当使用 Hive 进行聚合查询时，将不通过 Fetch 抓取读取存储目录文件，而是使用 MapReduce 作业执行聚合查询的过程。在通常情况下，MapReduce 作业通过读取数据文件将产生一个或多个 map 任务，产生的 map 任务数主要取决于读取到的文件数和集群设置的文件块大小。而在默认的情况下，reduce 任务数则是通过 Hive 的内置算法决定的。

1. 调整 map 任务数

并不是 map 任务数越多，其执行效率就越高。假设一个任务存在多个小文件，每一个小文件都会启动一个 map 任务，当一个 map 任务启动和初始化的时间远远大于逻辑处理的时间，会造成很大的资源浪费，并且可执行的 map 任务数是有限的。因此，可以设置在 map 任务执行前合并小文件以达到减少 map 任务数的目的，如代码 6-6 所示。

代码 6-6　设置在 map 任务执行前合并小文件

```
SET hive.input.format=org.apache.hadoop.hive.ql.io.CombineHiveInputFormat;
```

当然，map 任务数也不是越少越好。假设处理的文件较大，任务逻辑复杂，map 任务执行较慢的时候，可考虑增加 map 任务数，降低每个 map 任务处理的数据量，从而提高任务的执行效率。增加 map 任务数可以通过减小 Hadoop 块实现。

广电用户收视行为数据表大小约为 780MB，使用“SET mapreduce.input.fileinputformat.split.maxsize;”语句查看最大切分数据块，结果如图 6-10 所示。本书 Hive 环境中默认最大切分数据块的大小为 256MB。

```
hive> SET mapreduce.input.fileinputformat.split.maxsize;
mapreduce.input.fileinputformat.split.maxsize=256000000
```

图 6-10　查看 Hive 中最大切分数据块

使用 count()聚合函数统计广电用户收视行为数据表的记录数，结果如图 6-11 所示，该查询过程所需要的执行时间为 62.273 秒。

```
hive> SELECT count(*) FROM media_index;
Query ID = root_20210818214259_5ccf774a-1a61-42d2-a7d2-18f6639f3ed8
Total jobs = 1
Launching Job 1 out of 1
Number of reduce tasks determined at compile time: 1
In order to change the average load for a reducer (in bytes):
  set hive.exec.reducers.bytes.per.reducer=<number>
In order to limit the maximum number of reducers:
  set hive.exec.reducers.max=<number>
In order to set a constant number of reducers:
  set mapreduce.job.reduces=<number>
Starting Job = job_1629278083672_0013, Tracking URL = http://master:8088/proxy/application_162927
8083672_0013/
Kill Command = /usr/local/hadoop-3.1.4/bin/mapred job  -kill job_1629278083672_0013
Hadoop job information for Stage-1: number of mappers: 4; number of reducers: 1
2021-08-18 21:43:21,408 Stage-1 map = 0%,  reduce = 0%
2021-08-18 21:43:42,165 Stage-1 map = 17%,  reduce = 0%, Cumulative CPU 8.53 sec
2021-08-18 21:43:44,231 Stage-1 map = 50%,  reduce = 0%, Cumulative CPU 9.17 sec
2021-08-18 21:43:54,686 Stage-1 map = 75%,  reduce = 0%, Cumulative CPU 11.07 sec
2021-08-18 21:43:56,733 Stage-1 map = 100%,  reduce = 0%, Cumulative CPU 14.26 sec
2021-08-18 21:43:59,847 Stage-1 map = 100%,  reduce = 100%, Cumulative CPU 16.1 sec
MapReduce Total cumulative CPU time: 16 seconds 100 msec
Ended Job = job_1629278083672_0013
MapReduce Jobs Launched:
Stage-Stage-1: Map: 4  Reduce: 1   Cumulative CPU: 16.1 sec   HDFS Read: 819294181 HDFS Write: 10
7 SUCCESS
Total MapReduce CPU Time Spent: 16 seconds 100 msec
OK
4754442
Time taken: 62.273 seconds, Fetched: 1 row(s)
```

图 6-11　最大切分数据块的大小为 256MB 时统计广电用户收视行为数据表的记录数

由图 6-11 可得，处理广电用户收视行为数据表将会产生 4 个 map 任务，map 任务数较少，因此每个 map 任务所需处理的数据量较大。将最大切分数据块的大小设置为 128MB，再统计广电用户收视行为数据表的记录数，如代码 6-7 所示，预计将产生 7 个

map 任务，执行效率将会提升。

代码 6-7 将最大切分数据块的大小设置为 128MB 再统计广电用户收视行为数据表的记录数

```
# 128MB 等于 134217728 字节
SET mapreduce.input.fileinputformat.split.maxsize=134217728;
SELECT count(*) FROM media_index;
```

执行结果如图 6-12 所示。

```
hive> SET mapreduce.input.fileinputformat.split.maxsize=134217728;
hive> SELECT count(*) FROM media_index;
Query ID = root_20210818232252_19602728-5701-4da1-9d50-acebf90be422
Total jobs = 1
Launching Job 1 out of 1
Number of reduce tasks determined at compile time: 1
In order to change the average load for a reducer (in bytes):
  set hive.exec.reducers.bytes.per.reducer=<number>
In order to limit the maximum number of reducers:
  set hive.exec.reducers.max=<number>
In order to set a constant number of reducers:
  set mapreduce.job.reduces=<number>
Starting Job = job_1629278083672_0031, Tracking URL = http://master:8088/proxy/application_162927
8083672_0031/
Kill Command = /usr/local/hadoop-3.1.4/bin/mapred job  -kill job_1629278083672_0031
Hadoop job information for Stage-1: number of mappers: 7; number of reducers: 1
2021-08-18 23:23:02,891 Stage-1 map = 0%,  reduce = 0%
2021-08-18 23:23:15,239 Stage-1 map = 14%,  reduce = 0%, Cumulative CPU 2.88 sec
2021-08-18 23:23:16,270 Stage-1 map = 29%,  reduce = 0%, Cumulative CPU 5.43 sec
2021-08-18 23:23:23,460 Stage-1 map = 57%,  reduce = 0%, Cumulative CPU 10.75 sec
2021-08-18 23:23:31,943 Stage-1 map = 71%,  reduce = 0%, Cumulative CPU 12.96 sec
2021-08-18 23:23:36,058 Stage-1 map = 86%,  reduce = 0%, Cumulative CPU 15.62 sec
2021-08-18 23:23:41,172 Stage-1 map = 100%,  reduce = 0%, Cumulative CPU 15.62 sec
2021-08-18 23:23:43,231 Stage-1 map = 100%,  reduce = 100%, Cumulative CPU 19.41 sec
MapReduce Total cumulative CPU time: 19 seconds 410 msec
Ended Job = job_1629278083672_0031
MapReduce Jobs Launched:
Stage-Stage-1: Map: 7  Reduce: 1   Cumulative CPU: 19.41 sec   HDFS Read: 819320857 HDFS Write: 1
07 SUCCESS
Total MapReduce CPU Time Spent: 19 seconds 410 msec
OK
4754442
Time taken: 52.472 seconds, Fetched: 1 row(s)
```

图 6-12 将最大切分数据块的大小设置为 128MB 再统计广电用户收视行为数据表的记录数

图 6-12 所示的结果与预测结果一致，将最大切分数据块的大小设置为 128MB 后，MapReduce 任务产生了 7 个 map 任务，执行时间也从 62.273 秒降低为 52.472 秒，表明通过合理设置 map 任务数能够有效地提高执行效率。

2. 调整 reduce 任务数

Hive 3.1.2 中每个 reduce 任务处理的数据块大小默认是 256MB，每个 MapReduce 任务的最大可执行 reduce 任务数为 1009 个，查询语句如代码 6-8 所示，结果如图 6-13 所示。

代码 6-8 查询 Hive 中的 reduce 任务处理的数据量和最大可执行 reduce 任务数

```
# reduce 任务处理的数据量
SET hive.exec.reducers.bytes.per.reducer;
```

```
# 最大可执行 reduce 任务数
SET hive.exec.reducers.max;
```

```
hive> SET hive.exec.reducers.bytes.per.reducer;
hive.exec.reducers.bytes.per.reducer=256000000
hive> SET hive.exec.reducers.max;
hive.exec.reducers.max=1009
```

图 6-13　reduce 任务处理的数据量和最大可执行 reduce 任务数

若不设置 reduce 任务数，则 Hive 将使用内置算法确定 reduce 任务数，这将对执行效率有很大的影响。在处理的数据量较大时，若 reduce 任务数较少，则会导致 reduce 任务执行过慢，甚至会出现内存过载的错误。若 reduce 任务数较多，则会产生大量的小文件，造成文件合并代价太高，NameNode 的内存占用也会增大。因此，合理地设置 reduce 任务数尤为关键。

合理的 reduce 任务数等于读取的文件大小除以每个 reduce 任务能够处理的数据量大小。如广电用户收视行为数据表的大小约为 780MB，合理的 reduce 任务数应该为 4，设置 reduce 任务数的方法如代码 6-9 所示。

代码 6-9　设置 reduce 任务数为 4

```
# 设置 reduce 任务数为 4
set mapreduce.job.reduces=4;
```

6.2.3　配置并行执行

在 Hive 中执行 HQL 语句查询时，会将查询转化成一个或多个阶段来完成查询任务，包括 MapReduce 阶段、全局查询阶段、合并阶段或使用 LIMIT 语句查询阶段等。在 Hive 的默认环境下，Hive 执行任务时将按照划分好的阶段逐步执行，换而言之，Hive 一次只会执行一个阶段。

其实在 Hive 作业的众多阶段中，并非所有的阶段都是完全相互依赖的，因此存在某些阶段是允许并行执行的。通过配置并行执行，可以使得整个 Hive 作业的执行时间缩短。Hive 的并行执行配置，如代码 6-10 所示。

代码 6-10　Hive 的并行执行配置

```
# 开启任务并行执行
SET hive.exec.parallel=true;
# HQL 允许的最大并行度
SET hive.exec.parallel.thread.number=8;
```

Hive 的并行执行默认状态是 false（即关闭），需要设置为 true（开启）。Hive 中执行同一条 HQL 语句所支持的并行度默认值为 8，换而言之，Hive 可以同时执行 8 个互不相关的阶段。读者可以根据所执行的 HQL 语句的复杂程度调整最大并行度。

值得注意的是，在 Hive 集群当中，如果 Hive 作业中并行执行阶段增多，那么集群资源利用率也会增大。并行执行会占用大量的集群资源以加速 HQL 语句的执行，因此一定要清楚集群资源的总量与当前利用率，否则并行执行将失败。

6.2.4 任务实现

本任务的目标是实现优化 Hive 配置，并且统计直播频道数，任务实现步骤如下。

（1）创建 media_index_station_view 视图，从广电用户收视行为数据表中筛选出直播频道字段。

（2）将 Hive 中的最大切分数据块的大小设置为 128MB，增加 map 任务数。

（3）开启任务并行执行。

（4）去重统计直播频道数。

优化统计直播频道数，如代码 6-11 所示，将生成 1 个 MapReduce 作业，且读取 media_index_station_view 视图数据时，生成 7 个 map 任务。因为使用 COUNT(DISTINCT) 语句去重，所以只会生成 1 个 reduce 任务，MapReduce 作业执行总用时为 50.399 秒，结果如图 6-14 所示。

代码 6-11　优化统计直播频道数

```
# 创建视图
CREATE VIEW IF NOT EXISTS media_index_station_view (
station_name)
AS SELECT station_name FROM media_index;

# 将最大切分数据块的大小设置为 128MB，增加 map 任务数
SET mapreduce.input.fileinputformat.split.maxsize=134217728;

# 开启任务并行执行
SET hive.exec.parallel=true;

# 去重统计直播频道数
SELECT COUNT(DISTINCT station_name) FROM media_index_station_view;
```

```
MapReduce Jobs Launched:
Stage-Stage-1: Map: 7  Reduce: 1   Cumulative CPU: 24.29 sec   HDFS Read: 819302891 HDFS Write: 1
03 SUCCESS
Total MapReduce CPU Time Spent: 24 seconds 290 msec
OK
147
Time taken: 50.399 seconds, Fetched: 1 row(s)
```

图 6-14　优化统计直播频道数

任务 6.3 使用子查询统计节目类型为直播的频道 Top10

任务描述

现今广电直播频道数量众多，电视节目日益全球化，任务 6.2 统计出广电公司拥有 147 个直播频道。广电公司需要对每个直播频道进行投资，因此了解用户感兴趣的节目，统计直播频道热度，对广电公司进行节目投资十分重要。本任务介绍使用子查询统计出节目类型为直播的频道 Top10。

6.3.1 使用子查询优化查询语句

Hive 作为分布式的数据仓库，在执行分布式计算和分布式存储时，都会消耗大量的磁盘和网络 I/O（Input/Output，输入输出）资源，因此如何减少 I/O 资源消耗是一个优化的焦点。Hive 的查询依赖于 MapReduce 计算框架，而每一个 MapReduce 作业的启动需要消耗大量的 I/O 资源，原因是 MapReduce 存在 Shuffle 操作，中间结果将产生大量的磁盘落地。HQL 语句的查询任务会转化为 MapReduce 程序来执行，若存在多个作业，则作业与作业之间的中间结果会先溢写到磁盘上。因此优化 HQL 语句减少中间结果数据的产生，也能够达到减少 I/O 资源消耗的效果。

子查询是查询语句的嵌套，即外部查询中还包含一个内部查询。当一个查询是另一个查询的条件时，称为子查询。子查询可以使用几个简单的命令构造功能强大的复合命令，子查询常用于 SELECT 语句的 WHERE 子句。此外，子查询可作为一个临时表来使用，用于完成更为复杂表联结数据的检索功能。

从 Hive 0.12 开始在 FROM 子句中支持子查询，子查询的语法如下。

```
SELECT ... FROM (subquery) name ...
SELECT ... FROM (subquery) AS name ... （从 Hive 0.13.0 开始支持这种查询方式）
```

子查询指在一个查询语句中嵌套使用一个或多个查询语句，子查询放在 FROM 关键字之后，且因为 FROM 子句中的每个表都必须具有名称，所以需要为子查询指定表名称。子查询 SELECT 列表中的列（字段）名称也必须唯一。

从 Hive 0.13 开始允许使用 AS 关键字进行子查询表命名，同时也开始支持在 WHERE 之后使用关键字 IN 或 NOT IN 实现子查询。

在 Hive 中，尽量先多使用子查询和使用 WHERE 语句降低表数据的复杂度，再使用 JOIN 连接查询。如果先进行表连接，那么查询将先进行全表扫描，最后才使用 WHERE 语句筛选，执行效率将会降低。如果先使用子查询，那么可利用 WHERE 语句过滤不相关字段，不但能增加 map 任务数，还能减小数据量。

使用子查询，查询用户数小于500的用户等级名称，如代码6-12所示，查询到EA级的用户数小于500，结果如图6-15所示。

代码6-12 查询用户数少于500名的用户等级名称

```
# 查询用户数小于500的用户等级名称
SELECT a.owner_name FROM (SELECT owner_name,COUNT(phone_no) AS count FROM
media_index GROUP BY owner_name) a WHERE a.count < 500;
```

```
Stage-Stage-1: Map: 7  Reduce: 4   Cumulative CPU: 31.12 sec   HDFS Read: 819351233 HDFS Write: 3
69 SUCCESS
Total MapReduce CPU Time Spent: 31 seconds 120 msec
OK
EA级
Time taken: 60.983 seconds, Fetched: 1 row(s)
```

图6-15 查询用户数小于500的用户等级名称

6.3.2 优化配置GROUP BY语句

在使用GROUP BY语句进行数据分组时，在默认情况下，Map阶段相同的key数据将发送给同一个reduce任务处理。当某一个key数据过大时，将产生数据倾斜，导致某个reduce任务需要处理的数据量过大，使得该reduce任务执行缓慢，甚至造成任务挂失。

其实并非所有的聚合操作都需要在Reduce阶段完成，许多聚合操作在不影响最终结果的情况下可以在Map阶段进行预聚合（如求和以及求最值），最后在Reduce阶段进行结果输出即可。

在Hive中开启Map阶段预聚合的参数设置如下。

（1）设置允许在Map端进行聚合，聚合设置默认为true（开启），如代码6-13所示。

代码6-13 设置允许在Map端进行聚合

```
# 设置允许在Map端进行聚合
SET hive.map.aggr = true;
```

（2）设置允许在Map端进行聚合操作的数据量时应对所需处理的数据量有一定的了解，若设置的可聚合数量过小，则会影响执行效率，如代码6-14所示。

代码6-14 设置允许在Map端进行聚合操作的数据量

```
# 设置允许在Map端进行聚合操作的数据量
SET hive.groupby.mapaggr.checkinterval = 10000000;
```

（3）设置允许在发生数据倾斜时进行负载均衡，负载均衡默认为false（关闭），需要将其设置为true（开启），如代码6-15所示。当开启负载均衡时，将生成两个MapReduce作业，第一个MapReduce作业的Map端的输出结果将被随机分布到Reduce端，对每个reduce任务进行部分数据聚合操作，并输出结果，目的是将相同的key分发到不同的

reduce 任务中，以达到负载均衡。第二个 MapReduce 作业根据第一个 MapReduce 作业处理好的结果按 key 分组聚合并发送到相同的 reduce 任务中。

代码 6-15　设置允许在发生数据倾斜时进行负载均衡

```
# 设置允许在发生数据倾斜时进行负载均衡
SET hive.groupby.skewindata = true;
```

以分组统计广电用户收视行为数据表中的用户等级名称为例，对比在优化配置 GROUP BY 语句前后的任务执行时间。

使用 Hive 默认配置分组统计用户等级名称，将产生一个 MapReduce 作业，作业执行时间为 105.8 秒，如图 6-16 所示。

```
hive> SELECT owner_name FROM media_index group by owner_name;
Query ID = root_20210819180646_334c880d-3fe9-4660-a0cc-9a355cfd1fa5
Total jobs = 1
Launching Job 1 out of 1
Number of reduce tasks not specified. Estimated from input data size: 4
In order to change the average load for a reducer (in bytes):
  set hive.exec.reducers.bytes.per.reducer=<number>
In order to limit the maximum number of reducers:
  set hive.exec.reducers.max=<number>
In order to set a constant number of reducers:
  set mapreduce.job.reduces=<number>
Starting Job = job_1629364577688_0001, Tracking URL = http://master:8088/proxy/application_162936
4577688_0001/
Kill Command = /usr/local/hadoop-3.1.4/bin/mapred job  -kill job_1629364577688_0001
Hadoop job information for Stage-1: number of mappers: 4; number of reducers: 4
2021-08-19 18:07:16,406 Stage-1 map = 0%,  reduce = 0%
2021-08-19 18:07:55,332 Stage-1 map = 8%,  reduce = 0%, Cumulative CPU 21.41 sec
2021-08-19 18:07:57,388 Stage-1 map = 17%,  reduce = 0%, Cumulative CPU 21.98 sec
2021-08-19 18:08:03,572 Stage-1 map = 33%,  reduce = 0%, Cumulative CPU 23.36 sec
2021-08-19 18:08:04,595 Stage-1 map = 50%,  reduce = 0%, Cumulative CPU 23.57 sec
2021-08-19 18:08:13,857 Stage-1 map = 75%,  reduce = 0%, Cumulative CPU 25.88 sec
2021-08-19 18:08:18,982 Stage-1 map = 100%,  reduce = 0%, Cumulative CPU 29.71 sec
2021-08-19 18:08:22,066 Stage-1 map = 100%,  reduce = 25%, Cumulative CPU 31.57 sec
2021-08-19 18:08:25,152 Stage-1 map = 100%,  reduce = 50%, Cumulative CPU 33.47 sec
2021-08-19 18:08:28,231 Stage-1 map = 100%,  reduce = 75%, Cumulative CPU 35.46 sec
2021-08-19 18:08:30,276 Stage-1 map = 100%,  reduce = 100%, Cumulative CPU 37.17 sec
MapReduce Total cumulative CPU time: 37 seconds 170 msec
Ended Job = job_1629364577688_0001
MapReduce Jobs Launched:
Stage-Stage-1: Map: 4  Reduce: 4   Cumulative CPU: 37.17 sec   HDFS Read: 819314203 HDFS Write: 4
74 SUCCESS
Total MapReduce CPU Time Spent: 37 seconds 170 msec
OK
EA级
EE级
HC级
HB级
HA级
HE级
Time taken: 105.8 seconds, Fetched: 6 row(s)
```

图 6-16　使用 Hive 默认配置分组统计用户等级名称

使用代码 6-14 和代码 6-15 所示语句优化配置 GROUP BY 语句后，再次分组统计用户等级名称，将产生两个 MapReduce 作业，第一个作业的作用是实现部分数据预聚合与 reduce 任务负载均衡，第二个作业的作用是实现全部数据分组聚合输出，两个作业的总执行时间为 82.268 秒，相比于使用 Hive 默认配置分组统计用户等级名称的执行时间 105.8 秒，执行时间减少了大约 23.5 秒，如图 6-17 所示。

```
hive> SET hive.groupby.mapaggr.checkinterval = 10000000;
hive> SET hive.groupby.skewindata = true;
hive> SELECT owner_name FROM media_index group by owner_name;
Query ID = root_20210819183139_528b1150-78fc-445b-92fc-430e608ddeab
Total jobs = 2
Launching Job 1 out of 2
Number of reduce tasks not specified. Estimated from input data size: 4
In order to change the average load for a reducer (in bytes):
  set hive.exec.reducers.bytes.per.reducer=<number>
In order to limit the maximum number of reducers:
  set hive.exec.reducers.max=<number>
In order to set a constant number of reducers:
  set mapreduce.job.reduces=<number>
Starting Job = job_1629364577688_0008, Tracking URL = http://master:8088/proxy/application_162936
4577688_0008/
Kill Command = /usr/local/hadoop-3.1.4/bin/mapred job  -kill job_1629364577688_0008
Hadoop job information for Stage-1: number of mappers: 4; number of reducers: 4
2021-08-19 18:31:49,473 Stage-1 map = 0%,  reduce = 0%
2021-08-19 18:32:04,901 Stage-1 map = 25%,  reduce = 0%, Cumulative CPU 4.37 sec
2021-08-19 18:32:05,925 Stage-1 map = 50%,  reduce = 0%, Cumulative CPU 9.72 sec
2021-08-19 18:32:14,600 Stage-1 map = 75%,  reduce = 0%, Cumulative CPU 12.69 sec
2021-08-19 18:32:15,625 Stage-1 map = 100%,  reduce = 0%, Cumulative CPU 16.94 sec
2021-08-19 18:32:21,787 Stage-1 map = 100%,  reduce = 25%, Cumulative CPU 18.84 sec
2021-08-19 18:32:22,812 Stage-1 map = 100%,  reduce = 50%, Cumulative CPU 20.64 sec
2021-08-19 18:32:26,911 Stage-1 map = 100%,  reduce = 75%, Cumulative CPU 22.55 sec
2021-08-19 18:32:27,941 Stage-1 map = 100%,  reduce = 100%, Cumulative CPU 24.4 sec
MapReduce Total cumulative CPU time: 24 seconds 400 msec
Starting Job = job_1629364577688_0009, Tracking URL = http://master:8088/proxy/application_162936
4577688_0009/
Kill Command = /usr/local/hadoop-3.1.4/bin/mapred job  -kill job_1629364577688_0009
Hadoop job information for Stage-2: number of mappers: 1; number of reducers: 1
2021-08-19 18:32:43,421 Stage-2 map = 0%,  reduce = 0%
2021-08-19 18:32:51,593 Stage-2 map = 100%,  reduce = 0%, Cumulative CPU 1.17 sec
2021-08-19 18:32:59,796 Stage-2 map = 100%,  reduce = 100%, Cumulative CPU 3.09 sec
MapReduce Total cumulative CPU time: 3 seconds 90 msec
Ended Job = job_1629364577688_0009
MapReduce Jobs Launched:
Stage-Stage-1: Map: 4  Reduce: 4   Cumulative CPU: 24.4 sec   HDFS Read: 819314143 HDFS Write: 79
8 SUCCESS
Stage-Stage-2: Map: 1  Reduce: 1   Cumulative CPU: 3.09 sec   HDFS Read: 8314 HDFS Write: 213 SUC
CESS
Total MapReduce CPU Time Spent: 27 seconds 490 msec
OK
EA级
EE级
HA级
HB级
HC级
HE级
Time taken: 82.268 seconds, Fetched: 6 row(s)
```

图 6-17　优化配置 GROUP BY 语句后再次分组统计用户等级名称

6.3.3　使用 GROUP BY 代替 COUNT(DISTINCT)去重统计

在数据量较小的场景下，使用 COUNT(DISTINCT)去重统计与使用 GROUP BY 去重统计在执行效率上区别不大。在数据量较大的场景下，不建议使用 COUNT(DISTINCT)，因为 COUNT(DISTINCT)只会启动一个 reduce 任务，该 reduce 任务需要处理的数据量较大，将导致整个 MapReduce 作业难以完成。可考虑先使用 GROUP BY 分组后再使用 COUNT 函数统计的方式实现去重。

使用 COUNT(DISTINCT)去重统计用户数，将启用一个 reduce 任务执行，如代码 6-16 所示，执行时间为 51.115 秒，结果如图 6-18 所示。

代码 6-16　使用 COUNT(DISTINCT)去重统计用户数

```
# 使用 COUNT(DISTINCT)去重统计用户数
SELECT COUNT(DISTINCT phone_no) FROM media_index;
```

使用 GROUP BY 分组后再使用 COUNT 函数统计的方式实现去重统计用户数，将会启动两个 MapReduce 作业，也就是对应的先分组后统计，如代码 6-17 所示。启动 MapReduce 作业后，将产生 4 个 reduce 任务，两个 MapReduce 作业的总执行时间为 77.993

秒，如图 6-19 所示。相比于使用 COUNT(DISTINCT)去重统计用户数，采用 GROUP BY 分组后再使用 COUNT 函数统计的方式虽然会启动两个 MapReduce 作业，在执行时间上稍慢，但是相比于只用一个 reduce 任务，采用 4 个 reduce 任务执行更能保证数据的安全和作业的稳定执行。

```
hive> SELECT COUNT(DISTINCT phone_no) FROM media_index;
Query ID = root_20210819193949_5e4b97c9-ed64-4c2e-bd03-d9ba38faa254
Total jobs = 1
Launching Job 1 out of 1
Number of reduce tasks determined at compile time: 1
In order to change the average load for a reducer (in bytes):
  set hive.exec.reducers.bytes.per.reducer=<number>
In order to limit the maximum number of reducers:
  set hive.exec.reducers.max=<number>
In order to set a constant number of reducers:
  set mapreduce.job.reduces=<number>
Starting Job = job_1629364577688_0012, Tracking URL = http://master:8088/proxy/application_1629364577688_0012/
Kill Command = /usr/local/hadoop-3.1.4/bin/mapred job  -kill job_1629364577688_0012
Hadoop job information for Stage-1: number of mappers: 4; number of reducers: 1
2021-08-19 19:40:08,382 Stage-1 map = 0%,  reduce = 0%
2021-08-19 19:40:23,893 Stage-1 map = 25%,  reduce = 0%, Cumulative CPU 5.26 sec
2021-08-19 19:40:24,922 Stage-1 map = 50%,  reduce = 0%, Cumulative CPU 11.07 sec
2021-08-19 19:40:34,575 Stage-1 map = 75%,  reduce = 0%, Cumulative CPU 13.51 sec
2021-08-19 19:40:35,603 Stage-1 map = 100%,  reduce = 0%, Cumulative CPU 18.5 sec
2021-08-19 19:40:39,734 Stage-1 map = 100%,  reduce = 100%, Cumulative CPU 20.43 sec
MapReduce Total cumulative CPU time: 20 seconds 430 msec
Ended Job = job_1629364577688_0012
MapReduce Jobs Launched:
Stage-Stage-1: Map: 4  Reduce: 1   Cumulative CPU: 20.43 sec   HDFS Read: 819282648 HDFS Write: 104 SUCCESS
Total MapReduce CPU Time Spent: 20 seconds 430 msec
OK
6338
Time taken: 51.115 seconds, Fetched: 1 row(s)
```

图 6-18　使用 COUNT(DISTINCT)去重统计用户数

```
hive> SELECT COUNT(phone_no) FROM (SELECT phone_no FROM media_index GROUP BY phone_no) a;
Query ID = root_20210819215345_9c10e3a9-81e5-440d-8498-3e8e5f49fe73
Total jobs = 2
Launching Job 1 out of 2
Number of reduce tasks not specified. Estimated from input data size: 4
In order to change the average load for a reducer (in bytes):
  set hive.exec.reducers.bytes.per.reducer=<number>
In order to limit the maximum number of reducers:
  set hive.exec.reducers.max=<number>
In order to set a constant number of reducers:
  set mapreduce.job.reduces=<number>
Starting Job = job_1629364577688_0021, Tracking URL = http://master:8088/proxy/application_162936
4577688_0021/
Kill Command = /usr/local/hadoop-3.1.4/bin/mapred job  -kill job_1629364577688_0021
Hadoop job information for Stage-1: number of mappers: 4; number of reducers: 4
2021-08-19 21:53:55,302 Stage-1 map = 0%,  reduce = 0%
2021-08-19 21:54:09,655 Stage-1 map = 25%,  reduce = 0%, Cumulative CPU 4.86 sec
2021-08-19 21:54:10,675 Stage-1 map = 50%,  reduce = 0%, Cumulative CPU 9.81 sec
2021-08-19 21:54:20,272 Stage-1 map = 75%,  reduce = 0%, Cumulative CPU 13.85 sec
2021-08-19 21:54:21,304 Stage-1 map = 100%,  reduce = 0%, Cumulative CPU 16.47 sec
2021-08-19 21:54:26,429 Stage-1 map = 100%,  reduce = 25%, Cumulative CPU 18.54 sec
2021-08-19 21:54:27,459 Stage-1 map = 100%,  reduce = 50%, Cumulative CPU 20.71 sec
2021-08-19 21:54:32,595 Stage-1 map = 100%,  reduce = 100%, Cumulative CPU 24.56 sec
MapReduce Total cumulative CPU time: 24 seconds 560 msec
Starting Job = job_1629364577688_0022, Tracking URL = http://master:8088/proxy/application_162936
4577688_0022/
Kill Command = /usr/local/hadoop-3.1.4/bin/mapred job  -kill job_1629364577688_0022
Hadoop job information for Stage-2: number of mappers: 1; number of reducers: 1
2021-08-19 21:54:47,178 Stage-2 map = 0%,  reduce = 0%
2021-08-19 21:54:55,359 Stage-2 map = 100%,  reduce = 0%, Cumulative CPU 1.33 sec
2021-08-19 21:55:02,520 Stage-2 map = 100%,  reduce = 100%, Cumulative CPU 3.07 sec
MapReduce Total cumulative CPU time: 3 seconds 70 msec
Ended Job = job_1629364577688_0022
MapReduce Jobs Launched:
Stage-Stage-1: Map: 4  Reduce: 4   Cumulative CPU: 24.56 sec   HDFS Read: 819313263 HDFS Write: 4
64 SUCCESS
Stage-Stage-2: Map: 1  Reduce: 1   Cumulative CPU: 3.07 sec   HDFS Read: 8132 HDFS Write: 104 SUC
CESS
Total MapReduce CPU Time Spent: 27 seconds 630 msec
OK
6338
Time taken: 77.993 seconds, Fetched: 1 row(s)
```

图 6-19　使用 GROUP BY 分组后再使用 COUNT 函数统计的方式实现去重统计用户数

代码 6-17　使用 GROUP BY 分组后再使用 COUNT 函数统计的方式实现去重统计用户数

```
# 使用 GROUP BY 分组后再使用 COUNT 函数统计的方式实现去重统计用户数
SELECT COUNT(phone_no) FROM (SELECT phone_no FROM media_index GROUP BY phone_no) a;
```

6.3.4　优化配置 LIMIT 语句

LIMIT 语句用于限制查询返回的行数。如果不优化 LIMIT 语句，将会在全表查询后返回限制的行数。

在 Hive 中可开启 LIMIT 语句优化参数，优化后将对数据抽样返回。开启 LIMIT 语句优化参数，需要开启对数据进行采样的功能，且可以设置最小采样容量和可抽样的最大文件数，如代码 6-18 所示。

代码 6-18　开启 LIMIT 语句优化参数

```
# 开启对数据进行采样的功能
SET hive.limit.optimize.enable=true;


# 设置最小采样容量，默认为 100000
SET hive.limit.row.max.size=100000;


# 可抽样的最大文件数，默认为 10
SET hive.limit.optimize.limit.file=10;
```

设置 LIMIT 抽样返回之后存在一个缺点，即有用的数据可能永远不会被抽到。

Hive 还可以通过设置严格模式，防止一些危险操作。例如，设置使用 ORDER BY 语句进行查询时必须使用 LIMIT 语句。因为 ORDER BY 语句为了执行排序会将所有的结果数据分发到同一个 Reduce 任务中做处理，所以强制要求用户增加 LIMIT 语句可以防止 Reducer 阶段执行时间过长，该设置默认为 false(关闭)，如代码 6-19 所示。

代码 6-19　设置使用 ORDER BY 语句进行查询时必须使用 LIMIT 语句

```
# 设置使用 ORDER BY 语句进行查询时必须使用 LIMIT 语句
SET hive.strict.checks.orderby.no.limit = true;
```

6.3.5　任务实现

因为需要使用子查询统计节目类型为直播的频道 Top10，且需要去重用户数，所以需要使用 GROUP BY 语句。因此，需要优化配置 GROUP BY 语句，以提高执行效率。任务实现步骤如下。

（1）创建 media_index_Top10_view 视图，从广电用户收视行为数据表中筛选出用户编号、直播频道名称和节目类型字段。

（2）将最大切分数据块的大小设置为 128MB，增加 map 任务数。

（3）因为广电用户收视行为数据表大小约为 780MB，Hive 中每个 reduce 任务处理的数据量大小默认是 256MB，所以设置 reduce 任务数为 4。

（4）优化配置 GROUP BY 语句，设置允许在 Map 端进行聚合，且设置允许在 Map 端进行聚合操作的数据量为 10000000。

（5）设置执行 GROUP BY 语句时，允许在发生数据倾斜时进行负载均衡。

（6）开启任务并行执行。

（7）设置使用 ORDER BY 语句进行查询时必须使用 LIMIT 语句。

（8）使用子查询统计节目类型为直播的频道 Top10，过滤掉点播或回放的节目类型数据。

通过优化配置 Hive 执行环境后，执行 HQL 语句统计节目类型为直播的频道 Top10，如代码 6-20 所示，将启动 3 个 MapReduce 作业，执行时间为 136.519 秒，结果图 6-20 所示。

代码 6-20 统计节目类型为直播的频道 Top10

```
# 创建视图
CREATE VIEW IF NOT EXISTS media_index_Top10_view (
phone_no,
station_name,
res_type)
AS SELECT phone_no,station_name,res_type FROM media_index;

# 将最大切分数据块的大小设置为 128MB，增加 map 任务数
SET mapreduce.input.fileinputformat.split.maxsize=134217728;

# 设置 reduce 任务数为 4
SET mapreduce.job.reduces=4;

# 设置允许在 Map 端进行聚合
SET hive.map.aggr = true;

# 设置允许在 Map 端进行聚合操作的数据量
SET hive.groupby.mapaggr.checkinterval = 10000000;

# 设置允许在发生数据倾斜时进行负载均衡
SET hive.groupby.skewindata = true;
```

```
# 开启任务并行执行
SET hive.exec.parallel=true;

# 设置使用 ORDER BY 语句进行查询时必须使用 LIMIT 语句
SET hive.strict.checks.orderby.no.limit = true;

# 统计节目类型为直播的频道 Top10
SELECT a.station_name,COUNT(a.phone_no) as users FROM (
SELECT * FROM media_index_Top10_view WHERE res_type != '1') a
GROUP BY a.station_name ORDER BY users DESC LIMIT 10;
```

```
Stage-Stage-1: Map: 7  Reduce: 4   Cumulative CPU: 34.03 sec   HDFS Read: 819356393 HDFS Write: 1
8878 SUCCESS
Stage-Stage-2: Map: 1  Reduce: 4   Cumulative CPU: 9.06 sec   HDFS Read: 35883 HDFS Write: 5850 S
UCCESS
Stage-Stage-3: Map: 1  Reduce: 1   Cumulative CPU: 3.23 sec   HDFS Read: 14277 HDFS Write: 610 SU
CCESS
Total MapReduce CPU Time Spent: 46 seconds 320 msec
OK
中央1台-高清	304502
中央5台-高清	213712
翡翠台	178731
广州电视-高清	172332
凤凰中文	144223
浙江卫视-高清	142657
东方卫视-高清	135534
湖南卫视-高清	135272
中央6台-高清	133928
北京卫视-高清	133836
Time taken: 136.519 seconds, Fetched: 10 row(s)
```

图 6-20　统计节目类型为直播的频道 Top10

小结

本章先介绍了 Hive 视图的创建、查看与删除方法，其次介绍了如何配置 Fetch 抓取、设置 map 和 reduce 任务数以及配置并行执行，然后介绍了使用子查询的方法，最后介绍了优化配置 GROUP BY 语句和 LIMIT 语句。本章通过优化 Hive 配置与 HQL 语句，实现广电用户收视行为数据查询优化，帮助读者掌握各种 Hive 优化方法。

实训

实训 1　统计某城市各线路公交车的刷卡次数

1. 实训要点

（1）掌握 Hive 视图的创建方法。

（2）掌握 GROUP BY 语句的优化配置方法。

（3）掌握配置并行执行的方法。

2. 需求说明

城市交通情况对于城市规划、居民归属感、城市形象有着至关重要的影响。大城市的可持续发展，应该立足当前、着眼长远，倡导绿色环保出行，大力优先发展城市公共交通，构建性能优良的交通系统工程。某城市工作人员通过记录各路线公交车的刷卡情况，得到公交车刷卡数据文件 bus.csv，bus.csv 中的数据字段如表 6-3 所示。为了解各路线公交车的乘客数量，合理安排发车数量与发车间隔，避免出现拥挤或超载的状况，需要统计出各线路公交车的刷卡次数。

表 6-3　bus.csv 中的数据字段

字段	描述
Lon	经度
Lat	纬度
Record_time	业务时间
CardID	卡号
Line	公交线路名称
License_plate	车牌号

3. 实现思路及步骤

（1）在 Hive 中创建公交车刷卡数据表，并导入数据。

（2）创建公交车刷卡视图，筛选合适的数据字段，以降低查询复杂度。

（3）优化配置 GROUP BY 语句。

（4）开启并行执行。

（5）编写 HQL 语句统计各线路公交车的刷卡次数。

实训 2　统计某百货商场会员总消费金额 Top10

1. 实训要点

（1）掌握 Hive 视图的创建方法。

（2）掌握 GROUP BY 语句的优化配置方法。

（3）掌握 LIMIT 语句的优化配置方法。

（4）掌握内置函数的使用方法。

2. 需求说明

在零售行业中，会员价值体现在持续不断地为零售商带来稳定的销售额和利润，同时也为零售商策略的制定提供数据支持。某百货商场工作人员记录了会员的消费数据，得到数据文件store.csv，store.csv中的数据字段如表6-4所示。该百货商场为了解会员的消费兴趣和消费水平，进行会员群分，针对不同群体制定对应的营销策略，需要统计各会员的总消费金额，并找出总消费金额Top10。

表6-4 store.csv中的数据字段

字段	描述
kh	会员卡号，会员的唯一标识
dtime	消费产生的时间
spbm	商品编码
sl	销售数量
sj	商品售价
je	消费金额
spmc	商品名称
jf	此次消费的会员积分
syjh	收银机号
djh	单据号（相同的单据号可能不代表同一笔消费）
gzbm	柜组编码
gzmc	柜组名称

3. 实现思路及步骤

（1）在Hive中创建会员消费数据表，并导入数据。

（2）创建会员消费视图，筛选合适的数据字段，以降低查询复杂度。

（3）优化配置GROUP BY语句。

（4）优化配置LIMIT语句。

（5）开启并行执行。

（6）编写HQL语句统计会员的消费总金额Top10。

课后习题

1. 选择题

（1）下列关于创建Hive视图的语法中的参数的描述中错误的是（　　）。

A. IF NOT EXISTS参数，用于预判断是否存在同名的视图

B. COMMENT参数，只能用于为选择的数据字段添加注释

C. TBLPROPERTIES 参数，用于创建视图时添加自定义或预定义的数据属性

D. AS SELECT 参数，用于选择所基于的基本表内容创建视图

（2）下列选项中，能够查看当前数据库中视图的命令是（　　）。

A. SHOW VIEW;　　　　B. DESC VIEWS;

C. SHOW VIEWS;　　　　D. SHOW TABLE;

（3）关于 Fetch 抓取的配置，下列说法中正确的是（　　）。

A. 当 hive.fetch.task.conversion 参数的值设置为 none 时，所有查询都会运行 MapReduce

B. 当 hive.fetch.task.conversion 参数的值设置为 more 时，所有查询都不会运行 MapReduce

C. 当 hive.fetch.task.conversion 参数的值设置为 minimal 时，所有查询都会运行 MapReduce

D. 以上选项都错误

（4）在下列选项中，Hive 3.1.2 默认开启的配置是（　　）。

A. 在使用 GROUP BY 语句时，允许在发生数据倾斜时进行负载均衡

B. 允许在 Map 阶段进行聚合

C. 允许任务并行执行

D. 在使用 ORDER BY 语句进行查询时必须使用 LIMIT 语句

（5）在 Hive 3.1.2 中，可通过设置（　　）参数值以增加或减少 map 任务数。

A. hive.map.aggr

B. hive.exec.parallel.thread.number

C. hive.exec.reducers.bytes.per.reducer

D. mapreduce.input.fileinputformat.split.maxsize

2. 操作题

随着经济的发展，交通越来越发达，人们的出行意愿也越强烈。而火车兼具方便快捷与价格相对较低的特点，是居民长途旅行主要的交通工具。铁路部门工作人员针对某些铁路站点记录了各列车上下乘客的数量，得到铁路站点客流量数据文件 train.csv，train.csv 中的数据字段如表 6-5 所示。

表 6-5　train.csv 中的数据字段

字段	描述
station	铁路站点编号
on_num	上车人数
on_time	上车时间

续表

字段	描述
off_num	下次人数
off_time	下次时间
record_time	记录日期：年月日
train_number	列车编号

随着选择火车出行的人越来越多，某些铁路站点出现了“一票难求”的购票局面，因此需要对铁路站点的客流量进行统计分析，完成以下要求。

（1）使用 Hive 根据数据字段创建表，并导入数据。

（2）创建视图，筛选合适字段，优化 Hive 配置环境，统计出每个站点的总客流量。

（3）使用子查询统计出平均上车乘客数量大于 1000 的站点。

第 7 章 广电用户数据清洗及数据导出

学习目标

（1）掌握 Hive 内置函数的使用方法。

（2）掌握在 Hive 中对数据进行清洗与统计分析的操作。

（3）掌握将 Hive 表中的数据导出至 Linux 本地与 HDFS 的方法。

素养目标

（1）通过使用 Hive 对广电用户数据进行数据清洗及数据导出，培养学以致用、实践出真知的精神。

（2）通过学习使用 Hive 删除无效数据，达到提升数据质量的效果，培养挖掘高质量数据的意识。

（3）通过学习将数据保存至 Linux 本地和 HDFS，培养做事留两手准备的职业素养。

思维导图

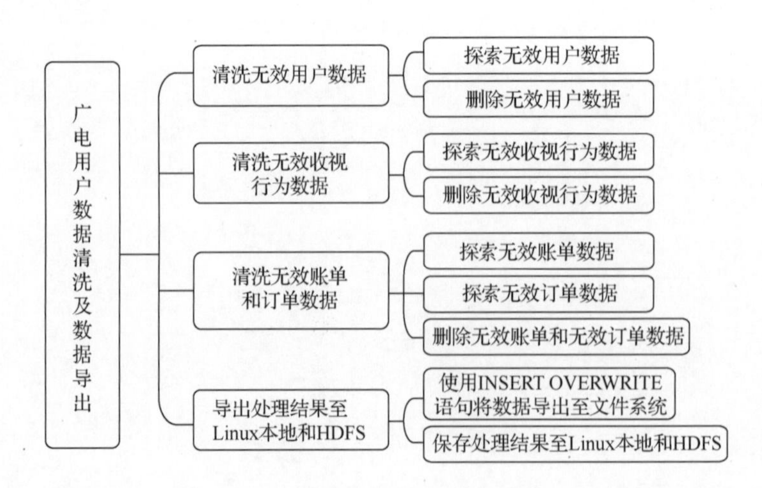

任务背景

大数据分析结果的有效性在很大程度上依赖于所处理数据的质量，使用合理的方法分析高质量的数据将得到准确的结果。数据的质量对任何依赖于该数据的应用所获得的结果有重要影响。数据的不完整性、不一致性、重复性和无效性等是低质量数据的重要特征。例如，使用欧洲的用户画像衡量中国的用户画像，因为数据描述的对象并不对应，所以这些数据是无效的、不准确的。因此，一般在数据分析、数据挖掘之前，需要进行数据探索，即探索数据的完整性、一致性、重复性和合理性等，若发现无效数据，则应进行数据清洗，为后续的数据分析处理工作提供高质量的数据。

在前面章节中，使用的是广电用户的原始数据，通过数据查询发现其中存在许多缺失和异常的数据，如大量数据字段中包含 NULL 值。在统计字段中的类型数量时也会对 NULL 值进行计算，造成数据分析结果的不准确。因此，需要对广电用户数据中的不符合案例分析要求的数据，即无效数据，进行清洗并将清洗后的数据进行保存。

本章将对广电用户数据进行探索，寻找出各表中的无效数据，进行数据清洗并将清洗后的数据进行保存。本章将先探索无效的用户数据，如统计重复的用户数和探索特殊线路用户数据等，其次探索无效的收视行为数据，分析用户收视行为特征，筛选有效数据，接着探索无效账单和订单数据，最后将清洗好的数据进行保存。数据清洗的过程是比较烦琐的，但需细致入微、踔厉奋发、勇毅前行，为实现任务而努力、坚持。

任务 7.1 清洗无效用户数据

任务描述

在进行广电用户数据分析时，需要研究大众用户的行为特征。一般而言，政企用户、内部通信用户、测试用户和办理了销号的用户等都是无效用户，因此，需要对无效用户数据进行清洗。

本任务探索广电用户数据中用户编号 phone_no、用户等级编号 owner_code、用户等级名称 owner_name、品牌名称 sm_name 和状态名称 run_name 这些字段中的无效用户数据并进行清洗。

7.1.1 探索无效用户数据

在广电用户数据中，存在大量的无效用户数据，需要进行数据探索，查找无效用户数据，然后删除无效用户数据，实现数据清洗。探索过程如下。

1. 统计重复的用户数

探索用户基本数据表中是否存在重复记录的用户，需要先统计用户基本数据表中每个用户记录数，结合统计出的结果，观察是否存在重复记录的用户，再分组统计每个用户编号 phone_no 的记录数，并按记录数降序排列，取前 10 条数据，如代码 7-1 所示。

代码 7-1　探索用户基本数据表中重复记录的用户

```
# 统计用户基本数据表中用户记录数大于 1 的个数
SELECT phone_no,COUNT(1) AS nums
FROM mediamatch_usermsg
GROUP BY phone_no
HAVING nums > 1;

# 分组统计每个 phone_no 的记录数，并按记录数降序排列，取前 10 条数据
SELECT phone_no,COUNT(1) AS nums
FROM mediamatch_usermsg
GROUP BY phone_no
ORDER BY nums DESC LIMIT 10;
```

执行代码 7-1 中的代码，发现用户基本数据表中不存在记录数大于 1 的用户，即没有重复用户数据，且按 phone_no 分组统计记录数，将结果按降序排列，得到结果中所有的 phone_no 都唯一，如图 7-1 所示。

```
Total MapReduce CPU Time Spent: 9 seconds 250 msec
OK
2000041 1
2000038 1
2305076 1
2000030 1
2000023 1
2000022 1
2000020 1
2000019 1
2305072 1
2000004 1
Time taken: 63.922 seconds, Fetched: 10 row(s)
```

图 7-1　分组统计每个 phone_no 的记录数

2. 探索特殊线路用户数据

根据业务人员提供的数据，用户等级编号 owner_code 字段含有多个取值，其中值为 2、9 或 10 的记录是特殊路线的用户的数据，特殊线路是用于用户测试、产品检验的。

保存广电用户数据的 5 个表中都存在 owner_code 字段，对这 5 个表中是否存在特殊线路的用户及其数量进行分析，按照 owner_code 字段分组后，再统计该字段各值的记录数，如代码 7-2 所示。

代码 7-2　统计各表 owner_code 字段值

```
SELECT owner_code,COUNT(1) FROM mediamatch_usermsg GROUP BY owner_code;
SELECT owner_code,COUNT(1) FROM mediamatch_userevent GROUP BY owner_code;
SELECT owner_code,COUNT(1) FROM mmconsume_billevents GROUP BY owner_code;
SELECT owner_code,COUNT(1) FROM order_index GROUP BY owner_code;
SELECT owner_code,COUNT(1) FROM media_index GROUP BY owner_code;
```

以统计用户基本数据表的 owner_code 字段值的结果为例，如图 7-2 所示，发现 owner_code 存在字段值为 02 的记录，且所占的比例较小。此外 owner_code 字段还存在空值（NULL），经过与业务人员沟通确认 owner_code 字段存在空值是正常的。对其余 4 个表统计 owner_code 字段值，发现存在字段值为 02、09 或 10 的记录，因此各表都需要清洗 owner_code 字段值为 02、09 或 10 的记录，各表的 owner_code 字段值如表 7-1 所示。

```
Total MapReduce CPU Time Spent: 4 seconds 170 msec
OK
00      99231
08      7
15      50
05      223
02      124
06      65
07      11
NULL    289
Time taken: 30.933 seconds, Fetched: 8 row(s)
```

图 7-2　统计用户基本数据表的 owner_code 字段值的结果

表 7-1　统计各表的 owner_code 字段值

数据表	owner_code 字段值
用户基本数据表	00、15、**02**、05、06、07、08、NULL
用户状态变更数据表	00、15、**02**、05、06、08、NULL
账单数据表	00、01、15、**02**、30、31、04、05、06、07、08、**09**、NULL
订单数据表	00、01、**10**、15、**02**、30、31、04、05、06、07、08、**09**、NULL
用户收视行为数据表	00、08、15、01、05、**02**、06、31、07、**10**、NULL

3. 探索政企用户数据

由于广电公司的用户主要是家庭用户，所以政企用户不纳入分析范围。根据业务人员提供的数据，政企用户的标识是用户等级名称 owner_name 字段值为 EA 级、EB 级、EC 级、ED 级或 EE 级。根据第 3 章的数据说明所提供的数据，保存广电用户数据的 5 个表中都存在 owner_name 字段，需要探索这些表中是否存在政企用户以及存在的数量。按照 owner_name 字段进行分组，再统计该字段各值的记录数，如代码 7-3 所示。

代码 7-3　统计各表中 owner_name 字段值

```
SELECT owner_name,COUNT(1) FROM mediamatch_usermsg GROUP BY owner_name;
SELECT owner_name,COUNT(1) FROM mediamatch_userevent GROUP BY owner_name;
SELECT owner_name,COUNT(1) FROM mmconsume_billevents GROUP BY owner_name;
SELECT owner_name,COUNT(1) FROM order_index GROUP BY owner_name;
SELECT owner_name,COUNT(1) FROM media_index GROUP BY owner_name;
```

执行代码 7-3 中的代码可得出每个表的 owner_name 字段值的记录数,每个表存在的 owner_name 字段值都不一致。以用户基本数据表的 owner_name 字段值为例，存在值为 EA 级、EB 级和 EE 级的记录，且 owner_name 字段值为 HC 级的记录数最多，而政企用户的数量较少，这也印证了广电公司的用户主要是家庭用户。用户基本信息表的 owner_name 字段数据统计情况如图 7-3 所示。

```
Total MapReduce CPU Time Spent: 3 seconds 600 msec
OK
EA级    98
EB级    140
EE级    6130
HA级    111
HB级    55
HC级    93465
HE级    1
Time taken: 27.667 seconds, Fetched: 7 row(s)
```

图 7-3　统计用户基本数据表的 owner_name 字段值

各表中 owner_name 字段值的统计情况如表 7-2 所示。

表 7-2　各表的 owner_name 字段值统计情况

数据表	owner_name 字段值
用户基本数据表	**EA 级**、**EB 级**、**EE 级**、HA 级、HB 级、HC 级、HE 级
用户状态变更数据表	**EA 级**、**EB 级**、**EE 级**、HA 级、HB 级、HC 级
账单数据表	**EA 级**、**EB 级**、**EE 级**、HA 级、HB 级、HC 级、HE 级
订单数据表	**EA 级**、**EB 级**、**EE 级**、HA 级、HB 级、HC 级、HE 级、NULL
用户收视行为数据表	**EA 级**、**EE 级**、HA 级、HB 级、HC 级、HE 级

从 3.1.4 小节可知，本书使用的数据是一段时间内的广电业务数据，而在实际的业务数据库中，各信息表中可能会出现 owner_name 字段值为 EC 级或 ED 级的政企用户记录。因此在进行数据预处理时，需要清洗 owner_name 字段值为 EA 级、EB 级、EC 级、ED 级和 EE 级的政企用户。

4. 统计 sm_name 字段值

广电公司目前的业务类型主要是数字电视、互动电视、珠江宽频、模拟有线电视和甜果电视这 5 种，品牌名称可以通过 sm_name 字段进行标识。除了用户状态变更数据表，其余 4 个表都含有 sm_name 字段。下面以统计用户基本数据表中的所有业务类型、每种类型的用户数以及每种类型的用户数占比为例，实现 sm_name 字段数据探索，操作步骤如下。

（1）首先统计用户基本数据表的总记录数，将其作为后续统计 sm_name 字段值数量占比的分母，如代码 7-4 所示。

代码 7-4　统计用户基本数据表的总记录数

```
# 统计总记录数
SELECT COUNT(*) FROM mediamatch_usermsg;
```

用户基本数据表的总记录数为 100000，如图 7-4 所示。

```
Total MapReduce CPU Time Spent: 3 seconds 960 msec
OK
100000
```

图 7-4　统计用户基本数据表的总记录数

（2）接着按 sm_name 字段分组统计该字段各值的数量及其占比，如代码 7-5 所示。

代码 7-5　统计用户基本数据表的 sm_name 字段各值的数量及其占比

```
# 统计用户基本数据中 sm_name 字段各值的数量及其占比
SELECT sm_name,COUNT(1) AS sm_nums,(COUNT(1)/100000) AS sm_percent
FROM mediamatch_usermsg
GROUP BY sm_name;
```

统计用户基本数据表中 sm_name 字段各值的数量及其占比，如图 7-5 所示，结果显示，sm_name 字段的值一共有 5 种，且模拟有线电视的用户最多，约占总数的 49%，其次数字电视的用户约占 30%。因为以前的主要业务是模拟有线电视，所以模拟有线电视的用户居多，而现在的主要业务是互动电视、数字电视、甜果电视、珠江宽频，这四者约占总数的 50%，因此，需要保留这 4 种业务类型的用户，删除其他业务类型的用户。

探索账单数据表、订单数据表和用户收视行为数据表中的 sm_name 字段，可参考代码 7-5 实现，得到的结果与探索用户基本数据表的结果基本一致。

```
Total MapReduce CPU Time Spent: 4 seconds 250 msec
OK
珠江宽频        6850    0.0685
甜果电视        5227    0.05227
数字电视        30131   0.30131
互动电视        8341    0.08341
模拟有线电视    49451   0.49451
Time taken: 28.119 seconds, Fetched: 5 row(s)
```

图 7-5　统计用户基本数据表中 sm_name 字段各值的数量及其占比

5. 筛选正常、欠费暂停、主动暂停和主动销户的用户数据

根据业务要求，除了需要筛选指定品牌名称的用户外，还需要对状态名称进行过滤，只保留状态名称为正常、欠费暂停、主动暂停和主动销户的用户，其余的状态名称不需要进行分析处理。状态名称的字段标识为 run_name，只有用户状态变更数据表、订单数据表与用户基本数据表含有 run_name 字段。下面以对用户基本数据中的用户状态进行探索为例，实现 run_name 字段数据探索，按照 run_name 字段分组后，再统计该字段各值的记录数，如代码 7-6 所示。

代码 7-6　统计用户基本数据表中 run_name 字段各值的记录数

```
# 统计用户基本数据表中 run_name 字段的各值的记录数
SELECT run_name,COUNT(1)
FROM mediamatch_usermsg
GROUP BY run_name;
```

执行代码 7-6 中的代码得到的统计结果显示 run_name 字段的值一共有 8 种，其中只保留正常、欠费暂停、主动暂停和主动销户的用户，其余的值不需要进行分析处理，如图 7-6 所示。

```
Total MapReduce CPU Time Spent: 4 seconds 110 msec
OK
主动暂停        15847
主动销户        13879
冲正    67
创建    30
欠费暂停        9239
正常    59490
被动销户        1446
销号    2
Time taken: 28.724 seconds, Fetched: 8 row(s)
```

图 7-6　统计用户基本数据表中 run_name 字段各值的记录数

在以用户状态变更数据表和订单数据表统计 run_name 字段值的统计结果中，同样存在多种类型，也只需保留正常、欠费暂停、主动暂停和主动销户的用户数据。用户状态变更数据表、订单数据表与用户基本数据表的 run_name 字段值如表 7-3 所示。

表 7-3 用户状态变更数据表、订单数据表与用户基本数据表的 run_name 字段值

数据表	run_name 字段值
用户基本数据表	主动暂停、主动销户、冲正、创建、欠费暂停、正常、被动销户、销号
用户状态变更数据表	主动暂停、主动销户、冲正、创建、欠费暂停、正常、被动销户
订单数据表	主动暂停、主动销户、冲正、创建、欠费暂停、正常、被动销户、未激活、BG、BY、DB、DG、DI、GI、GY、NULL、Y、YB、YD、YG、YI、YN、YY、dd

7.1.2 删除无效用户数据

通过对广电用户数据进行无效用户数据的探索，查询出许多无效的用户数据。本小节的任务是清洗无效用户数据，任务实现步骤如下。

（1）用户去重。经统计，并无重复的用户记录，无须处理。

（2）清洗特殊线路用户数据，即清洗各表 owner_code 字段值为 02、09 或 10 的记录。

（3）清洗政企用户数据，即清洗各表中 owner_name 字段值为 EA 级、EB 级、EC 级、ED 级或 EE 级的政企用户数据。

（4）只保留用户基本数据表、账单数据表、订单数据表和用户收视行为数据表中 sm_name 字段值为数字电视、互动电视、珠江宽频和甜果电视的数据。

（5）只保留用户基本数据表、用户状态变更数据表、订单数据表中 run_name 字段值为正常、欠费暂停、主动暂停和主动销户的用户数据。

本任务以清洗用户基本数据表中的数据为例，实现以上数据清洗要求。因为所创建的 5 张广电用户数据 Hive 表均为普通的内部表，所以将使用筛选有效数据导入另一个表的方式实现数据清洗，如代码 7-7 所示。

代码 7-7 清洗用户基本数据表中的数据

```
# 清洗用户基本数据表中的数据
CREATE TABLE IF NOT EXISTS mediamatch_usermsg_clean
AS
SELECT * FROM mediamatch_usermsg
WHERE
owner_code NOT IN ("02","09","10")
AND
owner_name NOT IN ("EA级","EB级","EC级","ED级","EE级")
AND
sm_name IN ("数字电视","互动电视","珠江宽频","甜果电视")
AND
run_name IN ("正常","欠费暂停","主动暂停","主动销户");
```

创建一个 mediamatch_usermsg_clean 表，将无效的数据剔除，将有效的数据导入表中，实现数据清洗。如果需要验证 mediamatch_usermsg_clean 表中的数据是否有效，可以通过分组查询 owner_code、owner_name、sm_name 和 run_name 字段值验证是否还存在无效数据。以验证 mediamatch_usermsg_clean 表中 sm_name 字段值是否全为数字电视、互动电视、珠江宽频或甜果电视为例，如代码 7-8 所示，结果如图 7-7 所示。

代码 7-8　验证 mediamatch_usermsg_clean 表中数据是否有效

```
# 验证 mediamatch_usermsg_clean 表中数据是否有效
SELECT sm_name,COUNT(1) FROM mediamatch_usermsg_clean GROUP BY sm_name;
```

```
Total MapReduce CPU Time Spent: 4 seconds 30 msec
OK
互动电视        8129
数字电视        24674
珠江宽频        6728
甜果电视        5226
Time taken: 28.608 seconds, Fetched: 4 row(s)
```

图 7-7　验证 mediamatch_usermsg_clean 表中的 sm_name 字段值

其余 4 个表中的无效用户数据清洗可参考代码 7-7 实现。若需要验证 owner_code、owner_name 和 run_name 字段是否还存在无效数据，则参考代码 7-8 编写 HQL 语句查询即可。

任务 7.2　清洗无效收视行为数据

任务描述

信息科技发展迅速，无论是硬件还是软件每天都在更新，在计算机、手机上使用各种视频软件或 App 即可实现节目观看，达到取代电视机观看的结果。因此，新时代的人们使用电视机观看节目的时间逐渐减少，甚至某些家庭已经不安装电视机了。对此，广电公司急需研究用户收视行为数据，分析用户的兴趣，提高电视机的使用率。

在分析用户行为数据之前，应先进行无效收视行为数据探索，以免造成分析结果出现严重错误。本任务探索用户收视行为数据表中观看时长 duration、节目类型 res_type、用户观看开始时间 origin_time 和用户观看结束时间 end_time 字段的无效收视行为数据并将其进行删除。

7.2.1　探索无效收视行为数据

用户在观看电视节目时，常常为了找到喜欢的节目而频繁地切换，这时将产生大量的观看时长较短的数据，分析这样的数据对研究用户观看兴趣有较大的影响，因此需要探索并清除。此外，许多用户只是关闭了显示设备，转而进行另外的个人活动，而连接终端还处于观看状态，因此也将产生大量的观看时长过长的数据，同样地，这样的数据也属于无效数据。

为获得更有分析价值的用户收视行为数据，需要探索无效收视行为数据并将其清洗，探索过程如下。

1. 统计用户收视行为记录观看时长的均值、最值和标准差

为了掌握用户收视行为记录中的观看时长的取值范围，以便后续业务需求探索中为用户收视行为无效数据的分析探索提供帮助，而且由于用户收视行为数据表中的记录数较多，所以有必要对用户观看时长进行基本的探索分析。使用 AVG、MIN、MAX 与 STDDEV 函数分别统计用户观看时长的均值、最小值、最大值和标准差，由于 duration 字段记录的是用户观看时间（以秒为单位）乘以 1000 的值，所以 duration 字段的值需要除以 1000 以得到以秒为单位的用户观看时长。其中 duration 字段值需要使用 CAST 函数转换成 DOUBLE 类型的值，如代码 7-9 所示，结果如图 7-8 所示。

代码 7-9　统计用户观看时长的均值、最值和标准差

```
# 统计用户观看时长的均值、最值和标准差
SELECT
AVG(CAST(duration AS double)/1000) AS avg_duraion,
MIN(CAST(duration AS double)/1000) AS min_duraion,
MAX(CAST(duration AS double)/1000) AS max_duraion,
STDDEV(CAST(duration AS double)/1000) AS std_duraion
FROM media_index;
```

```
Total MapReduce CPU Time Spent: 34 seconds 160 msec
OK
1104.3057458688106	0.0	17992.0 1438.5861295361688
Time taken: 89.548 seconds, Fetched: 1 row(s)
```

图 7-8　统计用户观看时长的均值、最值和标准差

从图 7-8 所示的统计结果可以发现，用户收视行为数据表中平均每条记录的观看时长约为 1104 秒（约为 18 分钟），记录中观看时长最小值约为 0 秒，观看时长的最大值为 17992 秒（约为 5 小时），标准差约为 1439 秒（约为 24 分钟）。统计结果说明了用户观看时长的范围（0 秒～5 小时）是比较大的，观看时长的离散程度较小（观看时长的标准差约为 24 分钟）。

2. 统计用户收视时长分布

用户收视行为无效数据是指用户观看时长过短或过长的数据，这种数据出现的原因

可能是用户频繁切换频道或只关闭电视机而忘记关闭机顶盒。在用户收视行为数据表中，duration 字段记录了用户的每次观看时长。

由于各记录的观看时长差异较大，所以需要将观看时长以每小时为区间进行划分，统计各区间的记录数。首先使用 COUNT 函数统计用户收视行为数据表的总记录数，可参考代码 7-4 实现，统计结果为 4754442 条。接着统计观看时长以每小时为区间的记录数，因为 duration 字段记录的是用户观看时间（以秒为单位）乘以 1000 的值，所以将 duration 字段的值除以 1000 × 60 × 60 即可得到观看时长以小时为单位的值，其中子查询语句中的 FLOOR 函数的作用是向下取整，如代码 7-10 所示，结果如图 7-9 所示。

代码 7-10　统计观看时长以 1 小时为区间的记录数

```
# 增加一个字段 hour：将观看时长转为小时并向下取整；FLOOR 函数用于向下取整
SELECT hour,COUNT(hour),(COUNT(hour)/4754442) AS hour_precent
FROM (
SELECT FLOOR(duration/(1000*60*60)) AS hour
FROM media_index
) h GROUP BY h.hour
ORDER BY h.hour;
```

```
Total MapReduce CPU Time Spent: 28 seconds 780 msec
OK
0       4465601 0.9392481809642436
1       280086  0.0589103831743031
2       4865    0.0010232536226122855
3       2439    5.129939538646175E-4
4       1451    3.051882849764494E-4
Time taken: 82.942 seconds, Fetched: 5 row(s)
```

图 7-9　统计观看时长以每小时为区间的记录数

据图 7-9 所示的统计结果可知，绝大部分的观看时长都小于 1 小时，约占总记录数的 94%，观看时长大于等于 1 小时小于 2 小时的记录数约占总数的 5.9%。

由于观看时长小于 1 小时的记录数占了绝大部分，所以将这部分记录再按 1 分钟为时间间隔进行划分，分析落在每个区间的记录数分布情况，如代码 7-11 所示，结果如图 7-10 所示。

代码 7-11　统计观看时长小于 1 小时的各区间记录数

```
# 增加一个字段 minutes：将观看时长转为以 1 分钟为间隔的数并向下取整
SELECT minutes,COUNT(minutes),(COUNT(minutes)/4754442) AS minutes_precent
FROM (
SELECT FLOOR(duration/(1000*60)) AS minutes
```

```
FROM media_index
) m GROUP BY m.minutes
ORDER BY m.minutes LIMIT 10;
```

```
Total MapReduce CPU Time Spent: 29 seconds 190 msec
OK
0       849137  0.17859866625778587
1       453136  0.09530792467338964
2       282420  0.05940129251760774
3       212649  0.044726384294939345
4       162935  0.03427005734847539
5       192035  0.04039064941795483
6       116067  0.024412328512999
7       108055  0.022727167562460536
8       100398  0.021116673628577234
9       87188   0.018338219290507697
Time taken: 81.32 seconds, Fetched: 10 row(s)
```

图 7-10　统计观看时长小于 1 小时的各区间记录数

由图 7-10 可得用户观看时长记录数随着时间间隔而大约呈现出指数递减的趋势，其中观看时长小于 1 分钟的数据最多，约占总记录数的 18%。

为了进一步了解观看时长小于 1 分钟的秒级数据分布情况，再将这部分数据按秒进行划分，如代码 7-12 所示，结果如图 7-11 所示。

代码 7-12　统计用户观看时长中小于 1 分钟各区间的记录数

```
# 新增字段 seconds：将观看时长转为以 1 秒为间隔的数并向下取整
SELECT seconds,COUNT(seconds),(COUNT(seconds)/4754442) AS seconds_precent
FROM (
SELECT FLOOR(duration/1000) AS seconds
FROM media_index
) s GROUP BY s.seconds
ORDER BY s.seconds LIMIT 10;
```

```
Total MapReduce CPU Time Spent: 32 seconds 900 msec
OK
0       19449   0.004090700864580954
1       2793    5.874506408953985E-4
2       2485    5.226691165861315E-4
3       2450    5.153075797328057E-4
4       2365    4.974295616604431E-4
5       2599    5.466466937655355E-4
6       2385    5.016361541480578E-4
7       2533    5.327649385564069E-4
8       2544    5.35078564424595E-4
9       2593    5.45384716019251E-4
Time taken: 81.353 seconds, Fetched: 10 row(s)
```

图 7-11　统计用户观看时长中小于 1 分钟各区间的记录数

图 7-11 只展现了 1 秒～10 秒的记录数，为了更直观地展现 1 分钟内每秒的记录数和分布情况，可以参考任务 7.4 中的内容将统计结果保存至 Linux 本地系统并使用 Python、Excel 或 MATLAB 等工具（工具任意选择）制作折线图，如图 7-12 所示。

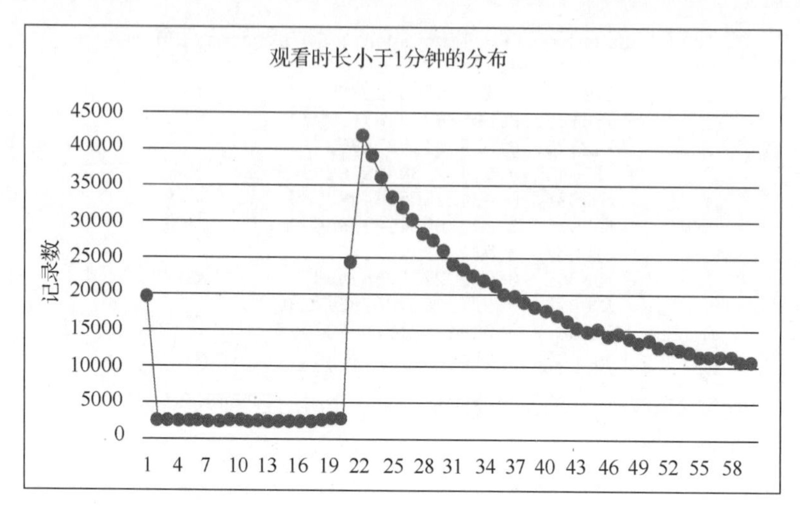

图 7-12　观看时长小于 1 分钟的分布

由图 7-12 可得，观看时长在 1 秒～19 秒的每个区间内的观看记录数相差不大，从 20 秒开始每个区间的记录数远高于 1 秒～19 秒每个区间的记录数。

综合以上的分析统计结果以及结合业务的实际情况，将观看时长小于 20 秒和大于 5 小时的数据视为无效数据，需要将这些数据删除以便能够更好地分析用户的收视行为。

3. 查询机顶盒自动返回的数据

在用户收视行为数据表中，还有一部分数据的节目类型为直播，即 res_type 字段值为 0 时，观看行为开始时间 origin_time 和观看行为结束时间 end_time 的秒时间单位为 00 结尾的记录，这些记录是机顶盒自动返回的数据，并不是用户真实的观看记录，因此这一部分数据也是需要删除的。探索分析由机顶盒自动返回的数据以及其数据量的大小，使用“LIKE '%00'”语句即可查询某字段以 00 结尾的数据，如代码 7-13 所示，结果如图 7-13 所示。

代码 7-13　查询机顶盒自动返回的数据

```
# 查询 rest_type 字段值为 0 时，origin_time 和 end_time 结尾为 00 的记录
SELECT COUNT(*)
FROM media_index
WHERE res_type='0'
AND origin_time LIKE '%00'
AND end_time LIKE '%00';
```

```
Total MapReduce CPU Time Spent: 19 seconds 0 msec
OK
880750
Time taken: 46.155 seconds, Fetched: 1 row(s)
```

图 7-13　查询机顶盒自动返回的数据

从图 7-13 所示的统计分析结果来看，用户收视行为数据表中 res_type 字段值为 0 时，origin_time 和 end_time 的秒时间单位为 00 的记录的确存在并且记录数约为 88 万，因此在进行数据预处理时需要清洗这部分无效的数据。

7.2.2　删除无效收视行为数据

对广电用户收视行为数据表的探索，主要是探索用户的观看时长，将无效的收视数据进行清洗。本小节的任务是获得更有分析价值的用户收视行为数据，探索无效收视行为数据并将其进行清洗，任务实现步骤如下。

（1）统计用户观看时长的均值、最值和标准差，探索用户观看时长范围。由图 7-8 所示的统计结果可得，用户的观看时长范围为 0 秒～5 小时。

（2）根据统计用户观看时长分布结果分析，删除观看时长小于 20 秒和观看时长大于 5h 的数据。

（3）删除节目类型为直播，即 res_type 字段值为 0 时，观看行为开始时间 origin_time 和观看行为结束时间 end_time 为 00 的无效收视行为数据。

任务实现如代码 7-14 所示。

代码 7-14　删除无效收视行为数据

```
#删除无效收视行为数据
CREATE TABLE IF NOT EXISTS media_index_clean
AS
SELECT * FROM media_index
WHERE
(CAST(duration AS double)/1000 >= 20
AND
CAST(duration AS double)/(1000*60*60) < 5
AND
res_type='0'
AND
origin_time NOT LIKE '%00'
AND
end_time NOT LIKE '%00')
```

```
OR
(CAST(duration AS double)/1000 >= 20
AND
CAST(duration AS double)/(1000*60*60) < 5
AND
res_type='1');
```

如果需要验证 media_index_clean 表中的数据是否有效，可以通过查询观看时长 duration 字段的最大值、最小值，以及节目类型 res_type 字段是否还存在无效数据实现。以验证 media_index_clean 表中数据是否有效为例，如代码 7-15 所示，结果如图 7-14 所示，可知 media_index_clean 不存在直播的节目类型。

代码 7-15　验证 media_index_clean 表中数据是否有效

```
# 验证 media_index_clean 表中数据是否有效
SELECT COUNT(*)
FROM media_index_clean
WHERE res_type='0'
AND origin_time LIKE '%00'
AND end_time LIKE '%00';
```

```
Total MapReduce CPU Time Spent: 12 seconds 380 msec
OK
0
Time taken: 51.747 seconds, Fetched: 1 row(s)
```

图 7-14　验证 media_index_clean 表中数据是否有效

任务 7.3　清洗无效账单和订单数据

任务描述

账单是指与消费者发生交易的商户或公司向消费者提供的账目发生明细单，也是商户或公司记录和统计营收的数据依据。订单是订购货物的合同或单据。用户在挑选商品后，在实体店前台或在网上下单，这时需要打印订单表。订单表记录了用户的订购产品详细信息，一般包括用户名称、订购货物名称、订购金额和订购数量等。

广电公司的用户账单数据表和订单数据表分别记录了各用户的消费详情和订购产品信息。这两个表中存在无效数据，在进行营收统计分析时，若采用了无效的订单和账单数据，则将导致统计错误，因此需要对用户账单数据表和订单数据表进行数据清洗。

本任务探索用户账单数据表中用户应付金额 should_pay 字段和用户订单数据表中订购产品价格 cost 字段的无效数据并进行清洗。

7.3.1 探索无效账单数据

无效账单数据是指账单数据表 mmconsume_billevents 的用户应付金额 should_pay 字段值小于 0 的数据。若在统计营收金额时将应收金额小于 0 的数据算入，则将造成营收统计错误。查询无效账单的数量，如代码 7-16 所示，结果如图 7-15 所示。

代码 7-16 查询无效账单数据的数量

```
# 统计应收金额小于 0 的数据
SELECT COUNT(1)
FROM mmconsume_billevents
WHERE should_pay < 0;
```

```
Total MapReduce CPU Time Spent: 6 seconds 80 msec
OK
377
Time taken: 40.729 seconds, Fetched: 1 row(s)
```

图 7-15 查询无效账单数据的数量

由图 7-15 所示的统计结果可得，账单数据表中存在 377 条无效账单数据，需要将这些无效账单数据清洗。

7.3.2 探索无效订单数据

无效订单数据是指订单数据表 order_index 的订购产品价格 cost 字段值为空或小于 0 的数据。若在统计用户订单金额时将无效订购产品价格算入，将造成错误的收入预算，会对公司资产调用和计划支出造成重大影响。查询无效订单数据的数量，如代码 7-17 所示。

代码 7-17 查询无效订单数据数量

```
# 查询无效订单数据的数量
SELECT COUNT(*)
FROM order_index
WHERE cost IS NULL
OR
cost < 0;
```

执行代码 7-17 中的代码得出无效订单数据的数量为 0，即不存在订购产品价格 cost 字段值为空或小于 0 的数据，因此无须清洗，如图 7-16 所示。

```
Total MapReduce CPU Time Spent: 5 seconds 50 msec
OK
0
Time taken: 31.226 seconds, Fetched: 1 row(s)
```

图 7-16　查询无效订单数据的数量

7.3.3　删除无效账单和无效订单数据

本小节的任务是删除无效账单和无效订单数据，经探索分析发现用户订单数据表中不存在无效订单数据，而用户账单数据表中存在无效账单数据，因此只需删除无效账单数据即可。先创建 mmconsume_billevents_clean 表，再删除账单数据表中的无效账单数据，最后将清洗好的数据导入 mmconsume_billevents_clean 表中，如代码 7-18 所示。

代码 7-18　删除无效账单数据

```
CREATE TABLE IF NOT EXISTS mmconsume_billevents_clean
AS
SELECT * FROM mmconsume_billevents
WHERE should_pay >= 0 ;
```

可参考代码 7-16 统计 mmconsume_billevents_clean 中应收金额小于 0 的数据量，验证是否删除了无效账单数据，若统计值为 0，则完成了删除无效账单数据，如图 7-17 所示。

```
Total MapReduce CPU Time Spent: 4 seconds 420 msec
OK
0
Time taken: 29.975 seconds, Fetched: 1 row(s)
```

图 7-17　查询无效账单数据的数量

任务 7.4　导出处理结果至 Linux 本地和 HDFS

任务描述

随着移动互联网和物联网的出现和快速发展，数据量也在爆发式增长，对应的数据存储量也在增大，因此诞生了分布式存储框架，用于解决大数据量的存储问题。

广电公司在清洗完数百万条数据后，需要将数据进行保存。本任务将清洗后的数据保存在 Linux 本地目录和 HDFS 目录下。

7.4.1　使用 INSERT OVERWRITE 语句将数据导出至文件系统

在 Hive CLI 中实现 Hive 表数据的导出，可以使用 INSERT OVERWRITE 语句编写选择导出的文件系统目录和表内容。使用 INSERT OVERWRITE 语句将数据导出至文件系统目录的语法如下。

```
INSERT OVERWRITE [LOCAL] DIRECTORY directory1
[ROW FORMAT row_format] [STORED AS file_format] (Hive 0.11.0 版本开始可用)
SELECT ... FROM ...
```

使用 INSERT OVERWRITE 语句实现将 Hive 数据导出的语法中的参数如表 7-4 所示。

表 7-4 使用 INSERT OVERWRITE 语句实现将 Hive 数据导出的语法中的参数

参数	说明
DIRECTORY	在参数后指定数据导出的目录
LOCAL	若使用 LOCAL 参数，则 Hive 会将数据写入 Linux 本地目录下。若不使用 LOCAL 参数，则将数据写入 HDFS 目录下
ROW FORMAT	Hive 0.11.0 开始允许指定字段间的分隔符，默认按^A 字符(\001)分隔
STORED AS	用于指定文件存储格式，如 TXT 文档或 ORC 优化行柱状文件等
SELECT ... FROM ...	用于选择存储内容

使用 INSERT OVERWRITE 语句和 LOCAL DIRECTORY 参数将用代码 7-18 所创建的账单数据清洗表 mmconsume_billevents_clean 中的数据导出至 Linux 本地目录/opt/zjsm_clean/mmconsume_billevents_clean（目录需先手动创建）下，如代码 7-19 所示。

代码 7-19 将账单数据清洗表 mmconsume_billevents_clean 中的数据导出

```
INSERT OVERWRITE LOCAL DIRECTORY '/opt/zjsm_clean/mmconsume_billevents_clean'
ROW FORMAT DELIMITED FIELDS TERMINATED by ','
SELECT * FROM mmconsume_billevents_clean;
```

执行代码 7-19 中的代码，即可在 Linux 本地目录/opt/zjsm_clean/mmconsume_billevents_clean 下生成一个名为 000000_0 的文件，该文件记录了 mmconsume_billevents_clean 表中的数据。在 Linux 终端查看 000000_0 文件的前 10 条数据，如代码 7-20 所示，结果如图 7-18 所示。

代码 7-20 查看 000000_0 文件的前 10 条数据

```
# 进入/opt/zjsm_clean/mmconsume_billevents_clean 目录
cd /opt/zjsm_clean/mmconsume_billevents_clean
#查看 000000_0 文件的前 10 条数据
cat 000000_0 | head -n 10
```

```
[root@master ~]# cd /opt/zjsm_clean/mmconsume_billevents_clean
[root@master mmconsume_billevents_clean]# cat 000000_0 | head -n 10
1410005953,4477294,0B,2022-05-01 00:00:00,HC级,00,互动电视,26.5,0.0
1410000342,4479074,0Y,2022-01-01 00:00:00,HC级,NULL,数字电视,5.0,0.0
1410000342,4479074,0Y,2022-04-01 00:00:00,HC级,00,数字电视,5.0,0.0
1410038590,4535578,0Y,2022-03-01 00:00:00,HC级,00,数字电视,26.5,0.0
1410047737,4539813,0T,2022-01-01 00:00:00,HC级,NULL,数字电视,8.0,0.0
1410047737,4539813,0Y,2022-07-01 00:00:00,HC级,00,数字电视,5.0,0.0
2210056598,4668137,0Y,2022-04-01 00:00:00,HC级,00,数字电视,5.0,0.0
2210024617,4668526,0Y,2022-06-01 00:00:00,HC级,00,数字电视,5.0,0.0
2000148097,4886968,0T,2022-07-01 00:00:00,HC级,00,互动电视,10.0,0.0
2010019504,4866701,0B,2022-02-01 00:00:00,HE级,00,互动电视,15.0,0.0
```

图 7-18　查看 000000_0 文件的前 10 条数据

7.4.2　保存处理结果至 Linux 本地和 HDFS

本章对广电用户数据的 5 个表进行了无效数据探索并清洗，其中数据清洗规则如表 7-5 所示。

表 7-5　广电数据表清洗规则

数据表	数据清洗规则
账单数据表 订单数据表 用户基本数据表 用户收视行为数据表	（1）删除 owner_name 字段值为 EA 级、EB 级、EC 级、ED 级、EE 级的数据。 （2）删除 owner_code 字段值为 02、09、10 的数据。 （3）保留 sm_name 字段值为珠江宽频、数字电视、互动电视、甜果电视的数据。
用户状态变更数据表 订单数据表 用户基本数据表	保留 run_name 字段值为正常、主动暂停、欠费暂停、主动销户的数据。
用户基本数据表	用户编号 phone_no 数据去重
账单数据表	删除应收金额 should_pay 字段值小于 0 的数据
用户收视行为数据表	（1）收视时长 duration 字段值大于等于 20 秒且 duration 字段值小于等于 5 小时的数据。 （2）删除用户收视行为数据表中 res_type 字段值为 0 时，origin_time 和 end_time 中为 00 的数据（以秒为单位）
用户状态变更数据表	（1）删除 owner_name 字段值为 EA 级、EB 级、EC 级、ED 级、EE 级。 （2）删除 owner_code 字段值为 02、09、10 的数据。

Linux 本地文件系统的安全性较好，且传输数据文件较为方便，如将文件传至 Windows 系统，无须启动 Hadoop。HDFS 能够解决大数据量的存储问题，且存储效率较高。因此本小节将实现保存 Hive 清洗后的数据表至 Linux 本地目录下和 HDFS 目录下。以保存清洗后的用户基本数据表 mediamatch_usermsg_clean 为例，使用 INSERT OVERWRITE 语句实现保存至 Linux 的/opt/zjsm_clean/mediamatch_usermsg_clean 目录下

和 HDFS 的/opt/zjsm_clean/mediamatch_usermsg_clean 目录下（注意，目录需手动创建），如代码 7-21 所示。

代码 7-21　保存 mediamatch_usermsg_clean 表

```
# 将数据保存至 Linux 目录下
INSERT OVERWRITE LOCAL DIRECTORY '/opt/zjsm_clean/mediamatch_usermsg_clean'
ROW FORMAT DELIMITED FIELDS TERMINATED by ','
SELECT * FROM mediamatch_usermsg_clean;
# 将数据保存至 HDFS 目录下
INSERT OVERWRITE DIRECTORY '/opt/zjsm_clean/mediamatch_usermsg_clean'
ROW FORMAT DELIMITED FIELDS TERMINATED by ','
SELECT * FROM mediamatch_usermsg_clean;
```

查看保存结果中的前 10 条数据，将发现保存至 Linux 目录下与保存至 HDFS 目录下的结果一致，如代码 7-22 所示，结果如图 7-19 与图 7-20 所示。

代码 7-22　查看保存结果

```
# 进入/opt/zjsm_clean/mediamatch_usermsg_clean 目录
cd /opt/zjsm_clean/mediamatch_usermsg_clean
# 查看保存至 Linux 目录下的结果
cat 000000_0 | head -n 10
# 查看保存至 HDFS 目录下的结果
hdfs dfs -cat /opt/zjsm_clean/mediamatch_usermsg_clean/000000_0 | head -n 10
```

```
[root@master mediamatch_usermsg_clean]# cat 000000_0 | head -n 10
00182492,2279143,珠江宽频,主动销户,b0,HC级,00,2013-03-06 15:30:51,越秀区水荫四横路***号房,2011-12-01 10:27:39,NULL
00860882,2134824,数字电视,主动销户,d1,HC级,00,2015-03-17 10:57:54,越秀区明月一路**号***,2012-01-10 10:39:39,NULL
02937868,2017186,珠江宽频,主动销户,b0,HC级,00,2013-09-29 18:12:46,越秀区环市东路***号房,2010-08-04 14:08:29,NULL
02937868,2024390,珠江宽频,主动销户,b0,HC级,00,2013-09-29 16:57:27,越秀区环市东路***号房,2010-04-25 09:52:03,NULL
02937868,2044555,珠江宽频,主动销户,b0,HC级,00,2014-03-25 11:33:18,越秀区环市东路***号房,2010-04-25 09:43:59,NULL
02937868,2050088,珠江宽频,主动销户,b0,HC级,00,2013-09-29 13:20:02,越秀区环市东路***号房,2010-04-24 15:34:20,NULL
02937868,2056676,珠江宽频,主动销户,b0,HC级,00,2013-09-29 19:25:55,越秀区环市东路***号房,2010-04-24 15:38:33,NULL
02937868,2082333,珠江宽频,主动销户,b0,HC级,00,2013-09-29 18:23:33,越秀区环市东路***号房,2010-04-24 15:35:35,NULL
02937868,2082337,珠江宽频,主动销户,b0,HC级,00,2013-09-29 17:16:18,越秀区环市东路***号房,2010-04-25 09:37:53,NULL
02937868,2082339,珠江宽频,主动销户,b0,HC级,00,2013-09-29 17:39:34,越秀区环市东路***号房,2010-04-25 09:51:15,NULL
```

图 7-19　保存至 Linux 目录下的结果

```
[root@master mediamatch_usermsg_clean]# hdfs dfs -cat /opt/zjsm_clean/mediamatch_usermsg_clean/000000_0 | head -n 10
00182492,2279143,珠江宽频,主动销户,b0,HC级,00,2013-03-06 15:30:51,越秀区水荫四横路***号房,2011-12-01 10:27:39,NULL
00860882,2134824,数字电视,主动销户,d1,HC级,00,2015-03-17 10:57:54,越秀区明月一路**号***,2012-01-10 10:39:39,NULL
02937868,2017186,珠江宽频,主动销户,b0,HC级,00,2013-09-29 18:12:46,越秀区环市东路***号房,2010-08-04 14:08:29,NULL
02937868,2024390,珠江宽频,主动销户,b0,HC级,00,2013-09-29 16:57:27,越秀区环市东路***号房,2010-04-25 09:52:03,NULL
02937868,2044555,珠江宽频,主动销户,b0,HC级,00,2014-03-25 11:33:18,越秀区环市东路***号房,2010-04-25 09:43:59,NULL
02937868,2050088,珠江宽频,主动销户,b0,HC级,00,2013-09-29 13:20:02,越秀区环市东路***号房,2010-04-24 15:34:20,NULL
02937868,2056676,珠江宽频,主动销户,b0,HC级,00,2013-09-29 19:25:55,越秀区环市东路***号房,2010-04-24 15:38:33,NULL
02937868,2082333,珠江宽频,主动销户,b0,HC级,00,2013-09-29 18:23:33,越秀区环市东路***号房,2010-04-24 15:35:35,NULL
02937868,2082337,珠江宽频,主动销户,b0,HC级,00,2013-09-29 17:16:18,越秀区环市东路***号房,2010-04-25 09:37:53,NULL
02937868,2082339,珠江宽频,主动销户,b0,HC级,00,2013-09-29 17:39:34,越秀区环市东路***号房,2010-04-25 09:51:15,NULL
```

图 7-20　保存至 HDFS 目录下的结果

若需要保存与验证其余 4 个表，则参考代码 7-21 和代码 7-22 实现。

小结

本章的目标是先探索广电用户无效数据，再进行数据清洗与保存。本章首先探索了无效用户数据，如探索重复的用户数、特殊线路用户数据和政企用户数据等，其次探索了无效收视行为数据，主要探索用户观看时长，接着探索了无效账单和订单数据，探索用户应付金额 should_pay 字段和订购产品价格 cost 字段是否存在小于 0 的数据，再按照探索结果进行数据清洗，最终将清洗结果保存至 Linux 本地目录和 HDFS 目录。

实训

实训 1　删除无效房价数据

1. 训练要点

（1）掌握探索 Hive 表中数据字段缺失值和异常值的方法。

（2）掌握在 Hive 中删除数据的方法。

2. 需求说明

通过收集某一线城市房价数据得到房价数据文件 house.csv，某一线城市房价数据字段如表 7-6 所示。为了增加房价统计分析的准确性，需要对房价数据字段（例如，单价字段 price 与面积字段 area）进行探索，删除无效房价数据。

表 7-6　某一线城市房价数据字段

字段	描述
name	楼盘名称
location	区域
price	单价，单位：元/米^2
area	面积
load_time	发布时间

3. 实现思路及步骤

（1）在 Hive 中创建房价数据表，并导入数据。

（2）对单价字段 price 进行探索，删除“价格待定”数据。

（3）对面积字段 area 进行探索，删除存在空值的数据。

实训 2 删除恶意好评手机数据并保存结果至 Linux 本地

1. 训练要点

（1）掌握在 Hive 中删除数据的方法。

（2）掌握将 Hive 表保存至 Linux 本地目录的方法。

2. 需求说明

随着电子商务的迅速发展和网络购物的流行，人们对网络购物的需求变得越来越强，这也给电商企业带来了巨大的发展机遇。与此同时，这种需求也推动了更多电商企业的崛起，引发了激烈的竞争。在这种激烈竞争的大背景下，除了提高商品质量、压低价格外，了解更多消费者的心声对电商企业来说变得越来越有必要。某电商平台主要销售手机，该电商平台工作人员记录了客户对销售手机的评价数据文件 phone.csv，手机评价数据字段如表 7-7 所示。为了解消费者的兴趣与需求，需要对手机评价数据进行统计分析，但为了增加分析结果的合理性和有效性，需要对手机评价数据进行探索，删除无效评价数据。例如虽然手机评分很高，但是评价天数为一天，即可能存在用户刷单行为，恶意好评无实际意义。

表 7-7 手机评价数据字段

字段	描述
content	评论文本
creationTime	评论时间
score	评分，评分区间为[1,5]
productColor	商品颜色
referenceName	产品名称
days	付款到写评间隔天数

3. 实现思路及步骤

（1）在 Hive 中创建手机评价数据表，并导入数据。

（2）删除评价分数为 5，且付款至评价间隔天数小于 3 的数据。

（3）将删除后的结果保存至 Linux 本地/opt/phone 目录下。

课后习题

1. 选择题

（1）下列关于使用 INSERT OVERWRITE 语句实现将 Hive 数据导出的语法中的参数

的描述中错误的是（　　）。

A. DIRECTORY，在参数后指定数据导出的目录

B. SELECT ... FROM ...，用于选择存储内容

C. STORED AS，用于指定文件存储格式

D. ROW FORMAT，用于设置行距

（2）下列选项中，不属于低质量数据特征的是（　　）。

A. 不完整性　　B. 不一致性　　C. 无效性　　D. 合理性

（3）Hive 中存在一张 student 表，表中存在两个字段，分别为学生姓名 name 和学生编号 id，存在一个学生姓名对应多个学生编号的情况，下列选项中，能够实现统计重复的学生姓名的是（　　）。

A. SELECT name,COUNT(1) AS nums FROM student GROUP BY name HAVING nums > 1;

B. SELECT name FROM student WHERE name > 1;

C. SELECT COUNT(name) AS nums FROM student WHERE nums > 1;

D. SELECT name,COUNT(1) AS nums FROM student GROUP BY id HAVING nums > 1;

（4）Hive 中存在一张 teacher 表，表中存在两个数据字段，分别为老师姓名 name 和授课科目 class，下列选项中，能够实现删除授课科目为语文的数据的是（　　）。

A. DROP TABLE teacher WHERE class = '语文';

B. CREATE TABLE IF NOT EXISTS teacher_clean AS SELECT * FROM teacher WHERE class NOT IN ("语文");

C. ALTER TABLE teacher IF class = '语文';

D. SET TABLE teacher WHERE class NOT IN ('语文');

（5）使用 INSERT OVERWRITE 语句实现将 Hive 数据导出至 Linux 本地目录，下列选项中使用的导出目录参数正确的是（　　）。

A. DIRECTORY　　B. LOCAL DIRECTORY

C. HDFS DIRECTORY　　D. Linux DIRECTORY

2. 操作题

居民在使用家用热水器的过程中，由于区域不同和年龄、性别差异等原因，形成了不同的使用习惯。国内某热水器生产厂商新研发的一种高端智能热水器，在状态发生改变或在流水状态时，会采集各项数据，记录各种不同的用水事件。该厂商通过收集各用户的热水器使用数据得到用户数据文件 heater.csv，热水器用户数据字段如表 7-8 所示。

表 7-8　热水器用户数据字段

字段	描述
Id	热水器编号
Occurrence_time	发生时间
State	开关机状态
Heating	加热中
Insulation	保温中
Flow	有无水流
Actual_temperature	实际温度
Hot_water	热水量
Discharge	水流量
Energy_Mode	节能模式
Heating_remaining_time	加热剩余时间
Current_tmp	当前设置温度

厂商需要根据用户数据进行用户行为分析，但原始数据中存在大量不合理数据，因此需要进行数据清洗。数据清洗要求如下。

（1）因为研究的是用户行为，所以需要删除热水器编号字段 Id。

（2）因为有无水流字段 Flow 可以通过水流量字段 Discharge 反馈，所以需要删除有无水流字段 Flow。

（3）探索节能模式字段 Energy_Mode，若值都为关，则可删除该字段。

（4）删除开关机状态字段 State 值为关且水流量字段 Discharge 值为 0 的数据。

（5）将删除后的结果保存至 Linux 本地/opt/heater 目录下。

第8章 广电用户数据存储与处理的程序开发

学习目标

（1）掌握 Hive 远程服务的配置过程。

（2）掌握 HiveServer2 的使用方法和使用第三方语言（Java）开发的配置过程。

（3）掌握在 IDEA 编程软件中进行程序运行与调试的过程和方法。

素养目标

（1）通过使用 IDEA 编程软件配置开发环境，培养软件版权意识。

（2）通过学习 Hive 远程开发环境的搭建，培养细致耐心、严谨认真的职业素养。

（3）通过学习 Hive 编程应用开发，培养良好的编程规范化理念。

思维导图

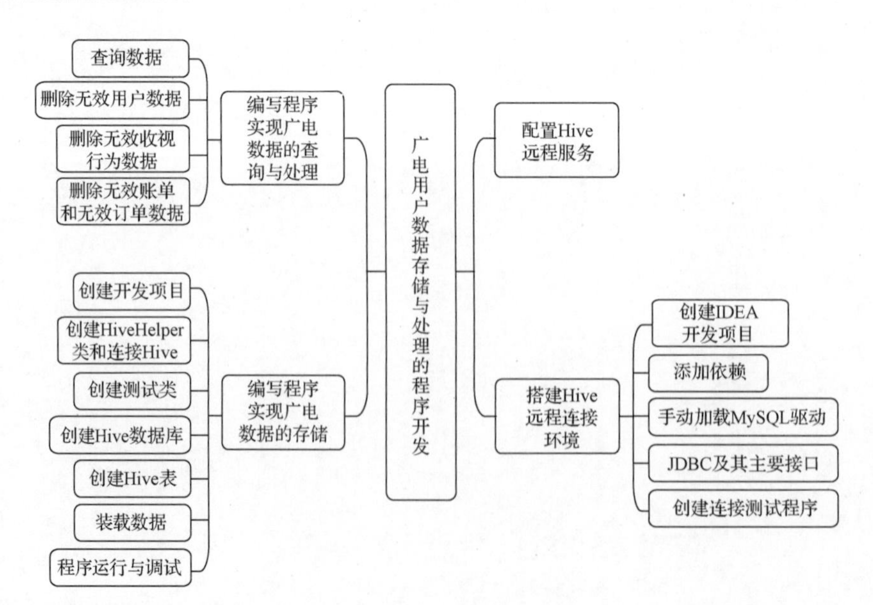

任务背景

Hive 与一般数据仓库使用传统关系数据库作为基础平台不同，Hive 基于 Hadoop 平台构建，这使得 Hive 天然具备大数据处理能力。在之前的学习和实践中，使用 Hive 都是通过 CLI 的方式，该方式仅允许使用 HQL 执行查询等操作，并且该方式比较笨拙、单一。其实 Hive 也提供了轻客户端的实现，通过 HiveServer 或 HiveServer2，客户端可以在不启动 CLI 的情况下对 Hive 中的数据进行操作，两者都允许远程客户端使用多种编程语言如 Java、Python 向 Hive 提交请求，返回结果。学习多种方式操作 Hive 中的数据，落实科教兴国战略。

本章主要介绍如何配置 Hive 远程服务，搭建 Hive 远程开发环境，通过案例实现广电数据的存储和广电用户数据的查询与处理，并在此过程中学习通过 IDEA 编程软件进行程序运行、调试的主要过程和方法。

任务 8.1　配置 Hive 远程服务

任务描述

在 Hive CLI 中，一次只能运行一条 HQL 语句，对于单词、语句编写失误造成的运行失败也无法立刻修改，只能重新编写语句，因此效率偏低。在编程类的软件中进行 HQL 语句的编写、运行，可以避免上述问题的出现。

为了实现 Hive 程序调用，需要提前配置和启动 Hive 远程服务。本任务配置 Hive 远程服务 HiveServer2。

Hive 0.10.0 版本具有一个可选的组件 HiveServer，用于为 Hive 提供一种允许客户端远程访问的服务。HiveServer 基于 Thrift 协议，故也称 HiveServer 为 ThriftServer。HiveServer 支持跨平台、跨编程语言对 Hive 进行访问；由于 HiveServer 受 Thrift 接口限制，所以 HiveServer 不能处理多于一个客户端的并发请求。为实现多用户并发访问，Hive 0.11.0 版本重写 HiveServer 代码得到了 HiveServer2。HiveServer2 支持多客户端的并发和认证，用于为客户端通过 API（例如 JDBC、ODBC 等）访问 Hive 提供更好的支持。

配置并启动 Hive 远程服务的操作如下。

（1）配置 Hive 远程连接属性。在 master 主节点执行命令“vim /usr/local/hadoop-3.1.4/etc/hadoop/core-site.xml”，打开 core-site.xml 文件，然后进入编辑模式，添加 Hive 远程服务的属性，Hive 远程服务的属性内容如代码 8-1 所示，修改好后按 Esc 键，输入“:wq”并按 Enter 键保存退出。

代码 8-1　Hive 远程服务的属性内容

```
<property>
    <name>hadoop.proxyuser.root.hosts</name>
    <value>*</value>
</property>
<property>
    <name>hadoop.proxyuser.root.groups</name>
    <value>*</value>
</property>
```

（2）分发配置文件至各子节点。将 core-site.xml 文件使用 scp 命令发送给各子节点，如代码 8-2 所示。

代码 8-2　分发配置文件至各子节点

```
scp -r /usr/local/hadoop-3.1.4/etc/hadoop/core-site.xml slave1:/usr/local/
hadoop-3.1.4/etc/hadoop/
scp -r /usr/local/hadoop-3.1.4/etc/hadoop/core-site.xml slave2:/usr/local/
hadoop-3.1.4/etc/hadoop/
scp -r /usr/local/hadoop-3.1.4/etc/hadoop/core-site.xml slave3:/usr/local/
hadoop-3.1.4/etc/hadoop/
```

（3）启动 Hive 远程服务。启动 Hadoop 集群和 MySQL 服务后，启动 Hive 元数据库服务、HiveServer2 远程服务，如代码 8-3 所示，运行结果如图 8-1 所示。

代码 8-3　启动 Hive 远程服务

```
cd /usr/local/hive-3.1.2/bin
hive --service metastore &  //启动 Hive 元数据服务
jps  //查看后台服务进程
nohup hive --service hiveserver2 &  //后台启动 HiveServer2 服务
jps  //查看后台服务进程
```

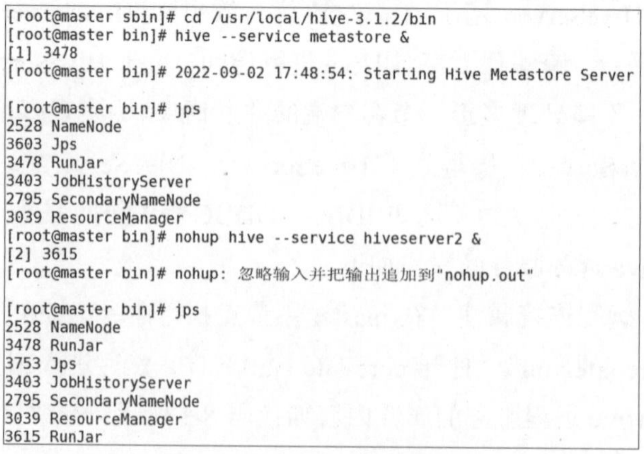

```
[root@master sbin]# cd /usr/local/hive-3.1.2/bin
[root@master bin]# hive --service metastore &
[1] 3478
[root@master bin]# 2022-09-02 17:48:54: Starting Hive Metastore Server

[root@master bin]# jps
2528 NameNode
3603 Jps
3478 RunJar
3403 JobHistoryServer
2795 SecondaryNameNode
3039 ResourceManager
[root@master bin]# nohup hive --service hiveserver2 &
[2] 3615
[root@master bin]# nohup: 忽略输入并把输出追加到"nohup.out"

[root@master bin]# jps
2528 NameNode
3478 RunJar
3753 Jps
3403 JobHistoryServer
2795 SecondaryNameNode
3039 ResourceManager
3615 RunJar
```

图 8-1　启动 Hive 远程服务

启动远程服务之前，要启动 Hive 元数据服务，否则在后续连接 Hive，执行一系列数据操作时，编程软件会提示“Connection refused: connect”的错误。

任务 8.2　搭建 Hive 远程连接环境

任务描述

IntelliJ IDEA 简称 IDEA，是 Java 等编程语言开发集成环境之一，该集成环境在智能代码助手、代码自动提示、重构、Java EE 支持、各类版本工具（Git、SVN 等）、JUnit、CVS 整合、代码分析、创新的 GUI 设计等方面较为优秀。

本任务在 IDEA 上搭建 Hive 开发环境，并实现 Hive 远程连接测试。

8.2.1　创建 IDEA 开发项目

读者可到 JetBrains 公司的官方网站自行下载相关版本的 IDEA 编程软件安装包。对于个人用户，可下载 Community 版（社区版）的 IDEA 编程软件安装包。下载后，请按照指示进行安装。本书统一使用“IntelliJ IDEA Community Edition 2021.3.3”版本。

IDEA 默认选用英文界面运行，读者也可根据个人需求在插件管理中下载中文语言包。为了描述方便，本书统一以英文界面进行讲解。

在安装好编程软件后，即可创建 IDEA 开发项目，创建流程如下。

（1）打开编程软件 IDEA，弹出欢迎界面，如图 8-2 所示，单击“New Project”按钮。

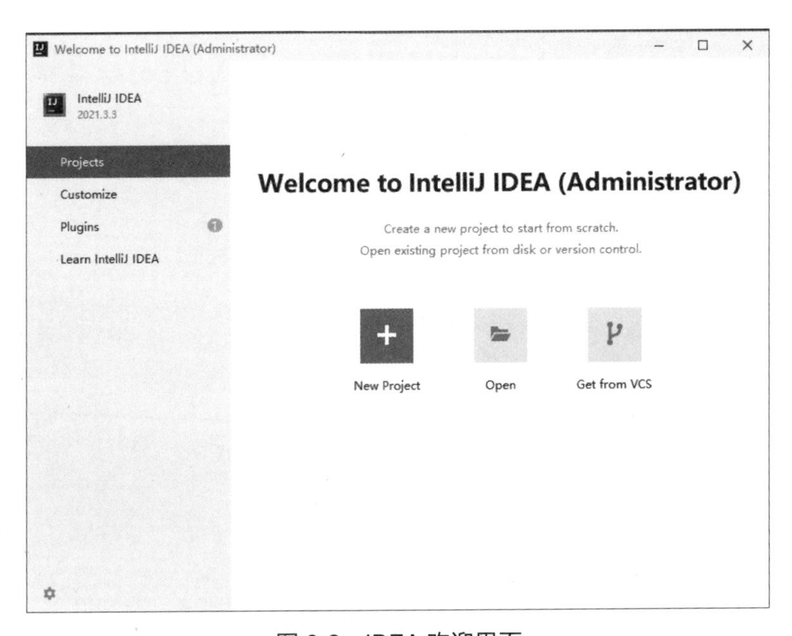

图 8-2　IDEA 欢迎界面

（2）在“New Project”界面中选择“Maven”选项，在“Project SDK”下拉列表框中选择 1.8 版本的 JDK，如图 8-3 所示，单击“Next”按钮。

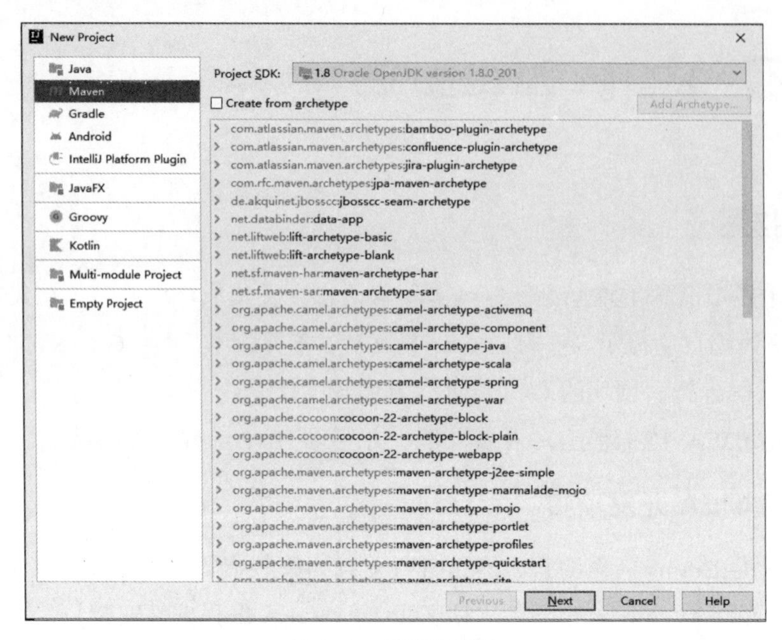

图 8-3　创建新项目

（3）将项目命名为“HiveJavaAPI”，并将该项目放置在 D 盘根目录下，如图 8-4 所示，单击“Finish”按钮。

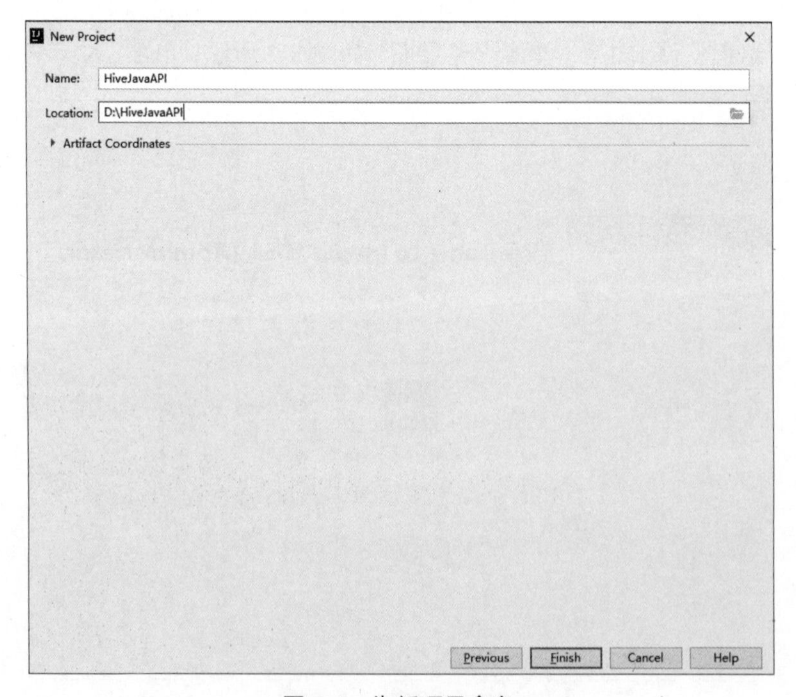

图 8-4　为新项目命名

（4）项目创建完成后，会自动生成项目框架，如图 8-5 所示。

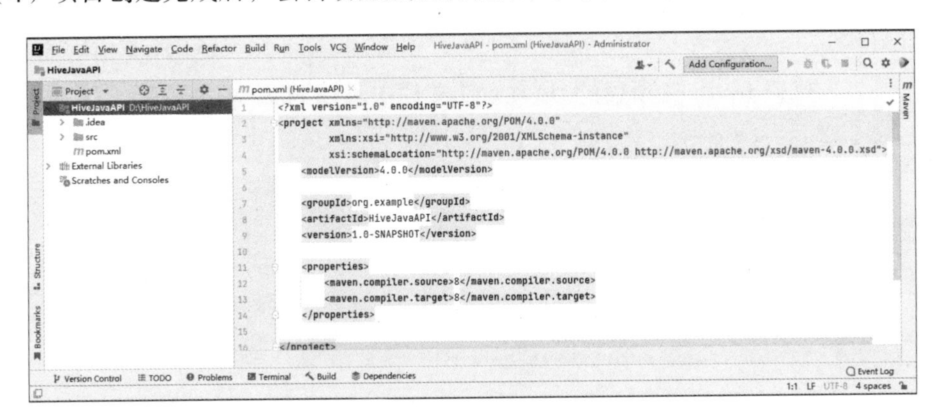

图 8-5　项目初始框架

图 8-5 所示的项目初始框架包含的项目元素如表 8-1 所示。

表 8-1　项目元素

项目元素	说明
项目根目录	项目存储的本地目录，项目 HiveJavaAPI 的安装目录为 D:\HiveJavaAPI
.idea 节点	主要用于保存 IDEA 项目的相关信息
src 节点	用于保存源代码（main 目录）和测试代码（test 目录）
External Libraries 节点	用于保存使用到的外部库文件链接
Scratches and Consoles	可提供 Scratch files 和 Scratch buffers 这两种临时的编辑环境，在临时的编辑环境中，读者可以通过编写一些文本内容或一些代码片段，实现 IDEA 功能测试

项目具体结构如图 8-6 所示。

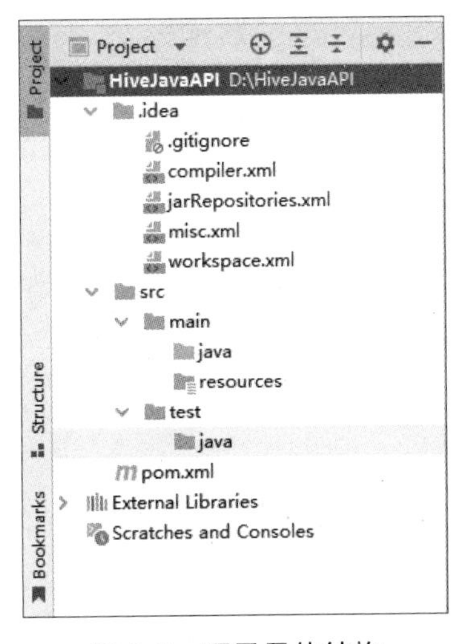

图 8-6　项目具体结构

8.2.2 添加依赖

创建好项目后，需要在项目的 pom.xml 文件中添加 Hive 相关依赖，如代码 8-4 所示。

代码 8-4　在项目的 pom.xml 文件中添加 Hive 相关依赖

```
<?xml version="1.0" encoding="UTF-8"?>
<project xmlns="http://maven.apache.org/POM/4.0.0"
       xmlns:xsi="http://www.w3.org/2001/XMLSchema-instance"
       xsi:schemaLocation="http://maven.apache.org/POM/4.0.0 http://maven.
apache.org/xsd/maven-4.0.0.xsd">
    <modelVersion>4.0.0</modelVersion>
    <groupId>org.example</groupId>
    <artifactId>HiveJavaAPI</artifactId>
    <version>1.0-SNAPSHOT</version>
    <properties>
        <maven.compiler.source>8</maven.compiler.source>
        <maven.compiler.target>8</maven.compiler.target>
    </properties>
    <dependencies>
        <dependency>
            <groupId>org.apache.hadoop</groupId>
            <artifactId>hadoop-common</artifactId>
            <version>3.1.4</version>
        </dependency>
        <!-- Hive-->
        <dependency>
            <groupId>org.apache.hive</groupId>
            <artifactId>hive-exec</artifactId>
            <version>3.1.2</version>
        </dependency>
        <dependency>
            <groupId>org.apache.hive</groupId>
            <artifactId>hive-jdbc</artifactId>
            <exclusions>
                <exclusion>
                    <groupId>org.glassfish</groupId>
                    <artifactId>javax.el</artifactId>
                </exclusion>
```

```
                <exclusion>
                    <groupId>org.eclipse.jetty</groupId>
                    <artifactId>jetty-runner</artifactId>
                </exclusion>
            </exclusions>
            <version>3.1.2</version>
        </dependency>
    </dependencies>
</project>
```

在 pom.xml 文档界面中，单击鼠标右键选择“Maven”命令，再选择“Reload project”命令，如图 8-7 所示，可立即加载依赖。加载完成后，可在左边 Project 工具栏中单击“External Libraries”查看。

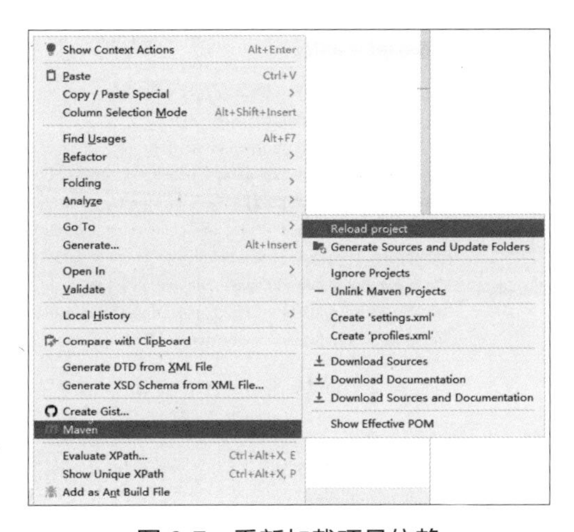

图 8-7　重新加载项目依赖

加载完成后，相关的依赖包会默认保存到系统用户目录下的.m2/repository 子目录下，如图 8-8 所示。

此电脑 › 本地磁盘 (C:) › 用户 › Administrator › .m2 › repository

名称	修改日期	类型	大小
antlr	2022/6/11 12:10	文件夹	
aopalliance	2022/6/19 22:51	文件夹	
asm	2022/6/19 22:53	文件夹	
avalon-framework	2022/6/11 12:10	文件夹	
backport-util-concurrent	2022/6/11 12:09	文件夹	
ch	2022/6/19 22:59	文件夹	
classworlds	2022/6/11 12:08	文件夹	
co	2022/6/19 22:58	文件夹	
com	2022/6/19 23:01	文件夹	
commons-beanutils	2022/6/19 22:54	文件夹	
commons-chain	2022/6/11 12:10	文件夹	
commons-cli	2022/6/11 12:08	文件夹	
commons-codec	2022/6/11 12:09	文件夹	
commons-collections	2022/6/11 12:10	文件夹	
commons-configuration	2022/6/19 22:54	文件夹	
commons-daemon	2022/6/19 22:52	文件夹	

图 8-8　系统保存依赖

8.2.3 手动加载 MySQL 驱动

在加载 MySQL 驱动前，需要在 MySQL JAR 包下载官网中提前下载驱动 JAR 包“mysql-connector-java-5.1.30.jar”，并将其复制到本地磁盘的“HiveJavaAPI 连接驱动”目录下。

在创建好的 IDEA 项目里加载 MySQL 驱动的流程如下。

（1）单击图 8-5 所示界面中的菜单“File”，选择“Project Structure”选项，在弹出的“Project Structure”界面中选择“Libraries”选项，单击加号“+”按钮，选择“Java”选项，如图 8-9 所示。

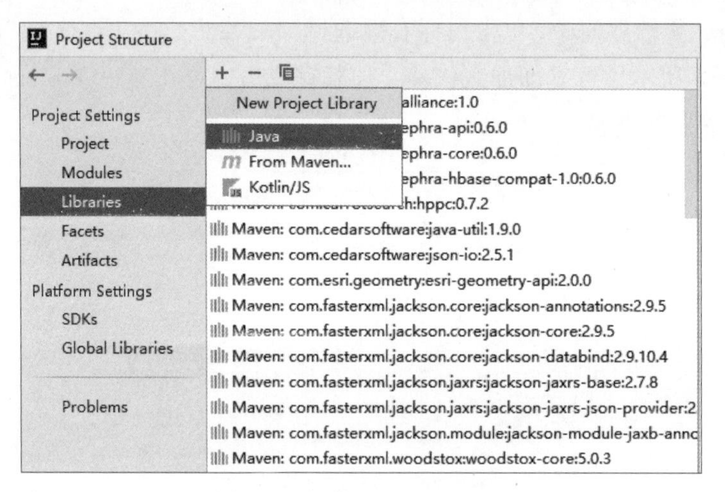

图 8-9 加载 JavaAPI 驱动

（2）选择存放 MySQL 驱动 JAR 包的本地目录，定位到连接驱动的位置并选中，如图 8-10 所示，单击“OK”按钮。

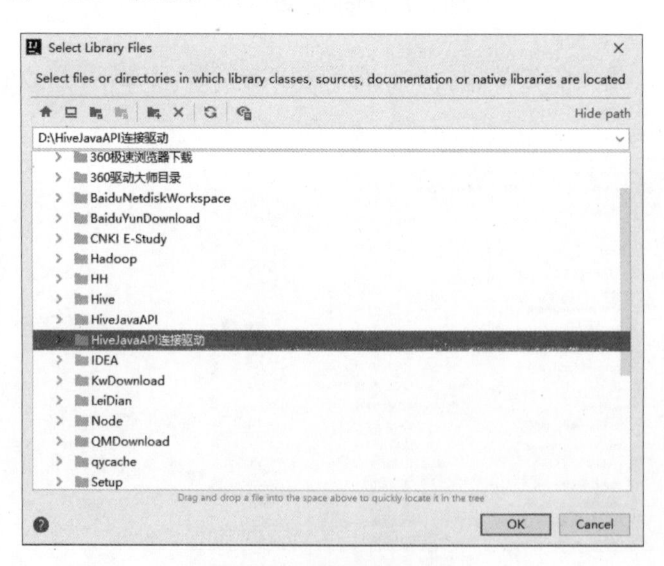

图 8-10 定位驱动位置

（3）在弹出的界面“Choose Modules”中选择“HiveJavaAPI”选项，如图 8-11 所示，然后单击“OK”按钮，返回到“Project Structure”界面后，如图 8-12 所示，单击“Apply”按钮，即可完成驱动加载。

图 8-11　确定添加驱动

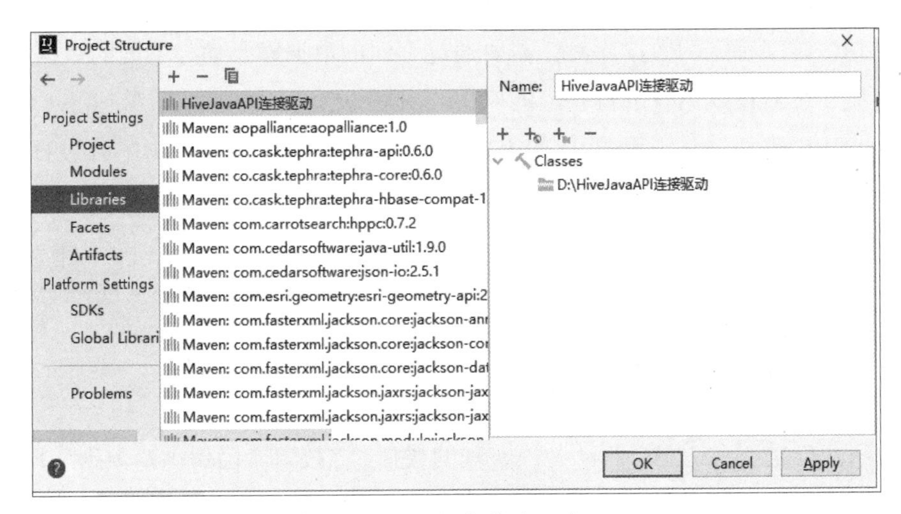

图 8-12　加载完成驱动

（4）添加驱动后的项目视图会显示加载的新驱动列表，如图 8-13 所示。

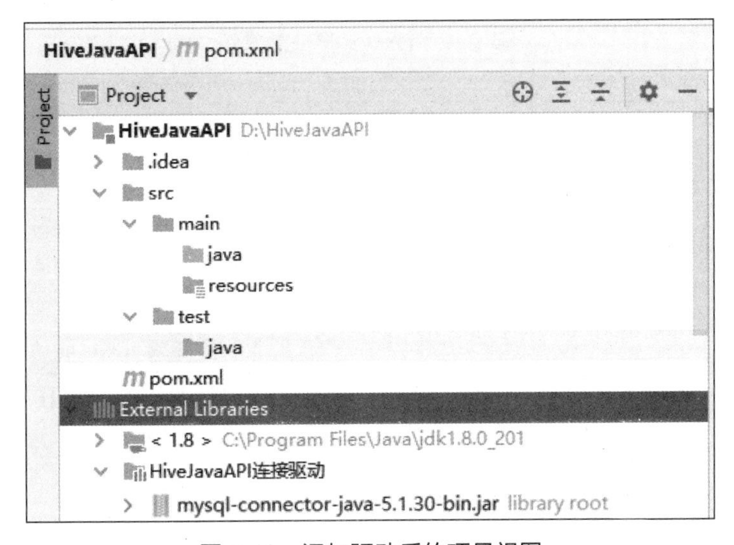

图 8-13　添加驱动后的项目视图

8.2.4 JDBC 及其主要接口

JDBC 是 Java 数据库连接（Java DataBase Connectivity）的缩写，它是一套用于执行 SQL 语句的 Java API。应用程序可通过 JDBC 连接到关系数据库，并通过使用 SQL 语句完成数据库中数据的查询、新增、更新和删除等操作。

不同数据库处理数据的方式并不太相同，如果直接使用数据库厂商提供的访问接口操作数据库，那么应用程序的可移植性会变得较差。有了 JDBC 后，便可解决应用程序可移植性差的问题，因为 JDBC 要求各个数据库厂商按照统一的规范来提供数据库驱动。在应用程序中由 JDBC 和具体的数据库驱动联系，所以读者不必直接与底层的数据库交互，使得代码的通用性更强。JDBC 在应用程序与数据库之间起到桥梁作用，当应用程序使用 JDBC 访问特定的数据库时，需要通过不同的数据库驱动与不同的数据库进行连接，连接后即可对该数据库进行相应的操作。

Hive-JDBC 驱动是专用于 Hive 的 JDBC 驱动，客户端可通过 JDBC 访问 Hive。8.2.3 小节中已在 pom.xml 文件中添加了对 JDBC 驱动的依赖。

在开发 JDBC 驱动前，需要了解 JDBC 常用的 API。JDBC API 主要位于 java.sql 包中，java.sql 包定义了一系列访问数据库的接口和类，常用接口包括 Driver、DriverManager、Connection、Statement、PreparedStatement、ResultSet 等。

1. Driver 接口

Driver 接口是所有 JDBC 驱动必须实现的接口，该接口专门提供给数据库厂商使用。需要注意的是，在编写 JDBC 驱动时，必须将所使用的数据库驱动或类库加载至项目的 Classpath 中。在进行 Java 开发时，程序员只需要根据程序使用的驱动类型，针对对应的 Driver 接口装载即可，Driver 接口的方法如表 8-2 所示。

表 8-2　Driver 接口的方法

方法名称	功能描述
class.forName("sun.jdbc.odbc.jdbcOdbcDriver")	通过 ODBC-JDBC 驱动程序装载 JDBC 驱动
class.forName("com.microsoft.jdbc.sqlserver.SQLServerDriver")	通过 MSSQL 2000 数据库的 JDBC 驱动程序装载 JDBC 驱动
class.forName("com.microsoft.sqlserver.jdbc.SQLServerDriver")	通过 MSSQL 2005 数据库的 JDBC 驱动程序装载 JDBC 驱动
class.forName("com.mysql.cj.jdbc.Driver")	通过 MySQL 数据库的 JDBC 驱动程序装载 JDBC 驱动
class.forName("oracle.jdbc.driver.OracleDriver")	通过 Oracle 数据库的 JDBC 驱动程序装载 JDBC 驱动

2. DriverManager 接口

DriverManager 接口是 JDBC 提供的工具类，用于加载 JDBC 驱动、建立与数据库之间的连接。DriverManager 类中的方法都是静态方法，因此在程序中无须对 DriverManager 类中的方法进行实例化，直接通过类名即可调用。DriverManager 接口的方法如表 8-3 所示。

表 8-3 DriverManager 接口的方法

方法名称	功能描述
static void registerDriver(Driver driver)	该方法用于向 DriverManager 注册给定的 JDBC 驱动
static Connection getConnection(String url, String user,String pwd)	该方法用于建立与数据库之间的连接，并返回表示连接的 Connection 对象

3. Connection 接口

Connection 接口的主要作用是与特定数据库进行连接，在连接上下文中执行 SQL 语句并返回结果。Connection 接口的主要方法如表 8-4 所示。

表 8-4 Connection 接口的主要方法

方法名称	功能描述
public java.sql.DatabaseMetaData getMetaData()	该方法用于返回表示数据库的元数据的 DatabaseMeta 对象
Statement createStatement()	该方法用于创建将 SQL 语句发送至数据库的 Statement 对象
PreparedStatement prepareStatement(String sql)	该方法用于创建将参数化的 SQL 语句发送至数据库的 PreparedStatement 对象
CallableStatement prepareCall(String sql)	该方法用于创建调用数据库存储过程的 CallableStatement 对象

4. Statement 接口

Statement 接口用于执行静态 SQL 语句并返回所生成结果的对象，Statement 接口对象可以通过 Connection 接口实例的 createStatement()方法获得。Statement 接口的主要方法如表 8-5 所示。

表 8-5 Statement 接口的主要方法

方法名称	功能描述
boolean execute(String sql)	该方法用于执行各种 SQL 语句，并返回 BOOLEAN 类型的值，如果值为 true，那么表示所执行的 SQL 语句有查询结果，可以通过 Statement 接口的 getResultSet()方法获得查询结果

续表

方法名称	功能描述
int executeUpdate(String sql)	该方法用于执行 SQL 中的 INSERT、UPDATE 和 DELETE 语句，并返回 INT 类型的值，表示数据库中受该 SQL 语句影响的记录条数
ResultSet executeQuery(String sql)	该方法用于执行 SQL 中的 SELECT 语句，并返回表示查询结果的 ResultSet 对象

5. PreparedStatement 接口

PreparedStatement 接口是 Statement 接口的子接口，表示预编译的 SQL 语句的对象。该接口扩展了带有参数 SQL 语句的执行操作，应用该接口中的 SQL 语句可以使用占位符“?”代替参数，然后通过 setXxx()方法为 SQL 语句的参数赋值。PreparedStatement 接口的主要方法如表 8-6 所示。

表 8-6　PreparedStatement 接口的主要方法

方法名称	功能描述
int executeUpdate()	该方法用于执行 SQL 语句，SQL 语句必须是 DML 语句或是无返回内容的 SQL 语句，如 DDL 语句
ResultSet executeQuery()	该方法用于执行 SQL 查询，并返回 ResultSet 对象
void setInt(int parameterIndex, int x)	该方法用于将指定参数设置成给定的 INT 值
void setString(int parameterIndex, String x)	该方法用于将指定参数设置成给定的 STRING 值

6. ResultSet 接口

ResultSet 接口表示数据库查询的结果集，通常通过执行查询数据库的语句生成，主要用于保存 JDBC 执行查询时返回的结果。该结果集被封装在一个逻辑表格中，在 ResultSet 接口内部有一个指向表格数据行的游标。ResultSet 接口初始化时，游标默认指向第一行之前，可调用 next()方法移动游标到下一行，直至下一行为空则返回 FALSE。ResultSet 接口的主要方法如表 8-7 所示。

表 8-7　ResultSet 接口的主要方法

方法名称	功能描述
String getString(int columnIndex)	该方法用于获取指定字段的 STRING 类型的值，参数 columnIndex 代表字段的索引
String getString(String columnName)	该方法用于获取指定字段的 STRING 类型的值，参数 columnName 代表字段的名称
int getInt(int columnIndex)	该方法用于获取指定字段的 INT 类型的值，参数 columnIndex 代表字段的索引

续表

方法名称	功能描述
int getInt(String columnName)	该方法用于获取指定字段的 INT 类型的值，参数 columnName 代表字段的名称
boolean next()	该方法用于将游标从当前位置向下移一行

8.2.5　创建连接测试程序

使用 JDBC 连接数据库时，通常需要提供如下 4 个必要参数。

（1）驱动类名："org.apache.hive.jdbc.HiveDriver"。

（2）连接地址和端口号："jdbc:hive2://master:10000"。

（3）用户名：使用默认用户 root。

（4）密码：使用默认密码 123456。

在 IDEA 中创建连接测试程序，实现连接 Hive 数据库并创建数据库 test，操作如下。

（1）创建 Java 类。选择 main 节点下面的 java 文件夹，单击鼠标右键选择"New"命令，选择"Java Class"命令，如图 8-14 所示。在弹出的界面输入"Connection"，按 Enter 键，创建新的 Java 类"Connection.java"。

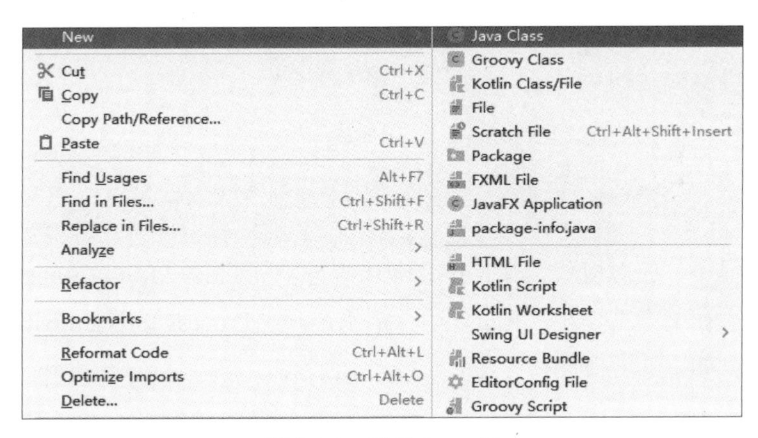

图 8-14　创建 Java 类

（2）编辑代码。在新建的 Java 类 Connection.java 中进行与 Hive 默认数据库 DEFAULT 的连接，并创建新的数据库 test，如代码 8-5 所示。

代码 8-5　Connection.java 代码

```
import java.sql.DriverManager;
import java.sql.SQLException;
import java.sql.Statement;
import org.apache.hive.jdbc.HiveDriver;
```

```
public class Connection {
    public static void main(String[] args) throws ClassNotFoundException,
SQLException {
        String driver = "org.apache.hive.jdbc.HiveDriver";
        String url = "jdbc:hive2://master:10000/DEFAULT";
        String username = "root";
        String password = "123456";
        // 加载 JDBC 驱动
        Class.forName(driver);
        // 通过 URL、用户名、密码建立与 Hive 数据库的连接
        java.sql.Connection connection = DriverManager.getConnection(url,
username,password);
        // 创建 Statement 对象
        Statement stmt = connection.createStatement();
        // 执行创建数据库 test 的 SQL 语句
        stmt.execute("CREATE DATABASE test");
        // 关闭 Statement 对象、Connection 对象，释放资源
        stmt.close();
        connection.close();
    }
}
```

（3）运行程序。在对应代码文件中，单击鼠标右键选择“Run 'Connection.main()'”命令运行代码，在下方工具栏“Run”运行结果出现“Process finished with exit code 0”表示运行无误，如图 8-15 所示。

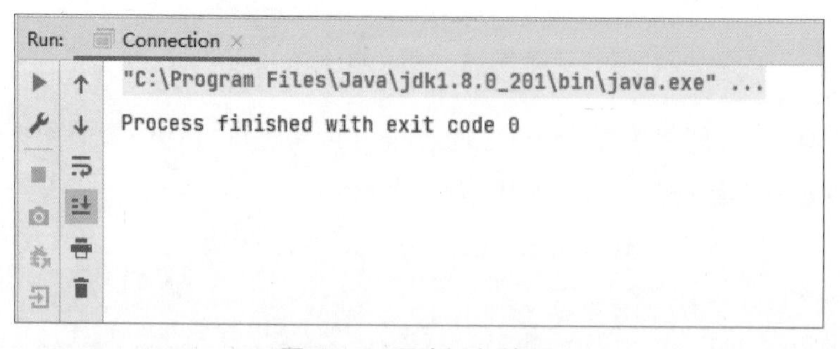

图 8-15　程序运行结果

（4）验证。在 Hive CLI，使用“SHOW DATABASES;”命令查询数据库，可以看到刚创建的数据库 test，如图 8-16 所示。至此，Hive 的开发环境搭建成功。

```
hive> SHOW DATABASES;
OK
db_hive
default
test
zjsm
Time taken: 0.047 seconds, Fetched: 4 row(s)
```

图 8-16　查询 Hive 创建数据库

任务 8.3　编写程序实现广电数据的存储

任务描述

在实现 Hive 远程服务配置和 Hive 远程服务调用的基础上，通过在 IDEA 中编写程序实现广电大案例的 5 个数据表创建和数据装载的代码封装。本任务将介绍如何在 IDEA 开发环境中调试程序，通过程序调用的方式，将广电数据存储至 Hive。

8.3.1　创建开发项目

打开编程软件 IDEA，选择“File”→“New”，创建项目 ZJSM，并将该项目放置在本地目录（如“D:\Hive\ZJSM”）。创建的具体操作可参考 8.2.1 小节中的内容，ZJSM 项目视图如图 8-17 所示。

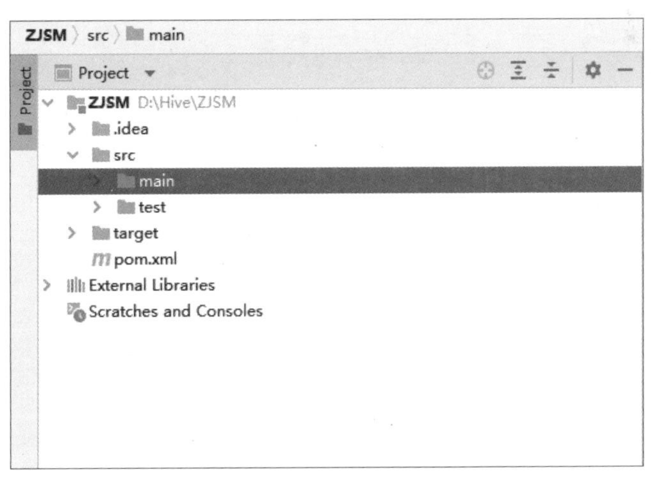

图 8-17　ZJSM 项目视图

在项目的 pom.xml 文件中添加 Hive 相关依赖，操作参照 8.2.2 小节中的内容。

8.3.2　创建 HiveHelper 类和连接 Hive

在 src/main/java 目录下创建新的 Java 类 HiveHelper，用于进行数据库相关操作。在

HiveHelper 类中创建一个新方法 getConn()，用于通过使用 JDBC 连接 Hive 数据库。由于在连接过程中可能出现驱动无法加载或访问数据错误等异常，故此处使用异常处理或抛出异常，如代码 8-6 所示。

代码 8-6　使用 JDBC 连接 Hive

```
import java.sql.*;
import java.util.ArrayList;
import java.util.List;
public class HiveHelper {
    private static String driverName="org.apache.hive.jdbc.HiveDriver";
    private static String url="jdbc:hive2://master:10000/DEFAULT ";
    private Connection conn=null;
    private static String username="root";
    private static String password="123456";
    private Statement stmt=null;
    private ResultSet rs=null;
    /**
     * 获取连接
     */
    public Connection getConn() throws ClassNotFoundException, SQLException
{  //使用异常处理或抛出异常
        if (null==conn)
        {
            Class.forName(driverName);
            conn=DriverManager.getConnection(url,username,password);
        }
        return conn;
    }
    /**
     * 关闭连接
     */
    public void close() {
        try {
            if (null != conn && !conn.isClosed())
                conn.close();
```

```
        } catch(SQLException e){
            e.printStackTrace();
        }finally {
            conn=null;
        }
}
//......(其他数据库操作)
}
```

8.3.3 创建测试类

在 src/test/java 目录下创建新的测试类 HiveTest，用于调用 HiveHelper 类，完成相关的数据库操作，如代码 8-7 所示。

代码 8-7 HiveTest 类

```
public class HiveTest {
    public static void main(String[] args) {
        String dbName="ZJSM2";
        String localFile2="/opt/data/mediamatch_userevent.csv";
        String tbName2 = "mediamatch_userevent";
        HiveHelper helper=new HiveHelper();
        //1.创建广电用户数据库
        helper.createDatabase(dbName);
        //2.1 创建用户基本数据表
        helper.createTable1(dbName);
        //2.2 创建用户状态变更数据表
        helper.createTable2(dbName);
        //2.3 创建账单数据表
        helper.createTable3(dbName);
        //2.4 创建订单数据表
        helper.createTable4(dbName);
        //2.5 创建用户收视行为数据表
        helper.createTable5(dbName);
        //3 加载 CSV 数据至用户状态变更数据表
        helper.loadData(localFile2,tbName2);
        //4 显示表内容
```

```
        helper.selectAll(tbName2);
    }
}
```

8.3.4 创建 Hive 数据库

在 HiveHelper 类中创建一个新方法 createDatabase(String dbName)，用于创建系统数据库，需要使用异常处理，如代码 8-8 所示。

代码 8-8 创建数据库

```
/**
     * 创建数据库
     */
    public void createDatabase(String dbName){
        try {
            stmt=getConn().createStatement();
            stmt.execute("CREATE DATABASE IF NOT EXISTS "+dbName);
        } catch (SQLException e) {
            e.printStackTrace();
        } catch (ClassNotFoundException e) {
            e.printStackTrace();
        }
    }
```

8.3.5 创建 Hive 表

在 HiveHelper 类中创建一个新方法 createTable2(String dbName)，用于创建系统数据库，需要使用异常处理。由于数据表较多，仅以其中一份表，即用户状态变更数据表 mediamatch_userevent 的创建为例，如代码 8-9 所示。其他表的创建，读者可参照案例自行补充完成。

代码 8-9 创建表

```
    public void createTable1(String dbName){
        try {
            stmt=getConn().createStatement();
            stmt.execute("USE "+dbName);
            String sql;
            sql = "CREATE TABLE IF NOT EXISTS mediamatch_userevent(\n" +
                    "phone_no STRING,\n" +
```

```
                "run_name STRING,\n" +
                "run_time STRING,\n" +
                "owner_name STRING,\n" +
                "owner_code STRING,\n" +
                "open_time STRING)\n" +
                "ROW FORMAT DELIMITED FIELDS TERMINATED BY ';'";
          stmt.execute(sql);
      } catch (SQLException e) {
          e.printStackTrace();
      } catch (ClassNotFoundException e) {
          e.printStackTrace();
      }
  }
```

8.3.6 装载数据

在 HiveHelper 类中创建一个新方法 loadData(String localFile,String tbName)，用于从 Linux 本地 CSV 文件装载数据至 Hive 表，同样地，需要使用异常处理，如代码 8-10 所示。

代码 8-10 装载数据

```
  public void loadData(String localFile,String tbName){
      String sql= " LOAD DATA LOCAL INPATH '"+ localFile +"' OVERWRITE INTO
TABLE "+tbName;
      System.out.print(sql);
      try {
          stmt=getConn().createStatement();
          stmt.execute(sql);
      } catch (SQLException e) {
          e.printStackTrace();
      } catch (ClassNotFoundException e) {
          e.printStackTrace();
      }
  }
```

8.3.7 程序运行与调试

在菜单栏中选择“Run”→“Run 'HiveTest'”运行测试类，如图 8-18 所示。

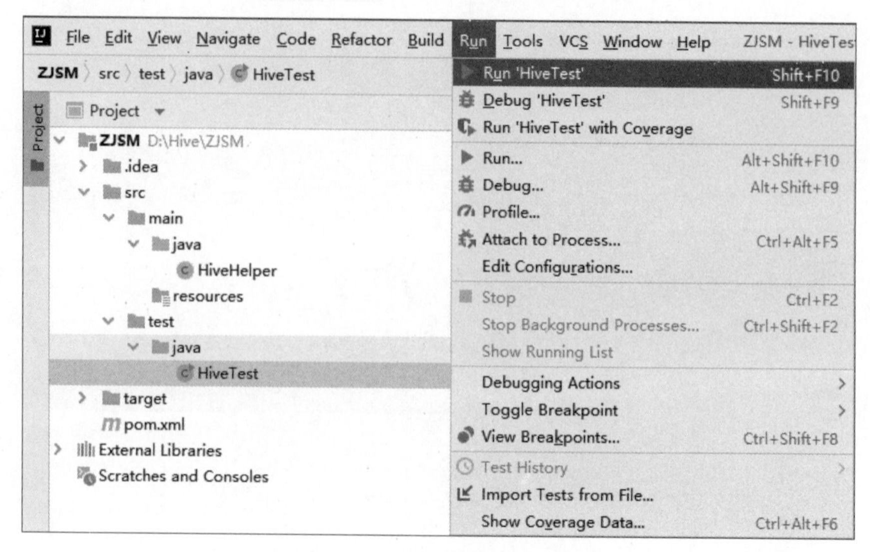

图 8-18 运行测试类 HiveTest

如果程序运行错误，那么可依据错误提示的行号，在打开 HiveTest 代码后，找到相应的代码行。单击行号右边空白处，在相应的代码前面设置断点（断点是指行号后面生成的小红点，当程序执行到断点时，系统会自动暂停，读者可以去观察程序运行的状态和相关变量的值，当需要程序继续运行时，可按 F7 键继续运行程序），进行程序调试，在程序调试模式下，程序遇到断点会自动中断运行，如图 8-19 所示。

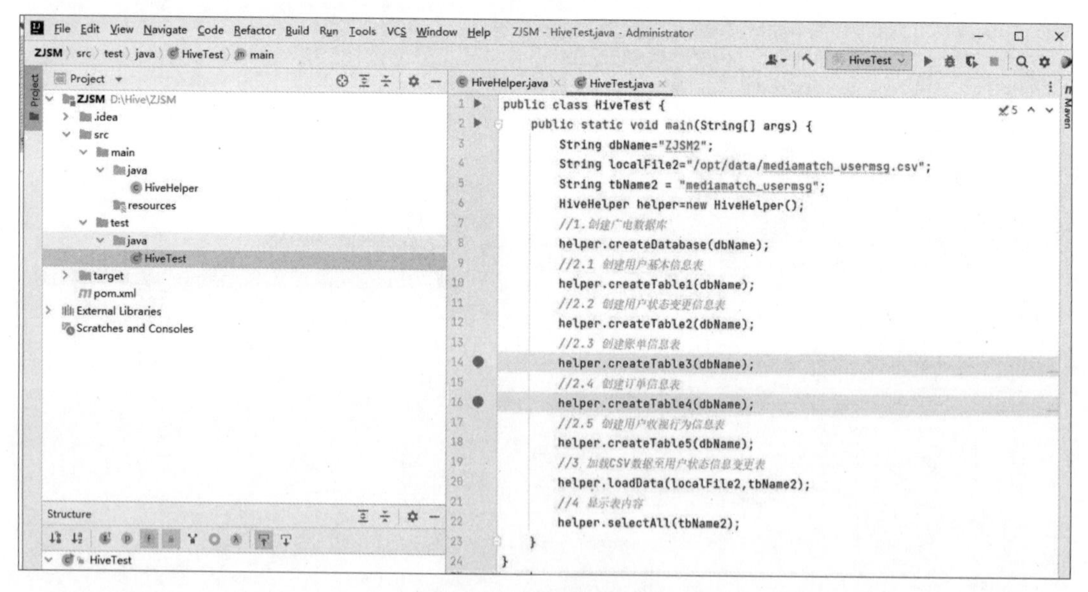

图 8-19 设置程序断点

在菜单栏中选择“Run”→“Debug”（或按快捷键 Shift+F9），可进入程序调试模式，如图 8-20 所示。

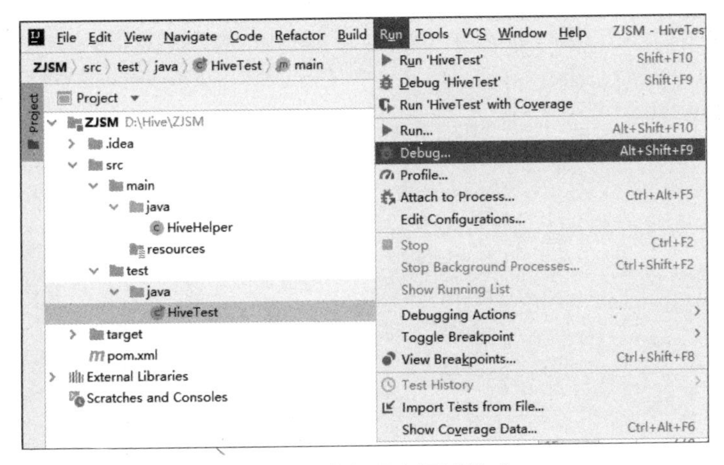

图 8-20　进入程序调试模式

程序在中断情况下，可通过切换到“Debugger”窗口，从而查看变量值，查找程序是否存在拼写错误或逻辑错误，如图 8-21 所示。

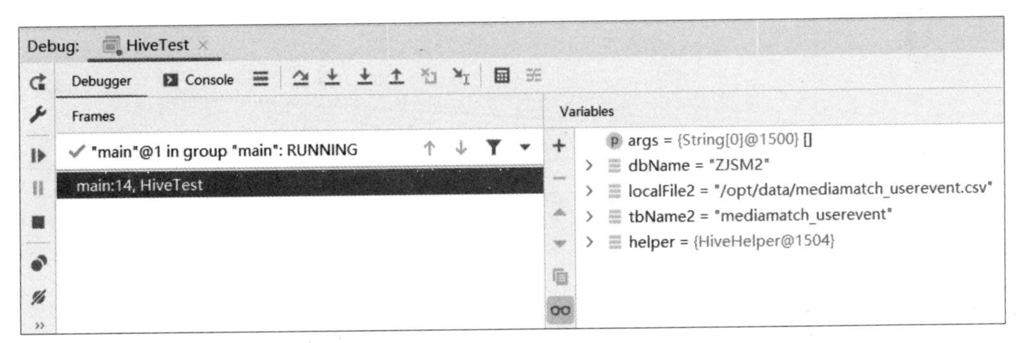

图 8-21　在“Debugger”窗口查看变量值

任务 8.4　编写程序实现广电数据的查询与处理

任务描述

本任务以第 4~7 章的内容为基础，将广电大数据查询与处理的主要实现过程进行整理，最后封装成一个完整的程序。由于篇幅所限，此处具体实现时仅选取几个关键环节的代码进行解析，并不展示全部封装好的代码。

本任务在 IDEA 中编程实现从 Hive 表中查询用户状态变更数据表的数据，并对用户基本数据表、用户收视行为数据表、账单数据表中的一些无效数据进行清理操作。

8.4.1　查询数据

在 HiveHelper 类中创建一个新方法 selectAll(String tbName)，用于查询用户状态变更数据表中的数据，由于用户状态变更数据表中的数据字段较多，因此仅以查询表中的一些数据字段为例，如代码 8-11 所示。

代码 8-11　查询数据

```
public void selectAll(String tbName){
    String sql="SELECT * FROM "+tbName;
    if (tbName.equals("mediamatch_userevent")) {
        try {
            stmt = getConn().createStatement();
            rs = stmt.executeQuery(sql);
            while (rs.next()) {
                System.out.println(
                        rs.getString("phone_no") + "\t" +
                                rs.getString("run_name") + "\t" +
                                rs.getString("run_time") + "\t" +
                                rs.getString("owner_name") + "\t" +
                                rs.getString("owner_code") + "\t" +
                                rs.getString("open_time")
                );
            }
        } catch (SQLException e) {
            e.printStackTrace();
        } catch (ClassNotFoundException e) {
            e.printStackTrace();
        }
    }
}
```

在 HiveTest 类中调用 selectAll()方法，并使用该方法查询表 mediamatch_userevent 中的数据，程序运行结果如图 8-22 所示。

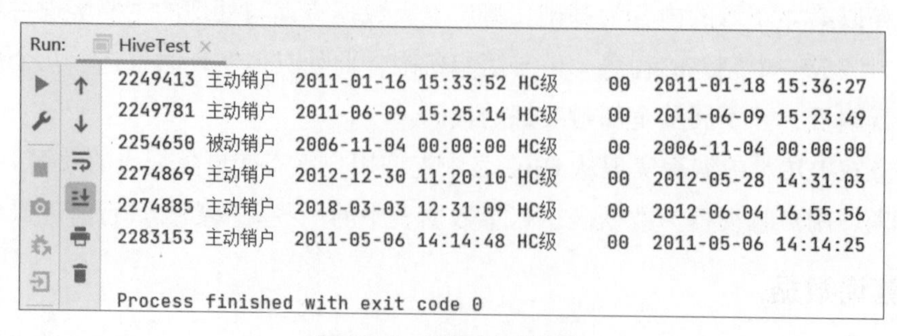

图 8-22　程序运行结果

8.4.2 删除无效用户数据

根据任务 7.1，本小节将通过程序的方式，实现无效用户数据的删除。下面以用户基本数据表为例，实现无效用户数据的删除如下。

创建一个 mediamatch_usermsg_clean 表，将无效的数据删除，如代码 8-12 所示，将有效的数据导入 mediamatch_usermsg_clean 表中。

代码 8-12 删除无效用户数据

```
public void cleanTable1(String dbName){
    try {
        stmt=getConn().createStatement();
        stmt.execute("USE "+dbName);
        String sql;
        sql = "CREATE TABLE IF NOT EXISTS mediamatch_usermsg_clean\n"+
              "AS   \n"+
              "SELECT * FROM mediamatch_usermsg \n "+
              "WHERE \n "+
              "owner_code NOT IN ('02','09','10')  \n "+
              "AND  \n"+
              "owner_name NOT IN ('EA级','EB级','EC级','ED级','EE级') \n "+
              "AND \n "+
              "sm_name IN ('数字电视','互动电视','珠江宽频','甜果电视') \n "+
              "AND  \n"+
              "run_name IN ('正常','欠费暂停','主动暂停','主动销户')";
        stmt.execute(sql);
    } catch (SQLException e) {
        e.printStackTrace();
    } catch (ClassNotFoundException e) {
        e.printStackTrace();
    }
}
```

在 HiveTest 类中调用 cleanTable1()方法，并使用该方法删除 mediamatch_usermsg 表中的无效数据。运行 HiveTest 程序后，即可在 Hive CLI 使用 SELECT 语句查看 mediamatch_usermsg_clean 表中的前 5 行数据，如图 8-23 所示。其余 4 个表中的无效用户数据的删除可参考代码 8-12。

```
hive> SELECT * FROM mediamatch_usermsg_clean LIMIT 5;
OK
00182492        2279143 珠江宽频        主动销户        b0      HC级    00      2013-03-06
15:30:51        越秀区水荫四横路***号房 2011-12-01 10:27:39     NULL
00860882        2134824 数字电视        主动销户        d1      HC级    00      2015-03-17
10:57:54        越秀区明月一路**号***   2012-01-10 10:39:39     NULL
02937868        2017186 珠江宽频        主动销户        b0      HC级    00      2013-09-29
18:12:46        越秀区环市东路***号房   2010-08-04 14:08:29     NULL
02937868        2024390 珠江宽频        主动销户        b0      HC级    00      2013-09-29
16:57:27        越秀区环市东路***号房   2010-04-25 09:52:03     NULL
02937868        2044555 珠江宽频        主动销户        b0      HC级    00      2014-03-25
11:33:18        越秀区环市东路***号房   2010-04-25 09:43:59     NULL
Time taken: 0.751 seconds, Fetched: 5 row(s)
```

图 8-23　mediamatch_usermsg_clean 表中的前 5 行数据

8.4.3　删除无效收视行为数据

根据任务 7.2，本小节将通过程序的方式，实现对用户收视行为数据表 media_index 中的无效收视行为数据的删除，并将删除后的数据保存为新表，如代码 8-13 所示。

代码 8-13　删除无效收视行为数据

```
public void cleanTable2(String dbName){
      try {
         stmt=getConn().createStatement();
         stmt.execute("USE "+dbName);
         String sql;
         sql = "CREATE TABLE IF NOT EXISTS media_index_clean \n"+
               "AS  \n"+
               "SELECT * FROM media_index \n "+
               "WHERE \n "+
               "(CAST(duration AS double)/1000 >= 20  \n "+
               "AND  \n"+
               "CAST(duration AS double)/(1000*60*60) < 5 \n "+
               "AND \n "+
               "res_type='0' \n "+
               "AND  \n"+
               "origin_time NOT LIKE '%00'  \n"+
               "AND  \n"+
               "end_time NOT LIKE '%00') \n"+
               "OR \n"+
               "(CAST(duration AS double)/1000 >= 20 \n"+
               "AND  \n"+
               "CAST(duration AS double)/(1000*60*60) < 5 \n"+
```

```
            "AND  \n"+
            "res_type='1')  ";
        stmt.execute(sql);
    } catch (SQLException e) {
        e.printStackTrace();
    } catch (ClassNotFoundException e) {
        e.printStackTrace();
    }
}
```

在 HiveTest 类中调用 cleanTable2()方法，并使用该方法删除 media_index 表中的无效收视行为数据。运行 HiveTest 程序后，即可在 Hive CLI 查看 media_index_clean 表中的前 5 行数据，如图 8-24 所示。

```
hive> SELECT * FROM media_index_clean LIMIT 5;
OK
1900099930      4050240 62000   江西卫视-高清   2022-07-11 21:51:47     2022-07-11 21:52:40
0       HC级    [{"level1_name":"NULL","level2_name":null,"level3_name":null,"level4_name":
null,"level5_name":null}]       NULL    NULL    NULL    NULL    0       NULL    NULL    暂
无节目信息      互动电视
2400051583      4195365 48000   河南卫视-高清   2022-07-11 11:24:58     2022-07-11 11:25:40
0       HC级    [{"level1_name":"NULL","level2_name":null,"level3_name":null,"level4_name":
null,"level5_name":null}]       NULL    NULL    NULL    NULL    0       NULL    NULL    暂
无节目信息      互动电视
1300095083      2009814 51000   中央4台-高清    2022-07-11 20:34:12     2022-07-11 20:35:00
0       HC级    [{"level1_name":"NULL","level2_name":null,"level3_name":null,"level4_name":
null,"level5_name":null}]       NULL    NULL    NULL    NULL    0       NULL    NULL    暂
无节目信息      互动电视
1900101906      2436506 183000  中央音乐        2022-07-10 21:59:42     2022-07-10 22:02:40
0       HC级    [{"level1_name":"NULL","level2_name":null,"level3_name":null,"level4_name":
null,"level5_name":null}]       NULL    NULL    NULL    NULL    0       NULL    NULL    暂
无节目信息      互动电视
1900224745      2493673 57000   江苏卫视-高清   2022-07-09 12:58:08     2022-07-09 12:59:00
0       HC级    [{"level1_name":"NULL","level2_name":null,"level3_name":null,"level4_name":
null,"level5_name":null}]       NULL    NULL    NULL    NULL    0       NULL    NULL    暂
无节目信息      互动电视
Time taken: 0.658 seconds, Fetched: 5 row(s)
```

图 8-24　media_index_clean 表中的前 5 行数据

8.4.4　删除无效账单和无效订单数据

本小节将通过程序的方式删除无效账单和无效订单数据。根据任务 7.3 的无效订单数据探索，发现用户订单数据表中不存在无效订单数据，所以本小节只实现无效账单数据的删除操作。首先创建新表（mmconsume_billevents_clean），然后删除账单数据表中的无效账单数据，最后将删除后的数据导入表中，如代码 8-14 所示。

代码 8-14　删除无效账单数据

```
public void cleanTable3(String dbName){
    try {
        stmt=getConn().createStatement();
        stmt.execute("USE "+dbName);
        String sql;
```

```
            sql = "CREATE TABLE IF NOT EXISTS mmconsume_billevents_clean \n"+
                    "AS  \n"+
                    "SELECT * FROM mmconsume_billevents \n "+
                    "WHERE should_pay >= 0  ";
            stmt.execute(sql);
        } catch (SQLException e) {
            e.printStackTrace();
        } catch (ClassNotFoundException e) {
            e.printStackTrace();
        }
}
```

在 HiveTest 类中调用 cleanTable3()方法，并使用该方法删除 mmconsume_billevents 表中的无效账单数据。运行 HiveTest 程序后，即可在 Hive CLI 查看 mmconsume_billevents_clean 表中的前 5 行数据，如图 8-25 所示。

```
hive> SELECT * FROM mmconsume_billevents_clean LIMIT 5;
OK
1410005953      4477294 0B      2022-05-01 00:00:00     HC级     00      互动电视        26.5    0.0
1410000342      4479074 0Y      2022-01-01 00:00:00     HC级     NULL    数字电视        5.0     0.0
1410000342      4479074 0Y      2022-04-01 00:00:00     HC级     00      数字电视        5.0     0.0
1410038590      4535578 0Y      2022-03-01 00:00:00     HC级     00      数字电视        26.5    0.0
1410047737      4539813 0T      2022-01-01 00:00:00     HC级     NULL    数字电视        8.0     0.0
Time taken: 0.652 seconds, Fetched: 5 row(s)
```

图 8-25　mmconsume_billevents_clean 表中的前 5 行数据

小结

本章首先配置和启动了 Hive 远程服务，以此为基础，接着搭建了 Hive 远程开发环境以及通过 JDBC 接口实现了 IDEA 访问 Hive 数据，最后使用程序的方式实现了广电数据的存储，并对广电数据进行了查询与处理的操作，实现第 2~7 章的代码封装，以利于后续广电大数据用户画像的构建、模型的应用。其中广电大数据用户画像的构建、模型的应用，读者可自行学习实现。

实训

实训 1　对 Hadoop 日志进行统计分析

1．训练要点

（1）通过案例进一步熟悉利用 IDEA 编程软件进行 Hive 程序调试的方法。

（2）掌握通过程序实现数据导入、排序、去重、结果输出等具体操作。

2. 需求说明

Hadoop 日志是 Hadoop 运行的情况记录（默认存放在${HADOOP_HOME}/logs 目录下，如 hadoop-root-historyserver-master.log），每条记录放在一行，主要数据包括日期、时间、级别、相关类和提示信息，如表 8-8 所示。

通过 IDEA 创建项目，使用程序的方式，在 Hive 远程连接方式下，完成 Hadoop 日志数据的导入、排序、去重、结果输出等操作。

表 8-8 Hadoop 日志格式说明

字段	描述
rdate	日期
time	时间
type	级别
relateclass	相关类
information1	提示信息 1
Information2	提示信息 2
Information3	提示信息 3

3. 实现思路及步骤

（1）在 Hive 中创建 HadoopDB 数据库并建立 loginfo 表，用于存储日志数据。

（2）在 IDEA 中创建项目 HadoopLog。

（3）新建类 getConnect，以实现 Hive 的连接。

（4）新建类 HiveHelper，以实现创建表，数据装载，依据日期、时间、级别、相关类和提示信息条件进行查询数据的操作。

（5）新建驱动类 HiveTest，以实现 MAIN 函数，运行并测试程序。

实训 2 通过程序实现对某技术论坛日志的分析

1. 训练要点

（1）掌握在 Hive 开发环境中编写程序创建数据表的方法。

（2）掌握在 IDEA 中执行数据统计并输出结果。

2. 需求说明

基于国内某技术论坛的日志，字段如表 8-9 所示，在 IDEA 中运用 Hive 相关技术实现网站关键指标 PV（指用户浏览页面的总和，一个独立用户每打开一次页面被记录为 1

次）和独立 IP 地址（一天内，访问该网站不同独立 IP 地址个数总和；不管同一 IP 地址访问该网站多少次，均被记录为 1）的分析和统计。

表 8-9　某技术论坛 ApacheCommon 日志的字段

字段	描述
ip	访问者 IP 地址
atime	访问时间
url	访问资源
status	访问状态
traffic	本次访问流量

3. 实现思路及步骤

（1）对数据格式、数据内容进行初步分析，确定 Hive 数据表结构和数据库定义。

（2）在 IDEA 中创建数据库、数据表。

（3）将日志数据上传到 HDFS，装载数据至 Hive 表。

（4）在 IDEA 中进行 PV 和独立 IP 地址指标统计，得出相应结果并输出。

课后习题

1. 选择题

（1）【多选】下列关于 IDEA 项目初始框架的描述中，正确的有（　　）。

A. .idea 节点：主要用于保存 IDEA 项目的相关信息

B. src 节点：用于保存源代码（main 目录）和测试代码（test 目录）

C. External Libraries 节点：用于保存使用的外部库文件链接

D. Scratches and Consoles：可提供两种临时的文件编辑环境，通过这两种临时的文件编辑环境，用户可以写一些文本内容或一些代码片段

（2）下列关于 HiveServer 的描述中，不正确的是（　　）。

A. HiveServer 和 HiveServer2 的功能差不多

B. 在早期版本中，由于 HiveServer 使用的 Thrift 接口的限制，HiveServer 不能处理多个客户端的并发请求可能导致的数据不一致性问题

C. Hive 0.11.0 重写了 HiveServer 代码（称为 HiveServer2），以解决多用户并发访问问题

D. HiveServer2 支持多客户端的并发和认证，为客户端通过 API（JDBC、ODBC 等）访问 Hive 提供更好的支持

（3）【多选】下列关于 JDBC 接口的描述中，正确的有（　　）。

A. Driver 接口是所有 JDBC 驱动必须实现的接口，该接口专门提供给数据库厂商使用

B. DriverManager 接口是 JDBC 提供的工具类，用于加载 JDBC 驱动、创建与数据库的连接

C. Connection 的主要作用是与特定数据库进行连接，在连接上下文中执行 SQL 语句并返回结果

D. PreparedStatement 表示预编译的 SQL 语句的对象，是 Statement 的子接口，该接口扩展了带有参数 SQL 语句的执行操作

（4）下列关于 JDBC 的描述中，不正确的是（　　）。

A. JDBC 是一种用于执行 SQL 语句的 Java API

B. 可以为不同数据库提供统一的、面向 Java 的访问接口

C. Hive-JDBC 是专用于 Hive 的 JDBC 驱动

D. JDBC 连接数据库时通常只需要提供 JDBC 驱动程序的类名这 1 个必要参数

（5）【多选】下列关于 Hive 程序调试的描述中，正确的有（　　）。

A. 在 IDEA 程序编辑环境下，可单击行号右边空白处，在相应的代码前面设置断点

B. 在调试模式下，程序遇到断点会自动中断运行

C. 程序在中断情况下，可通过切换到“Debugger”窗口，实时查看变量值

D. 调试程序的快捷键为 Shift+F9

2. 操作题

基于第 7 章课后习题中的操作题，在 IDEA 中使用程序的方式实现以下热水器用户数据清洗的操作。

（1）删除热水器编号字段 Id。

（2）删除有无水流字段 Flow。

（3）删除开关机状态字段 State 为关且水流量字段 Discharge 为 0 的数据。